改訂2版

UNIXによる
計算機科学入門

久野 靖 著

丸善株式会社

はじめに

　本書は，1997年に出版された「Unixによる計算機科学入門」の改訂版です．この7年の間に計算機の世界にどんなことがあったかを振り返ってみるために，第1版のまえがきをひもといて見ると，冒頭部分には次のように書かれています：

> 近年，世の中における計算機の重要性は日に日に増大していて，計算機を使う人の数も急速にふえています．しかしその反面，計算機を使う人の中で，計算機についてきちんと学んだことのある人の占める比率も急速に低下しています．それはつまり，昔は計算機は「専門家が使うもの」だったのが，現在では「誰もが使うもの」になった，ということです．誰もが自分のための道具として計算機を使うようになったのは悪いことではないのですが，残念ながら現在の計算機はまだ「原理について知らないままで道具として使う」ことができるほど熟成されていません（もっとも，そう簡単には熟成できないくらい間口が広いところが計算機の計算機たるゆえんなのかもしれませんが）．

　改めて読んでみると，その状況は半分くらい変化した，といえるでしょうか．つまりこの7年間，計算機の利用者数は相変わらず増え続けてきましたが，それにつれてユーザインタフェースはさまざまに改良され，「誰でも道具として使える」ようになってきた…ように見えます．
　しかし，その様子をもっと近付いて観察すると，多くの人は「ここをこう操作するとこういうことが起こる」「それはソフトがそういうふうにつくられているから」といういわば「現象的理解」に基づいて計算機を使っているように見えます．これはちょうど，やはりこの7年間に大幅に進化したテレビゲームに似て見えます．テレビゲームのソフトはまさに，さしたる理由なく（強いていえばゲームデザイナがそうデザインしたから），「ここにいるときはこういうことはできない」「ここでこう操作するとこ

うなる」という現象の山盛りでできているわけですから．

しかし，ふつう計算機を使う人は，テレビゲームのように現象を楽しみたいわけではなく，やりたいことをするために使うのですから，その理解が現象的にとどまっているのは不幸なことです．というのは，現象的理解のままでは何か望まないことが起きた時に「なぜそうなったのか」「どうすれば望むようにできるのか」を考える手がかりが全くないからです．

ではどうすればよいのでしょう？　それにはやはり，計算機の内部では何がどのように起こっているかの「原理」を学び，それに基づいて自分の内部で「計算機のモデル」を組み立てておくことではないでしょうか．個々のソフトが「書かれたように動作する」とはいえ，それを書く人は計算機の根底にある「原理」に基づきそれを活用してソフトに種々の動作をさせるわけですから，自分の中に原理に基づくモデルがあれば，ソフトがどのように動作するかについても大体の予測がつきます．

そういうわけで，計算機システムのさまざまな側面について，その一般的原理を学んで頂くための本，という本書の第1版からの目的は今日でも相変わらず有効だと考えます．そして，その原理について納得するためには実際に試してみて体験するのに優る方法はない，体験してみるためのプラットフォームとしてはソフトウェアの内部構造が利用者にもよく見え，実際にいじってみることができる Unix が適している，これらの主張も同じです．ですから，本書を手にされたらぜひとも，手近の Unix システムで実際にコマンドを打ち込み，本書に書かれている内容を「追体験」してみてください．そうすることで，あなたの中に計算機システムのより的確なモデルが形作られ，あなたを計算機の「できる」使い手としてくれるでしょう．

本書は，計算機科学を専門とする学科の大学学部 2，3 年レベル，または計算機を専門としない専攻の大学院初年度レベル程度を想定して書かれています（が，もちろん一般の読者の自習用としても適するつもりです）．1 学期 12 週間，毎週 90 分の講義に使用する場合は，1 週間に 1 章ずつの割り当てが適切でしょう．回数に余裕がある場合には，内容の多い章を分割するか，または「Web ページの製作」「ユーザインタフェースの実験」など，特定のテーマを決めてミニプロジェクトを実施することが考えられます．最初の 2 章を除いては，各回ごとに演習を行い，学んだ事柄を実際の計算機システム上で確認してゆくことが必須です（その意味では講義 1 単位＋演習 1 単位の科目であれば理想的といえます）．

Unix システム (Linux を含む) には多くの分派がありますが，本書の内容はどれか 1 つのシステムに固有ということはないので，どのシステムでも試してみるのに不足は

ないでしょう．本書の例はおもに FreeBSD で実行させてみてありますので，これと違うシステムでは一部のコマンドについては man ページなどを参照してコマンドのパラメタを手直しする必要があると思います．どちらかといえば，本書では多くのフリーソフトウェアを前提としていますので，これらのソフトを (まだ使用していない場合には) 導入する方に手間がかかるかもしれません．

　本書の章構成も，7年の間に計算機に起こったさまざまな変化に対応して，第1版とは変えた部分があります．具体的には，ネットワークがますます重要性を増したのに対応して，ネットワークの章を2つに分けて充実されたこと，多様なスクリプト言語の普及に対応して，スクリプトの章をシェルから独立させたことが挙げられます．一方で，World Wide Web(WWW) は7年前には「新しいこと」として最終章を占めていましたが，今日では「基本的なこと」になっていることから，ネットワークの章で導入し，以後の章でその各種側面を取り上げる形で何回も登場させています．

　では最後に，各章の構成を説明しておきます．

　第1章では，「計算機とはそもそも何をする装置なのか？」という素朴な疑問から始めて，世の中に存在する各種の情報のビット表現，計算機と人間の対話といった話題を取り上げます．

　第2章では，第1章で説明したような動作を実現する装置 (つまり計算機のハードウェア) がどのような原理に基づき，どのような構造をもっているのかについて学びます．

　第3章では，第2章で学んだハードウェアにどのようなソフトウェア構造が組み合わされることで，普段目にするような計算機システムが完成しているのかについて，またその上でプログラムが実行される様子について学びます．

　第4章では，プログラム実行と並んで計算機システムの重要な機能である，データ記憶ないしファイルシステムについて学びます．

　第5章では，プログラムの実行をユーザが自由に制御する手段である，コマンドインタプリタ (シェル) とそのさまざまな機能について学びます．また，シェルの機能を活用して組み合わせることで多様な使い方ができる，Unix のユティリティ群 (フィルタ) とその応用例も取り上げます．

　第6章では，今日の計算機システムの各所で活躍しているスクリプトの概念をとりあげ，その基本であるシェルスクリプトと，広く使われている汎用のスクリプト言語である Perl について学びます．

　第7章では，計算機とユーザの間のインタフェースをテーマとして，X Window を

題材としてユーザインタフェースの機能と構造を学び，またスクリプト言語 tcl/tk を用いて GUI のプログラムについて見聞を広めます．

第 8 章では，現在の計算機システムに欠かすことのできない計算機ネットワークを取り上げ，プロトコル階層をはじめとする基本原理やネットワークのもつ一般的な機能について学びます．

第 9 章では，前の章で学んだ原理の上に構築されている，WWW をはじめとする各種のネットワークサービスを取り上げ，その機能や実現のされ方，利用方法などについて学びます．

第 10 章では，計算機におけるテキスト (文書) の扱いや表現方法について取り上げ，文書作成系 LaTeX と，WWW におけるページ記述言語である HTML+CSS について学びます．

第 11 章では，マルチメディア情報の扱いをテーマとして，まず計算機におけるサウンドデータの表現と取り扱い，続いてピクセルグラフィクス，ベクターグラフィクスをはじめとするグラフィクスの原理を学びます．

第 12 章では，単純な (データの解釈を行わない) ファイルシステムやユティリティと対極の概念をなすデータベースと，その上での問い合わせの概念について学び，また最後のデモンストレーションとしてデータベースと WWW の連携についても紹介しています．

第 1 版では付録として Unix システムと C 言語のチュートリアルを掲載していましたが，今日ではこれらの内容は他の書籍でも多くカバーされていることから割愛し，その分の紙面は本文部分の充実にあてました．参考文献は第 1 版同様，単なる書籍の列挙ではなくそれぞれの簡単な紹介を含めて系統的に配列しましたが，挙げている書籍についてはもちろん更新してあります (古典に属するものについては当然ながら第 1 版と同じですが，新装版が出ているものなどは差し替えました)．

謝　辞

本書の大部分は，筆者が勤務する，社会人を対象とした大学院である，筑波大学大学院経営システム科学専攻の科目「計算機科学基礎」の講義資料に基づいています．各回ごとにさまざまなアイデアの実験台となってくださった受講生の皆様，および同僚として科目実施に協力を頂いている寺野隆雄先生，吉田健一先生，大木敦雄先生，津田和彦先生，大澤一郎先生に感謝します．先生がたには，記述内容や参考文献につい

ても助言を頂きました．

　最後に，本書の執筆機会を与えてくださり，内容について助言を頂いた丸善(株)の池田和博氏に感謝します．

2004年1月

筆　者

目　　次

1 計算機とは何か?　　　　1
1.1 計算機とは 1
1.2 計算機とデジタル情報 3
1.3 計算機と情報処理 6
1.4 計算機と入出力 8
1.5 計算機とソフトウェア 9
1.6 計算機とユーザの対話 13
1.7 まとめと演習 15

2 計算機システムの構造と原理　　　17
2.1 計算機のしくみ 17
2.1.1 ビットの表現 17
2.1.2 演算素子とゲート 18
2.1.3 VLSI 19
2.2 計算機と論理回路 21
2.2.1 フリップフロップとラッチ 21
2.2.2 メモリ 23
2.2.3 演算回路 24
2.2.4 クロックとシーケンサ 26
2.3 計算機システムの構成 27
2.3.1 プログラムとCPU 27
2.3.2 計算機システムの構造 29
2.4 まとめと演習 31

3 計算機システムのソフトウェア構造　33

- 3.1 アプリケーションソフトと基本ソフト 33
- 3.2 オペレーティングシステム 34
  - 3.2.1 OS の各種の役割り 34
  - 3.2.2 マルチタスクとプロセス 36
  - 3.2.3 ps — Unix でのプロセス観察 38
  - 3.2.4 プロセスの新規生成 41
  - 3.2.5 kill — プロセスの操作 42
  - 3.2.6 プロセスの生成, コマンドインタプリタ 42
- 3.3 言語処理系と機械語 44
  - 3.3.1 プログラムはどこからくるか? 44
  - 3.3.2 コンパイラの中身 46
  - 3.3.3 アセンブリコード 47
  - 3.3.4 オブジェクトコード 49
  - 3.3.5 実行可能形式とライブラリとリンカ 50
  - 3.3.6 機械語命令の実行時間 51
- 3.4 まとめと演習 53

4 ファイルシステムとデータ記憶　55

- 4.1 2次記憶とファイルシステム 55
- 4.2 ファイルとその属性 57
  - 4.2.1 ファイルとは? 57
  - 4.2.2 名前 57
  - 4.2.3 長さ 58
  - 4.2.4 中身 59
  - 4.2.5 種類 60
  - 4.2.6 日付 61
  - 4.2.7 持ち主, 所属グループ 62
  - 4.2.8 ファイルのモード 62
  - 4.2.9 i-番号 64
- 4.3 入出力とシステムコール 67
  - 4.3.1 入出力のプログラミング 67

- 4.3.2 リダイレクトと機器独立性 68
- 4.3.3 入出力のスループット 70
- 4.4 ファイルシステムと名前空間 72
  - 4.4.1 ディレクトリ 72
  - 4.4.2 ディレクトリの木構造 73
  - 4.4.3 名前空間とマウント 76
  - 4.4.4 ディレクトリの中身は? 77
  - 4.4.5 シンボリックリンク 78
  - 4.4.6 ディレクトリ単位の操作 79
  - 4.4.7 領域管理, 探索 80
- 4.5 ファイル形式 80
  - 4.5.1 テキストファイルとコード系 80
  - 4.5.2 日本語のコード系 82
  - 4.5.3 文字コードを直接扱うプログラム 83
- 4.6 まとめと演習 84

5 コマンド入力とユティリティ 87
- 5.1 コマンドインタプリタとその機能 87
  - 5.1.1 コマンド入力のユーザインタフェース 87
- 5.2 シェルの基本的な機能 91
  - 5.2.1 コマンドとは? 91
  - 5.2.2 コマンドの引数とは 93
  - 5.2.3 コマンドの組み合わせとリダイレクション 94
  - 5.2.4 ジョブコントロール 95
- 5.3 シェル変数とシェルの調整 96
  - 5.3.1 シェル変数 96
  - 5.3.2 組み込みシェル変数 97
  - 5.3.3 環境変数 99
  - 5.3.4 ドットファイル 99
- 5.4 シェルのユーザサポート機能 100
  - 5.4.1 ヒストリ機能 100
  - 5.4.2 ファイル名展開 101

| | 5.4.3 | エスケープとクォート .... | 103 |
| | 5.4.4 | コンプリーション .... | 104 |

5.5 ユティリティとフィルタ 105
    5.5.1 「大きなユティリティ」と「小さなユティリティ」 . 105
    5.5.2 フィルタ 106

5.6 代表的なフィルタ 107
    5.6.1 cat 107
    5.6.2 tr 108
    5.6.3 grep 族 110
    5.6.4 sed 113
    5.6.5 sort と uniq 114
    5.6.6 そのほかのよく使うフィルタ 116

5.7 まとめと演習 117

6 グラフィカルユーザインタフェース　119

6.1 ユーザインタフェースとウィンドウシステム 119
    6.1.1 ユーザインタフェースの歴史 119
    6.1.2 ウィンドウシステム/GUI の外観 121
    6.1.3 ウィンドウシステムの構造 123

6.2 X Window System 126
    6.2.1 クライアント 126
    6.2.2 窓情報の収集と整理 127
    6.2.3 フォント 129
    6.2.4 リソース 131
    6.2.5 サーバの調整 134
    6.2.6 起動 134
    6.2.7 ファイルマネージャ 135
    6.2.8 ウィンドウマネージャ 137
    6.2.9 twm の設定ファイル 141

6.3 ウィンドウソフトウェアの構造 143
    6.3.1 リクエストとイベント 143
    6.3.2 イベントドリブンプログラム 145

	6.3.3	オブジェクト指向, ウィジェット	*148*
6.4		まとめと演習	*150*

7 スクリプティング   *153*

7.1		スクリプトとは…	*153*
7.2		シェルスクリプト	*154*
	7.2.1	対話的シェルからシェルスクリプトへ	*154*
	7.2.2	指令としてのシェルスクリプト	*156*
	7.2.3	スクリプトの引数と変数	*157*
7.3		シェルスクリプトの制御構造	*158*
	7.3.1	for 文	*158*
	7.3.2	case 文	*159*
	7.3.3	if 文	*160*
	7.3.4	test コマンド	*162*
	7.3.5	while 文	*163*
	7.3.6	シェルスクリプトとオプションの扱い	*164*
7.4		汎用スクリプト言語 Perl	*165*
	7.4.1	シェルスクリプトからスクリプト言語へ	*165*
	7.4.2	Perl の基本構造	*166*
	7.4.3	ファイル入力と文字列処理	*167*
	7.4.4	Perl と正規表現	*168*
	7.4.5	Perl のリストと配列	*169*
	7.4.6	Perl の連想配列	*171*
7.5		tcl/tk と GUI のためのスクリプト	*172*
	7.5.1	スクリプト言語と GUI	*172*
	7.5.2	tcl/tk 入門	*173*
	7.5.3	さまざまな GUI 部品	*174*
	7.5.4	インタフェースの評価基準	*176*
7.6		まとめと演習	*181*

8 ネットワークの原理   *183*

8.1	計算機ネットワークの概念	*183*

目次

- 8.1.1 ネットワークとその目的 ... *183*
- 8.1.2 通信媒体とトポロジ ... *184*
- 8.1.3 回線交換とパケット交換 ... *185*
- 8.1.4 簡単なネットワークプログラム ... *187*
- 8.2 ネットワークとプロトコル ... *191*
  - 8.2.1 ネットワークソフトの階層構造 ... *191*
  - 8.2.2 OSI 参照モデルとプロトコル ... *192*
  - 8.2.3 TCP/IP ... *194*
- 8.3 物理層とデータリンク層 ... *195*
  - 8.3.1 イーサネット ... *195*
  - 8.3.2 対向接続と PPP ... *197*
  - 8.3.3 ループバックと仮想ネットワーク ... *197*
- 8.4 ネットワーク層 ... *199*
  - 8.4.1 IP と IP アドレス ... *199*
  - 8.4.2 IP と経路制御 ... *201*
  - 8.4.3 ドメインアドレスと DNS ... *203*
- 8.5 伝達層 ... *206*
  - 8.5.1 UDP と TCP ... *206*
  - 8.5.2 ポート番号とサービスの同定 ... *207*
- 8.6 セッション層以降の上位層 ... *209*
- 8.7 まとめと演習 ... *209*

9 ネットワークアプリケーション　*211*

- 9.1 ネットワークアプリケーションの構成 ... *211*
- 9.2 遠隔ログイン ... *213*
  - 9.2.1 遠隔ログインの原理 ... *213*
  - 9.2.2 SSH の機能 ... *214*
  - 9.2.3 単一コマンドの実行 ... *216*
- 9.3 ファイル転送 ... *216*
  - 9.3.1 FTP と rcp ... *216*
  - 9.3.2 ダウンローダとファイル交換ソフト ... *218*
- 9.4 遠隔ファイルアクセス ... *219*

- 9.5 電子メールとネットニュース *221*
  - 9.5.1 メールとニュースの原理 *221*
  - 9.5.2 メッセージヘッダと SMTP *224*
  - 9.5.3 符号化と MIME *226*
- 9.6 World Wide Web *228*
  - 9.6.1 ハイパーテキストと WWW *228*
  - 9.6.2 URI とリンク *230*
  - 9.6.3 Web サーバと CGI *232*
- 9.7 その他のネットワークアプリケーション *236*
- 9.8 まとめと演習 *237*

10 ドキュメントの作成   239

- 10.1 計算機と文書 *239*
- 10.2 見たまま方式とマークアップ方式 *240*
- 10.3 jLaTeX 入門 *243*
  - 10.3.1 文書の基本構造 *243*
  - 10.3.2 表題，章，節 *244*
  - 10.3.3 いくつかの便利な環境 *245*
  - 10.3.4 脚注 *247*
  - 10.3.5 数式 *247*
  - 10.3.6 表 *248*
  - 10.3.7 動かし方，その他 *249*
- 10.4 Web ページ記述と HTML *251*
  - 10.4.1 WWW とマークアップ言語 *251*
  - 10.4.2 HTML の概要 *252*
  - 10.4.3 Web ページをつくる *253*
  - 10.4.4 基本的な HTML 要素 *254*
  - 10.4.5 表 *256*
  - 10.4.6 リンク *257*
- 10.5 構造と表現の分離 *258*
  - 10.5.1 スタイルシート *258*
  - 10.5.2 HTML に CSS 記述を追加する *260*

xiv 目次

　　　10.5.3 CSS の指定方法 *261*
　　　10.5.4 ID 属性と class 属性による指定 *262*
　　　10.5.5 div と span: 範囲指定のためのタグ *263*
　　　10.5.6 代替スタイルシート *264*
　10.6 XML と XHTML *265*
　10.7 動的ドキュメント *266*
　10.8 まとめと演習 *268*

11 グラフィクスとサウンド　　　　　　　　　　　　　　　*271*

　11.1 アナログとデジタル再訪 *271*
　　　11.1.1 デジタル化とマルチメディア *271*
　　　11.1.2 AD 変換と DA 変換 *272*
　11.2 サウンド *274*
　　　11.2.1 サンプル形式のサウンド *274*
　　　11.2.2 MIDI 形式のサウンド *276*
　　　11.2.3 プログラムで音を生成する *277*
　11.3 グラフィクス *279*
　　　11.3.1 画像の表現 *279*
　　　11.3.2 ピクセルグラフィクス *280*
　　　11.3.3 ベクターグラフィクス *282*
　　　11.3.4 RGB 画像を生成する *283*
　　　11.3.5 TeX と Web ページへの画像の掲載 *285*
　11.4 機器独立なページ記述言語 PostScript *286*
　　　11.4.1 機器独立性 *286*
　　　11.4.2 PostScript の概観 *288*
　　　11.4.3 PostScript と手続き *289*
　　　11.4.4 変数，制御構造 *290*
　　　11.4.5 PostScript とフォント *291*
　　　11.4.6 PostScript の主要命令一覧 *293*
　11.5 3 次元グラフィクス *295*
　11.6 動画とアニメーション *296*
　11.7 まとめと演習 *298*

12 データベース　　301

- 12.1 データベースの基礎概念 301
  - 12.1.1 なぜデータベースか? 301
  - 12.1.2 データベースとは? 302
- 12.2 データベースの構造と DBMS 306
- 12.3 関係モデルと RDB 309
  - 12.3.1 関係モデルの概念 309
  - 12.3.2 データベースの設計 310
- 12.4 データベースの実際 312
  - 12.4.1 PostgreSQL とデータ操作言語 SQL 312
  - 12.4.2 SQL による関係の定義 313
  - 12.4.3 関係データベースと問い合わせ 315
  - 12.4.4 SQL によるさまざまな問い合わせ 317
  - 12.4.5 ビューの定義 322
  - 12.4.6 データの更新と削除 323
  - 12.4.7 整合性管理 324
  - 12.4.8 データベースの共有制御 325
  - 12.4.9 トランザクション 325
- 12.5 OODB と ORDB 327
  - 12.5.1 オブジェクト指向データベース (OODB) 327
  - 12.5.2 オブジェクト指向リレーショナルデータベース (ORDB) 329
- 12.6 データベースと連携する Web アプリケーション 330
  - 12.6.1 データベースと Web アプリケーション 330
  - 12.6.2 ページ埋め込みスクリプト言語 PHP 331
- 12.7 まとめと演習 334

参　考　文　献　　337

- 1　計算機システム全般 337
- 2　プログラミングと言語処理系 339
- 3　オペレーティングシステム 340
- 4　Unix/シェル/システムコール 341
- 5　ユーザインタフェースと X 342

6	スクリプティング	*343*
7	ネットワーク	*343*
8	WWW, HTML, TeX	*344*
9	グラフィクスとサウンド	*345*
10	データベース	*346*
11	ソフトウェア工学	*347*
12	人工知能	*347*

索　引　　　　　　　　　　　　　　　　　　　　*349*

1 計算機とは何か?

本書を始めるにあたってまず,計算機とは何であり,その上ではどのようなことができるのか,また人間と計算機はどのようにして対話をしているのか,といったことがらを考えてみることにしましょう.

1.1 計算機とは

まず,この章の表題どおり,「**計算機とは何か?**」という質問を投げかけてみましょう.あなたならどのような答を考えつくでしょうか? それは,たとえば次のようなものでしょうか?

△ 計算機とは,計算をするための装置である.

もしそうだったら,計算機と電卓は同じものでしょうか? そうではないですね.
ここで「大規模な」とか「大量の」とか「高速に」とつけ加えようとする人がいるかもしれませんが,それらの方も残念ながら「いまいち」です.確かに世界で最初に実用化された電子計算機である ENIAC [1] は,大量の数値を「計算」するため[2] につくられたのですが,現在の計算機の用途としては数値の「計算」はマイナーな用途になっています.
ではどうしましょうか? 世の中にはすでに大量の計算機が使われているわけですから,実際に何に使われているかを考えてみてはどうでしょう? たとえば,ちょっと考えてみただけでも,次のような「使われ方」を思いつくはずです.

- 銀行の窓口の裏側で,口座のお金の出し入れなどを記録し管理している.

---

[1] イギリスで開発された暗号解読用の電子計算機の方が先に完成していたという説もあります.
[2] 砲弾の発射と同時にその砲弾の着弾点を計算し始めると,実際に着弾する前に計算が完了するので,「弾よりも速い計算機」とよばれたという逸話があります.

- JRや旅行代理店の窓口などで，切符を発行したり座席の予約を受け付けている．
- ビデオゲーム機の中にあって，ありとあらゆるゲームを動かしている．
- 洗濯機やエアコンの中にあって，衣類をうまく洗ったり部屋をうまく冷暖房するための制御をしてくれる．
- インターネットの向う側からさまざまな情報を含んだ画面を取り出して表示してくれる．
- 見ため美しい文書を作成させてくれたり，絵を描いたりさせてくれる．

まだまだ考えつくはずですが，とりあえずこれくらいにしておいて，元の質問に戻りましょう．計算機にこれらのことができるとして，ではこれらに共通するのは何でしょう？ ほとんど絶望的にバラバラのように思えますか？

実は，これらのことがらに共通することが1つあります．それは「実体がない」ということです．たとえば，口座のお金の出し入れというのは誰のどの口座にいくら入金/出金があったか，ということを記録することであって，その作業自体には見える実体がありません．もちろん，振替用紙を渡したりATMでお金を出し入れしたりはしますが，それは作業の枝葉の部分であって本質ではないのです．

切符の発行や洗濯の制御や文書の印刷も同じことで，物理的な部分はありますが，それは切符を打ち出す装置や洗濯機やプリンタが受け持つ部分であって，予約を押えたり，どれくらい水をかき混ぜるか決めたり，文書を組み立てるという中心部分はやはり「実体がない」のです．極論すれば，これは計算機の出現以前には「人間が頭で」やっていたことで，それを計算機が肩代りしてくれているわけです．

これを整理すると，計算機がやっていることは，人間が頭でやっていたことのうち，比較的「単純労働な」部分を遂行しているといえるでしょう．これをもう少しかっこよくいえば，計算機の定義は次のようになるのではないでしょうか．

○ 計算機とは，情報を処理するための機械である．

もちろん，この定義が役に立つためには「情報」とは何で「処理」とは何かをもう少し具体的に考えなければなりません．以下の2つの節で，これらの点について検討していきましょう．

1.2 計算機とデジタル情報

皆さんは**デジタル**，**アナログ**という用語を聞いたことがあるはずです．いちばん身近なのはおそらく「デジタル時計」(文字で表示される時計) と「アナログ時計」(針が連続的に動く時計) という言葉かもしれません．また，体重計などもデジタル式 (数字で表示されるもの) と，アナログ式 (昔ながらの，針が動くもの) がありますね．

では，デジタルとアナログの区別は何でしょう？上の例からだと数字と針の違い，ということになりそうですが，もっと一般的にいえば，デジタルとは値が有限個の決まった値のどれか1つという形で表されるもの，アナログとは値が連続的に変化し得るもの，ということになるでしょう．デジタル式体重計は「○○○.○ Kg」という表示窓がついているとすれば，表示できる体重は全部で 10,000 通りしかありません (その代わり，ぱっと見てすぐわかります)．一方，アナログ式体重計の針の位置はいくらでも細かく区別できます (しかし細かく読み取るのは大変ですし，そんなに正確に計れているのかはまた別の問題です)．そして，計算機が扱う情報はすべてデジタル情報なのです[3]．

デジタルな情報の最少単位は「ある」「ない」のどちらか，「はい」「いいえ」のどちらか，「0」「1」のどちらか，といったものだと考えられます．これを「0」「1」で代表させ，**ビット** (bit) とよびます[4]．

ビットが最少単位なのですから，デジタル情報すなわち計算機が扱う情報とはひらたくいえばビットの並び，**ビット列**だということになります．そして，ビット列の長さを長くすることで，いくらでも多くの場合を区別することができます．たとえば1ビットでは0と1の2通りしか区別できませんが，2ビットでは4通り，3ビットでは8通り，一般に N ビットでは 2^N 通りの場合が区別できます．

ビット列によって数値を表す場合，**2進法**を使います．この場合，一番右の桁が「1の桁」，すぐ左の桁が「2の桁」，その左が「4の桁」，「8の桁」，…というふうに桁が進むごとに表す値が倍々になります．たとえば，表 1.1 は長さ 4 のビット列とその 2

---

[3] 厳密にいえばアナログ計算機というものもあるのですが，一般には計算機といえばデジタル計算機のことを指します．

[4] bit とは「binary digit」つまり「2 進数の 1 桁」を縮めてつくった造語です (また「ちょびっと」という意味の英単語でもあります)．なぜ **2 進数**かというと，**10 進数**では 1 つの桁が 0〜9 のどれか，8 進数では 1 つの桁は 0〜8 のどれかになりますが，これと同様にして，2 進数では 1 つの桁は 0〜1 のどれか，つまり「0」「1」のどちらかになるからです．

進数としての値を対応させたものです．この中の「1010」がなぜ 10 かというと，

$$\underline{1}\times 8+\underline{0}\times 4+\underline{1}\times 2+\underline{0}\times 1=10$$

だからなのです．

表 1.1　4 ビットのビット列とその値

ビット列	値	16 進
0000	0	0
0001	1	1
0010	2	2
0011	3	3
0100	4	4
0101	5	5
0110	6	6
0111	7	7
1000	8	8
1001	9	9
1010	10	a
1011	11	b
1100	12	c
1101	13	d
1110	14	e
1111	15	f

しかし，ビット数が増えて 1 と 0 が何十個も並んでくると，見るのも書き写すのも大変になります．そこで，4 ビットを 1 つの桁と考えて表 1.1 の右側にある 0 から f までの 1 文字で表す方法がよく使われます（9 から先は数字がないため，a, b, c, d, e, f を充てているわけです）．これを **16 進表記** とよびます．たとえば

 1010 0001 0010 1011

であれば

  a 1 2 b

になるわけであす．なぜ「16 進」かというと，これを数値として見た場合，1 つ桁があがるごとに値は 16 倍になるからです．そして，「a12b」は値としては

$$\underline{10}\times 4096+\underline{1}\times 256+\underline{2}\times 16+\underline{11}\times 1=41253$$

を表すことになります．

これまでの議論で，ビット列で表す限り値は飛び飛びであり，連続した値は表せないことがおわかりだと思います．でも，計算機で天体の位置のような連続的な数値も

計算しているではないか，と思った方もいらっしゃるかもしれませんね．しかし実際には，計算機では決まったビット数を使って計算するので，たとえば「−9999.0000 から +9999.0000 まで，0.0001 きざみ」といった形 (範囲も精度も有限) で数値を表さざるを得ないのです[5]．ですから，計算機で扱うすべての小数点つき数は「有限の桁数の近似値」であり，さらに「これ以上大きな/小さな値は表せない」という限界もあるものだと考えてください[6]．

ところで，ここまでに出てきた例はすべて数値でしたが，計算機では数値以外の情報も表せるのではなかったでしょうか？ もちろんそうです．たとえば，計算機で英字を表すことを考えましょう．その場合には，決まった長さのビット列を考え，その 0 と 1 のパターンと文字とを対応させます．たとえば次のようにするわけです．

```
01100001   'a'
01100010   'b'
01100011   'c'
    ...
```

このような，ビット列と文字の対応を定める規則を**コード系**とよびます．

なお，上の例は 8 ビットのビット列と英数字記号を対応させる **ASCII** とよばれるコード系の一部です．8 ビットでは $2^8 = 256$ 種類の文字しか表せないので，漢字などを扱う場合にはもっとビット数の多いコード系を使用します．もちろん，1 つの文字ではなくもっと長いもの，たとえば文字の並びとか文章を扱う場合には，ずっと長いビット列を使用します．

では，数字でも文字でもない情報を扱うにはどうしたらよいでしょう？ たとえば，あなたのチームが 8 人いて (かりに ABCDEFGH とします)，そのうち誰と誰がここにいるかという情報を表したいとします．それには，8 ビットを使用し，その各ビットを A〜H の各人に対応させます．つまり

```
ABCDEFGH
01100001
```

とすれば，B 氏と C 氏と H 氏がいる，ということが表せるわけです．このように，情報とビット列の対応関係を定めることを**符号化** (encoding) とよびます．先の 2 進数や ASCII コードも符号化の一例なわけです．

---

[5] 実際には 1.2345×10^{23} のような表現方法 (指数表記) を適用することでもう少し柔軟に値を表すことができます．このような数値の表現方法を「**浮動小数点**」といいます．

[6] 整数についてはこのような誤差はありませんが，表せる範囲の限界があるという点は同じです．

ここで重要なのは，計算機が扱うのはあくまでビット列であり，それが何を表しているかという意味 (言い換えればどのような符号化を使用しているかということ) は人間が決めるものだ，ということです．たとえば「0110001」が「B 氏と C 氏と H 氏」なのか，文字「a」なのか，または整数「97」なのかは，計算機には決められません．つまり，計算機は情報を処理しますが，その情報の意味は人間が与えるのです．

1.3 計算機と情報処理

計算機が「情報を処理」する装置であり，計算機が扱う「情報」はビット列である，ということはわかりました．では計算機がそれを「処理」する，というのは具体的にはどういうことでしょうか？

なにしろ計算が処理するものはすべてビット列なのですから，処理した結果もやはりビット列です．そこで，「処理する」などと難しい言葉を使わずに，もっとひらたく「加工する」と言い換えたらどうでしょう．そうすると，

　　○ 計算機とはビット列を加工する装置である

ということになります．つまり，あるビット列を加工して別のビット列にすること，これが計算機の行えることのすべてなのです．

具体的には「加工」とはどういうことでしょう？ たとえば，ビット列「0010」はこれを 2 進数として見たとき「2」を表し，ビット列「1010」は「10」を表します．そして，これら 2 つのビット列を受け付けて「1100」[7] というビット列を作り出すような「加工」は，つまり足し算という計算をしているわけです．もちろん，四則演算は計算機の中では非常によく使われるので，そのようなビット列の加工をするための回路が計算機の中に内蔵されています．

別の典型的なビット列の加工演算として，**and 演算**というものがあります．これは，受け付けた 2 つのビット列の対応する位置にともに 1 があるときだけ，その位置に 1，それ以外には 0 があるような結果を作り出します．たとえば「01100001」と「11110000」という 2 つのビット列の and 演算の結果は「01100000」というビット列となります．

---

[7] $1100_{(2)} = 8 \times 1 + 4 \times 1 + 2 \times 0 + 1 \times 0 = 12_{(10)}$

```
          01100001
     and) 11110000
          --------
          01100000
```

　たとえば，最初のビット列が「今ここにいるグループのメンバ」を表し，2番目のビット列が「昨晩飲みに行ったメンバ」を表すとしたら，and 演算の結果は「昨晩通飲したのに感心にも出てきているメンバ」を表すことになります．もっとも，通飲したかどうか，感心かどうか，それ以前に何のためにそういう演算をするのか，ということは，あくまでも人間が決めることではあります (前節で述べたデータの解釈の問題)．

　しかし，そんな簡単なことをわざわざ計算機なるものを使ってやるまでもないのでは，と思われる方もいるかもしれません．もちろん上の場合だけならそうでしょうが，計算機によるビット加工では「データ (ビット列) の内容に応じた処理内容の変更や繰り返し」が可能であり，これによって人間が手でやるのはとても困難な「加工」が実現できます．

　たとえば，ある 0 以上の数 Y の平方根を求める，という問題を考えます (もちろん，Y は計算機の中ではビット列で表現します)．これを計算機で (効率は悪くても) 行うには，たとえば次のようにすればできます．

- 数 X を 0.0 とする．
- X^2 を計算してみて，これが Y 以上なら X が求める答え．
- そうでなければ，X に 0.00001 を足したものを新たに X とする．
- そして，ふたたび X^2 を計算してみて，これが Y 以上なら X が求める答え．
- そうでなければ，X に 0.00001 を足したものを新たに X とする．
- そして，ふたたび X^2 を計算してみて，...(以下同様)
- ...

人間だったらとてもこんなことをやる気にはならないでしょうが，計算機ではこれが可能ですし，十分実用的でもあります．

　しかし，これでは求まる値は近似値であって正確ではないって？ もともと，計算機の中で扱える数値はすべて有限の桁数の近似値であると先に説明しました．ですから，どの程度まで正確な近似値を求めるか (これは調整可能です) を決めて，その正確さで計算するので十分ですし，それ以上のことはできない (し，やろうとしても意味がな

い) のです[8].

1.4 計算機と入出力

ところで，前節でさりげなく「受け取った 2 つのビット列」と書きましたが，いったいどこからどうやって受け取るのでしょうか？人間はビット列を「喋る」ことはできませんし，計算機の中のビット列は電流の有無ですから，人間には見ることも感じることもできません．

もちろん，人間が計算機を使う時にはキーボードを叩いたりディスプレイ画面を覗き込んだりすることは誰でも知っています．つまり，キーボードは (単に多数の押しボタンスイッチが並んだものだから) 人間の動作を電気信号に変換して計算機が受け取れるようにするためのものであり，画面は計算機の電気信号を光の明暗に変換して人間にとって「見える」ようにするためのものなわけです．

このように，人間から計算機に情報を渡すための装置を**入力装置**，反対に計算機から人間に情報を渡すための装置を**出力装置**とよびます．つまり「計算機への入力」「計算機からの出力」ということです (図 1.1)[9]．

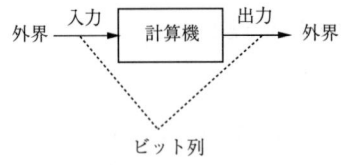

図 **1.1** 計算機と入出力

ところで，入力装置と出力装置の代表例としてキーボードとディスプレイを挙げましたが，これ以外にも多くのものがあります．たとえば，入力装置としては

- マウス
- トラックボール
- ジョイスティック
- マイクロフォン

---

[8] そもそも多くの数の平方根は無理数ですから，小数点以下何百桁を表示しても，それで「きっかり正確」ということはあり得ないわけです．

[9] このような計算機が中心のいい方はおかしい，あくまで人間が主なのだから人間から渡す方を「出力」，人間が受け取る方を「入力」とよぶべきだ，という説もあります．

- タッチパネル (手で触ると触った位置が入力される)
- タブレット (ペンで触ると触った位置が入力される)
- (ビデオゲームマシンの) コントローラ
- スキャナ

などが挙げられます．あくまでもこれらは「など」であり，これ以外にも多くの入力装置があります．要するに，センサやスイッチが組み込めるものは何でも計算機の入力装置になり得るわけです (エアコンに内蔵されている計算機の入力装置はエアコンのリモコン装置や温度センサということになります)．

また，出力装置もディスプレイのほかに

- プリンタ
- プロッタ
- プロジェクタ (画像投影装置)
- ヘッドマウントディスプレイ (ゴーグル型/めがね型のもの)
- スピーカ，ヘッドフォン
- 電子楽器

などさまざまなものが使われています．これらの出力装置はすべて，人間にとっての「入力装置」(つまり五感)のうちの，視覚と聴覚に働きかけるものですが，これは人間が外部から情報を取り込むのにまず視覚，続いて聴覚を多く使うことに対応しています．もっとも，視覚障碍者のための触覚を使った出力装置も少数ながらありますし，未来の計算機はほぼ確実に嗅覚や味覚に働きかける出力装置を備えるようになるでしょう．

1.5　計算機とソフトウェア

では，計算機の中ではどのようにして入力装置からのビット列を加工し，出力装置へ送り出すビット列を作り出しているのでしょうか．計算機にはそれが行える電子回路は備わっていますが (その構造については2章で説明します)，計算機に行わせたいような「ビット列の加工」すべてをあらかじめ電子回路として組み込んでおくことは明らかに不可能です．

たとえば，2つの数値を入力して，1つ目のものを2倍してから2つ目のものを引く (数式で書けば $2X - Y$) ものとします．このような電子回路を組み立てることは簡単ですが，それ「しか」できないのでは計算機とはいえません．では，さまざまな計算

を組み込んで，切り替え可能にしておけばよいでしょうか？ 実際には，「2倍ではなく3倍にしたい」とか，「Yが正の数の時に限って引きたい」とか，やりたい計算(ビット列の加工)には無限のバリエーションがありますから，これらすべての計算をあらかじめ用意しておくことは不可能です．

そこで，計算機では特定の計算を電子回路に組み込む代わりに，電子回路ではごく基本的なビット列の加工(四則演算やビットごとのand演算など)だけを用意しておき，それらを後で自由に組み合わせることによって任意のビット列加工が行えるようにしてあります．

しかし，各種の加工を行う回路を「自由に組み合わせる」には，そういう配線を行う必要があるのでは，と思いますね？ そこが実は重要なポイントで，現代の計算機では配線を行う代わりに「どう組み合わせるか」を「命令として与える」ことで自由な加工を実現しています．ここがまさに，計算機を作り出した人たちの偉大なアイデアなのです．具体的には，次のようにしています(図1.2)．

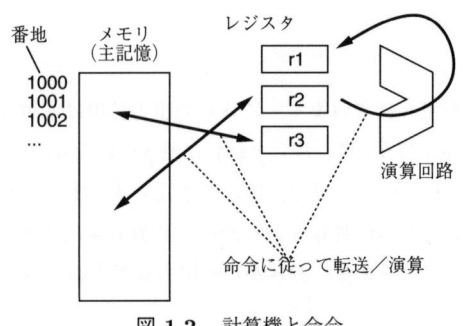

図 **1.2** 計算機と命令

- すべてのデータは**メモリ**(主記憶)に格納する．メモリには**番地**がついていて，番地を指定してデータを格納したり，取り出してきたりできる．
- データを加工するには**レジスタ**とよばれる場所に(メモリから)もってきて演算命令を使う．加工が終ったらまたメモリにしまう．
- もってきたり，取り出したり，演算するのは**命令**で指定する．

実際には1つの命令では簡単な動作1つしかできないので，命令を並べてそれを順番に実行していくことで，より込み入った動作を行わせます．この，命令を並べたものが**プログラム**なのです．

たとえば，数値Xが1000番地，数値Yが1004番地に格納されていたとします．そ

れに対して $2X-Y$ の計算を行って結果を 1008 番地[10][11] に格納したいとすれば，次のような命令列を使えばよいのです．

```
2000    load 1000,r1
2004    add r1,r1,r2
2008    load 1004,r3
2012    sub r2,r3,r4
2016    store r4,1008
```

この命令列で起こることは次のとおりです．

1. 1000 番地に格納されているデータ (2 進数表現のビット列) をレジスタ 1 番にもってくる．
2. レジスタ 1 番の内容とレジスタ 1 番の内容を加算して (つまり 2 倍になる)，結果をレジスタ 2 番に入れる．
3. 1004 番地に格納されているデータをレジスタ 3 番にもってくる．
4. レジスタ 2 番のデータからレジスタ 3 番のデータを引き算して，結果をレジスタ 4 番に入れる．
5. レジスタ 4 番のデータを 1008 番地に格納する．

面倒くさいですが，このような命令列をいろいろに変えることでビット列の加工方法はどうにでも変えられるわけです．

しかし，命令列 (プログラム) とは具体的にはどんなものなのでしょうか？紙に書いてあっても，それを計算機が直接扱うことはできませんね？上の命令列の左側に数値が書いてあるのに気がつきませんでしたか．実はこれはメモリ上の番地です．つまり，「命令もビット列で表し，計算機のメモリの中に格納しておく」わけです．こうすることで，計算機に次のような性質をもたせられます．

A. 命令列を入力装置からメモリに読み込んでくることで，自由に計算機の動作を設定できる．
B. メモリの内容は命令で書き換え可能 (その番地を指定して格納命令を使えばよい) だから，命令を変更したり作り出したりするようなプログラムも存在できる．

この原理を**プログラム内蔵方式**とよび，フォン・ノイマンの発明だとされています[12]．

---
[10] 番地が 4 飛びになっているのは，1 つの数値を入れるのに 4 つの連続した場所が必要—具体的には，1 つの番地には 8 ビットが格納でき，1 つの数値は 32 ビットで表す—な計算機を想定しているからです．

[11] 実際には入力装置からデータを受け取ったり結果を出力装置に送り出したりする命令が必要ですが，それは略しました．

[12] ただし計算機の黎明期における発明・発見についてはさまざまな異説があります．

この発明のおかげで，計算機は「プログラムを取り換えることで何でもできる機械」になったわけです．

なお，計算機の装置本体を**ハードウェア**，そこに読み込ませるプログラムやプログラムが必要とするデータなどを**ソフトウェア**とよぶことが一般的です．装置は金属などでできた「硬い」もの，命令列やデータはビット列であり，形のない(柔らかい?)ものなので，そうよぶようになったようです．

しかし，上の命令列の例ではどうして「判断や繰り返し」ができるのか釈然としないかもしれません．もう1つの例として，平方根を求める命令列も考えてみましょう．こんどは数値 X を3000番地，Y を3004番地として，X は最初0になっているものとします．

```
4000    load 3000,r1
4004    load 3004,r2
4004    mul_f r1,r1,r3    ※1
4008    if_gt_f r3,r2,4024
4012    load 5000,r4
4016    add_f r1,r4,r1
4020    j 4004
4024    store r1,3000     ※2
...
5000    0.00001
```

この説明は次のとおりです．

- 3000番地の内容をレジスタ1にもってくる．
- 3004番地の内容をレジスタ2にもってくる．
- (※1) X^2 を計算して結果をレジスタ3に入れる．
- レジスタ3とレジスタ2の内容を比較し，レジスタ3の内容の方が大きければ次は4024番地(※2)へ行く．
- レジスタ4に5000番地の内容(0.00001)をもってくる．
- レジスタ1とレジスタ4の内容を加え，結果をレジスタ1に入れる．
- 次は4004番地(※1)へ行く．
- (※2) レジスタ1を3000番地に格納する．

このように，「次に実行する命令の番地を指定する命令」(**ジャンプ命令**)や，「値の条件に応じてジャンプする命令」(**条件ジャンプ命令**)を使うことによって，繰り返しや処理内容の枝分かれが自由に行えるのです．

なお，上の命令の末尾に「_f」とついていたのは何でしょう？それは，これらの足し算命令や比較命令が「ビット列を小数点つきデータとして扱う」命令なのでこれまでの足し算命令や比較命令と違う名前にしたのです．つまり，ビット列が整数を表しているか，小数点つきの数を表しているかは，人間 (プログラムを書く人) にしかわからないので，きちんと区別して命令を使う必要があるのです．なお，`load` や `store` はビット列を転送するだけなので (ビット列の長さが同じ — ここでは 32 ビットであるものとしました — である限り)，命令を区別する必要はありません．

1.6 計算機とユーザの対話

話が難しくなったので，外から見た計算機の話に戻りましょう．あなたが計算機を使うとき，その様子はどのようになるでしょうか？

あなたは，何か計算機にやらせたいことがあって，計算機の前に座っています．そこであなたは，その「やらせたいこと」を何らかの方法で — しかし必ず入力装置によって — 計算機に伝えます．たとえば，マウスを操作して画面に表示されているボタンやメニューを選択する，というのが典型的ですね．

すると計算機はそれに対応して動作を行い，結果を何らかの形で — やはり必ず出力装置によって — あなたに提示します．それは，あなたが要求した内容であることもありますし，何かが間違っていたというエラーメッセージだったりするかもしれませんが．

あなたはそれを見て，次に何をするか考えて決め，そのことを計算機に (再び入力装置を使って) 伝えます．計算機はそれを受けて動作を行い，結果を (再び出力装置を使って) 提示します．

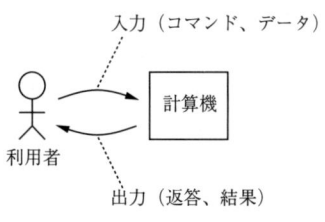

図 1.3　計算機と利用者の対話

このように，利用者が計算機を使っている時には計算機と利用者は「利用者→計算機→利用者→計算機→…」のように交互にイニシアチブを取りながら進んで行くもの

と考えられます．これを人間どうしの場合になぞらえて，利用者と計算機との**「対話」**とか「やり取り」(interaction) とよびます (図1.3)．

対話の頻度 (時間間隔) は，ソフトウェアの種類によって大幅に違ってきます．たとえばゲームマシンの場合，格闘ゲームでは利用者は1秒間に何回もワザを繰り出し，計算機の画面にその結果 (ヒットしたかどうかなどの様子) が示されます．一方，将棋ゲームなどでは利用者が1手指すと，計算機は場合によっては何分も長考してから結果 (次の1手) を表示するかもしれません．

場合によっては，対話の筋道がソフトウェアによってきっちり決められていて，そこから逸脱できないものもあります．たとえば銀行のCD(預金引出し機)で預金を引き出すことを考えてみましょう．その場合の計算機 (もちろん銀行の) と利用者との対話の筋道は，たとえば次のようになるでしょう．

- 利用者がCD機に近付く．
- →計算機は「預金引出し」「残高照会」などのメニューを表示する．
- →利用者が「預金引出し」を選ぶ．
- →計算機が「カードを投入してください」などと表示する．
- →利用者がカードを入れる．
- →計算機が「暗証番号を入れてください」などと表示する．
- →利用者が暗証番号を入れて「OK」を選ぶ．
- →計算機が「金額を入れてください」などと表示する．
- →利用者が金額を入れて「OK」を選ぶ．
- →計算機が引出し動作を行い，現金と伝票を出す．
- →利用者は現金と伝票を受け取って立ち去る．

このような対話の筋道は，実はプログラムの中の実行位置におおむね対応しています．たとえば「利用者が暗証番号を入力している」というのは，「プログラムが暗証番号を読み取る処理の命令を実行している」からはじめて可能になるわけです．しかし，命令の処理は繰り返しや枝分かれがあるので，実は対話の筋道を上のように一直線の箇条書きで表すのはあまりうまい方法ではありません (たとえば暗証番号を入れ間違えたり，残高照会を選んだ場合はどこに書けばよいでしょうね?)．

そこで，対話の筋道などを表すのには図1.4のようなグラフ (処理がどの「状態」にあり，どう移り変わって行くかを表すので**状態遷移図**とよばれます) を使って表現することが多いのです．これならば，枝分かれや繰り返しも自然に表現できます．

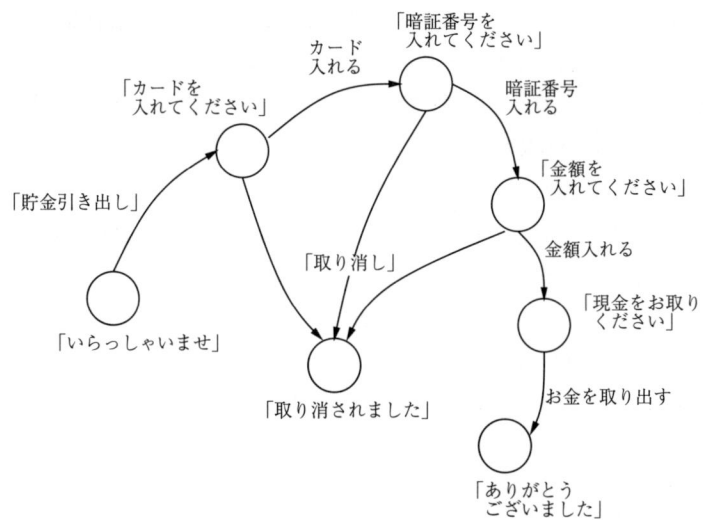

図 1.4　預金引き出しの状態遷移図

なんて面倒くさい，と思われたかもしれませんが，計算機の内部には (その動作が命令列で定められているので) 本質的にこのような状態が作り込まれており，少なくとも現時点では計算機をうまく使いこなすのには，状態遷移を意識することが必要になりがちです．

1.7　まとめと演習

この章では「計算機とは何か」という疑問から始まって，計算機が扱う情報や計算機に備わっている機能などについてひととおり説明しました．普段計算機を使うときにはあまり意識することはないかもしれませんが，これらのことを理解しておくのは重要です．

1-1. この章に挙げられていない「意外な」計算機の使われ方を 3 つあげなさい．どこがなぜ「意外」だと思いますか？

1-2. 自分の手持ちの衣類すべてを識別するには何ビットのビット列が必要か考えなさい．

1-3. 毎日，自分が着用している衣類 (肌着，靴下，シャツ，…) が何と何とであるかの情報を計算機に格納したいとします．そのためのビット表現を定めなさい．

1-4. この章に挙げられていない入出力装置を3つ挙げなさい．それは他の入出力装置と比べてどのような特徴があると思うかも説明しなさい．

1-5. $2X - Y$ の計算を行う命令列を参考にして，次の計算を行う命令列を書きなさい．
- $3X - Y$ の計算を行う．
- 同上，ただし Y が負の時は Y を引かない．

1-6. 次のもの (内部には計算機が入っている) との対話の筋道を状態遷移図で表しなさい．描き方は自己流でかまいません．
- 電子レンジでミルクを2杯暖めるところ．
- 銀行の ATM で振り込みをするところ．
- ビデオデッキで番組の録画予約をするところ．

2 計算機システムの構造と原理

この章では，前章で説明した「ビット列の加工」という動作を大規模に効率よく行うためにはどうしたらいいか，という観点から計算機システムの構造を解説しましょう．「計算機はもちろんよく目にするが，その中はどうなっているのかさっぱりわからない」という人にも，きっと納得していただけると思います．

2.1 計算機のしくみ

2.1.1 ビットの表現

まず，電気回路ではどうやってビット列を扱うのでしょう？ 直観的にわかりやすい例として，ビットを入力するのにはスイッチを用い，出力するのにはランプを用いるものとします．図 2.1 のように配線すれば，入力 A を 1(ON) にすれば出力 B も 1 になるし，入力が 0(OFF) なら出力も 0 のままです．

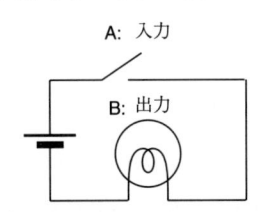

図 2.1 ランプとスイッチによる入力と出力

これでは出力が入力そのまんまだからあまりおもしろくありません．そこで，入力を A と B の 2 つとして，「A と B が両方 1 のとき出力 C が 1」および「A と B の少なくとも一方が 1 のとき出力 C が 1」，つまり **and 演算** と **or 演算** にしてみたのが図 2.2 です．何のことはない，理科の実験でやる「直列と並列」ですね．

では，この方法で回路を組み合わせればビットのどんな加工でもできるのかという

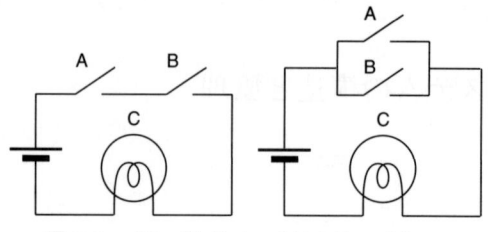

図 2.2 ランプとスイッチによる and と or

と，残念ながらそうはいきません．早い話が「入力 A が 1 のとき出力 B が 0」つまり not 演算すらつくれないのです[1]．

2.1.2 演算素子とゲート

そこで次に，リレーを使うことにします．リレーというのは手の代わりに電磁石で on/off するスイッチのことで，ここでは図 2.3 のようにふだんはバネの力でスイッチが閉じていて，入力回路に電流が流れると電磁石の力でスイッチが切れるようなものを使うことにします．これで確かに not 回路をつくることができました．

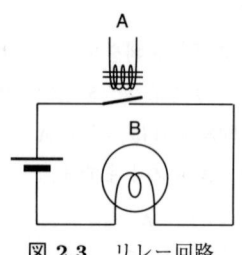

図 2.3 リレー回路

そのほかの種類の演算もリレーで行わせることができます．たとえば図 2.4 のように 2 つの入力回路 A，B の両方に電流が流れた時だけスイッチが切れるようにバネを調節しておけば，not (A and B) の演算 (**nand 演算**とよばれる) を行わせることができます．

組み合わせ回路が複雑になってくると，いちいちリレーの形を書くのは煩雑です．そこで，もっと抽象化した記号を用いて，電池の両極につながる線も省略して on/off される線だけを書くことにしましょう．具体的には図 2.3, 図 2.4 を図 2.5 のように書き

---

[1] スイッチについている表示を書き換えて「0」と「1」を反対にしてしまうという手もありますが，ちょっとずるいですし，これで not 演算をつくったとはいえないでしょう．

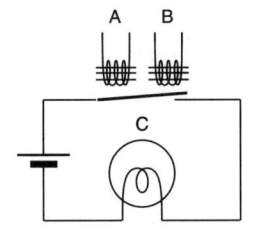

図 2.4 リレーによる nand 回路

ます．このような抽象化された演算素子のことを**ゲート**とよびます．図 2.5 では上のものは「not ゲート」，下のものは「nand ゲート」を表しています．

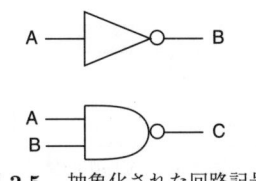

図 2.5 抽象化された回路記号

ところで，リレーのもう 1 つの重要な性質は，エネルギーを増幅できることです．一般に 1 つのスイッチに流すことのできる電流は限られているので，スイッチ 1 個にたくさんの電球をつなぐことはできません．また，スイッチには固有の抵抗がありますから，100 個の入力の and をとろうと思っても，100 個のスイッチを全部直列につないだら十分な電流が流れない可能性があります．しかし，リレーがあれば少ない電流で大きな電流を on/off できるので，これらの問題を解決することができ，十分高度なビット加工を行う回路を組み立てることができます．実際，電子計算機ができる以前に，リレーを演算素子とした計算機 (リレー計算機) がつくられていたこともあります．

2.1.3　VLSI

リレー計算機はスイッチの鉄片がかちゃかちゃ動くのに時間がかかりますし，接触不良が多く信頼性が低いという問題もあります．そこでこれらの問題を解決して，高速かつ信頼性の高い情報処理を可能にしたのが**電子計算機**です．同じ電子計算機でもゲートに使われる演算素子は真空管 (第 1 世代)，トランジスタ (第 2 世代)，IC(第 3 世代)，VLSI (第 4 世代) と変遷してきています．ここでは現在使われている素子である **VLSI** の原理をごくおおざっぱに説明しましょう．

まず，VLSI をつくるには**シリコン** (ケイ素，Si) の単結晶のうす切り (ウエハー) を

用意します．これ自体は電気を通しませんが，この上に**ホウ素**や**リン**の分子をごく微量加える (**拡散**させる) と，その部分は電気を通すようになります．だから，微細な図 2.6 のような模様をデザインしてその模様にそって拡散を行えば，好きな形の電気配線がウエハー上につくれます．

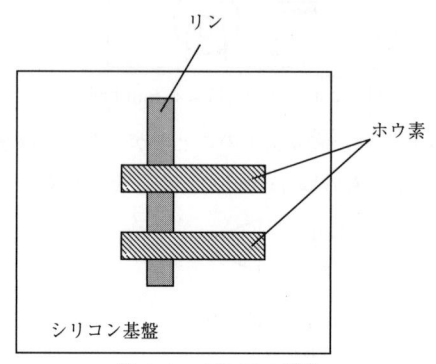

図 2.6　VLSI の構造

　ここで，リンを加えた部分は (リンがシリコンより多くの電子を原子の外周にもつため) 電子が余分に生じて電気を流すという性質をもち (**n 型領域**)，逆にホウ素では (シリコンより外周の電子が少ないため) 電子の不足 (正孔) が生じて電気を流すという性質をもちます (**p 型領域**)．ここで，断面図が図 2.7 のように，n 型領域が途切れていて間に電極 (これもパターン焼きつけでつくれる) を取り付けた形になっている部分をつくります．すると，電極が「+」の時にはそのプラス電荷に引き付けられてきた電子がギャップの所に集まって電気が通り，電極が「−」の時には逆に電子がマイナス電荷と反発して逃げてしまうので電気が通らなくなります．

　これでつまり，電極の +/− に応じてスイッチが on/off できるのです．このような半導体素子を**電界効果トランジスタ** (FET) とよびます．半導体素子はリレーと違って動く部分がありませんし，微細な領域で低電圧で動作させられるため高速です．なお，n 型の代わりに p 型を使えばこれと反対の性質をもつ (つまり電極が「−」の時に電気が通る) トランジスタもつくれます．今日では，その両者をペアに組み合わせて回路を構成する **CMOS 型 VLSI** が主流になっています．

　では，どうやってウエハーの上に微細な模様に従って拡散を行わせるのでしょう? それにはまず，模様を普通の大きさでつくって，それを写真に撮ってフィルムをつくります．次に，ウエハーの上に光に感応する樹脂を塗り，フィルムを通した光をレンズで縮小して投射すると，光があたった部分だけ樹脂が変質します (図 2.8)．その後で

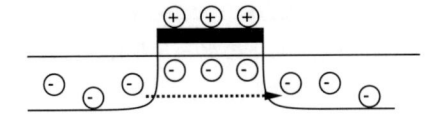

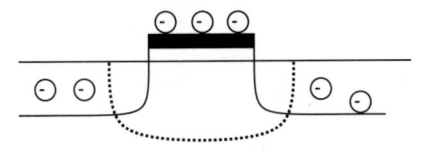

図 2.7　VLSI 上の電界効果トランジスタ

洗浄液につけると，変質した部分だけが流れ落ちるので，結果として模様通りの幕がウエハーに残ります．幕のついたウエハーをホウ素やリンがガス化した炉に入れると，幕がなくなった部分に模様にそって分子が拡散します．実際にはまずホウ素，次にリンというふうにこれを何段階か繰り返して，非常に多数のトランジスタをもつ回路をウエハー上に焼き込むのです．これを VLSI といいます．

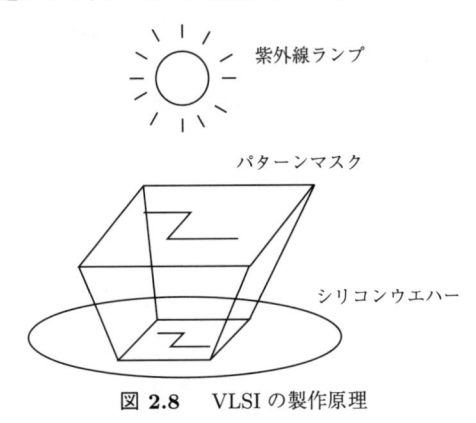

図 2.8　VLSI の製作原理

2.2　計算機と論理回路

2.2.1　フリップフロップとラッチ

もう少し具体的に計算機に使われる回路を見てみましょう．図 2.9 にフリップフロップとよばれる回路を示します．この図で一番左の状態をまず見てください．A, B は

ともに1，上のゲートのもう1方の入力は1だから上のゲートの出力Cは0，したがって下のゲートの片方の入力が0だから下のゲートの出力Dは1，そこで上のゲートの入力が1で，つじつまが合っています[2]．

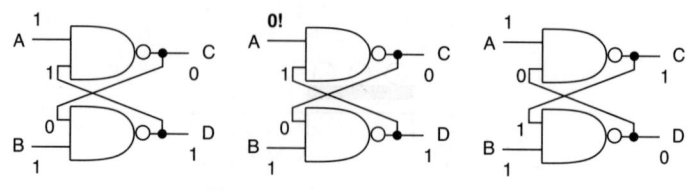

図 2.9 RS フリップフロップ

ここで，図中央のように入力Aをちょっとの間0にしたとしましょう．すると，上のゲートの出力は0→1に変化し，その結果下のゲートの出力は1→0に変化することになります．そして，入力Aが再び1に戻った後も，この回路はさっきとは逆にCが1，Dが0という状態を保持します．つまり，フリップフロップは与えられた情報 (最後にAとBのどちらが0だったか) を保持することができるのです．

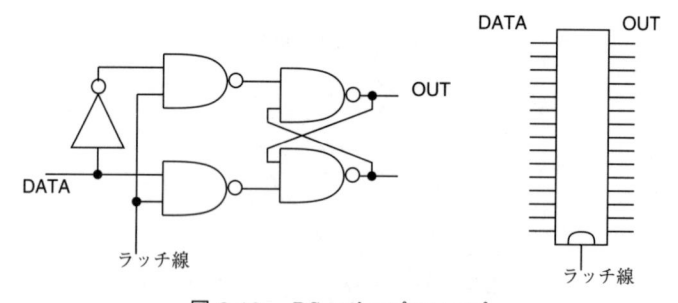

図 2.10 RS フリップフロップ

さて，実際に計算機の回路としてこれを使う場合には，図2.10左のように**ラッチ線**とよばれる信号線をもつ前段ゲートを追加して使うのが普通です．この場合，ラッチ線を普段は0にしておきます．すると前段のゲート出力は1なので，OUTの状態は変化しません．入力を記憶したい場合にはラッチ線を1にします．するとDATA線の状態がフリップフロップに記憶され，OUTはDATAと同じになります．ラッチを0に戻すとその状態は固定され，あとはDATAが変化しても記憶された状態が保持されます．このような回路を「入力をそのまま固定する」ことから**ラッチ** (latch，掛け金の意味) とよびます．通常はこのような回路をデータ幅 (32ビットCPUなら32個)

---

[2] もしつじつまが合わないと，回路は不安定になり，発振 (状態が振動すること) します．

ぶん並べて，1本のラッチ線で制御します (これを図 2.10 右のように描きます).

2.2.2 メモリ

　計算機がビット列を加工していく途上では，大量のデータを扱う必要があります．そこで，もっぱら大量のビット列を格納しておくことだけを行う VLSI チップが多くつくられ売られています —— これを**メモリチップ**といいます．実は 1 章で出てきた主記憶 (メモリ) は，このメモリチップをたくさん並べたものです．

　メモリチップの中で実際にビットを格納する部分 (**メモリセル**) には，前述のフリップフロップが使えます．この方式は電源を切らない限り特に何もしなくても記憶内容が静的に保持されるので **SRAM**(static random access memory) とよばれます．SRAM は 1 セルあたり 4 つのゲートが必要であり，記憶容量の点からは不利です．もう 1 つの主要な方式は **DRAM**(daynamic RAM) であり，これは小さなコンデンサ (電荷を蓄えるような構造) を使って記憶を保持します．ただし，コンデンサに蓄えた電荷は時間がたつと自然放電してなくなってしまうので，定期的に蓄えた値を読み出して再度書き込む必要があります．これを**リフレッシュ**とよび，DRAM のチップ上にはそのための回路が組み込まれています．

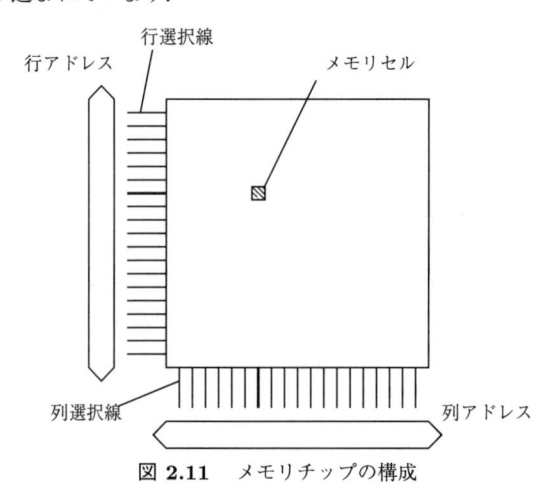

図 2.11　メモリチップの構成

　DRAM でも SRAM でもメモリチップの内部は概念的には図 2.11 のようになっていて，メモリセルが格子状に配列されています．このなかで特定のセルをアクセスするためには，行と列の選択線をそれぞれ 1 本だけ「1」にすることで，その交点にあるセ

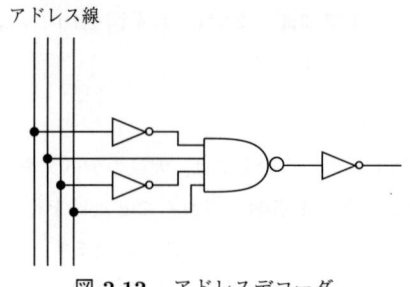

図 2.12 アドレスデコーダ

ルが選ばれてアクセスされます．

実際には選択線の外側にある**アドレス線**に「0110」「0111」などのビットパターン(メモリ番地の2進数表現)を与えることで，セルを選択します．この，アドレス線から選択線のどれか1つを選ぶ部分をアドレスデコーダとよびます．図 2.12 に，アドレス線が「0101」の時だけ出力が1になる回路を示しました[3]．

標準的な DRAM では1チップの容量が 512Mbit 程度 (1M = 1024 × 1024) で，実際には1つのアドレスを指定すると4ビットが同時に読み書きできるといった構成を取ります．このようなチップを8個とか16個，小さな板の上に取り付けたものを **SIMM**(single inline memory module，両面に付けたものは **DIMM** — double inline memory module) とよび，本物の計算機ではこれをソケットに差し込んで計算機本体に取り付けたものが主記憶になるわけです[4]．

2.2.3 演算回路

データを記憶しておく回路ができたので，次に演算を施す回路を考えましょう．一般に，n ビットの入力から任意の演算を行って1ビットの出力を行う場合，その演算規則を「積和標準形」つまり入力のうちいくつか (およびその not) に and 演算を行った「項」を複数 or する，という形で現すことができます．

たとえば2進数2桁の足し算を考えましょう．入力 (2桁 ×2) と出力 (2桁および桁上がり1桁) の関係を表すと表 2.1 のようになります．

---
[3] N 入力の nand ゲートは VLSI 上では図 2.6 のようなパターンを少し拡張することで簡単につくれます．

[4] 8個とか16個というのは，計算機のメモリは32ビットとか64ビット単位でアクセスされることが普通なので，複数のメモリチップを並べておいてそのビット数ぶん同時にアクセスするようになっているものです．メモリチップ1個が4ビット幅であれば，16個並べると64ビット幅で同時に読み書きできます．

表 2.1　2桁どうしの足し算

A_1	A_0	B_1	B_0	C	O_1	O_0
0	0	0	0	0	0	0
0	1	0	0	0	0	1
1	0	0	0	0	1	0
1	1	0	0	0	1	1
0	0	0	1	0	0	1
0	1	0	1	0	1	0
1	0	0	1	0	1	1
1	1	0	1	1	0	0
0	0	1	0	0	1	0
0	1	1	0	0	1	1
1	0	1	0	1	0	0
1	1	1	0	1	0	1
0	0	1	1	0	1	1
0	1	1	1	1	0	0
1	0	1	1	1	0	1
1	1	1	1	1	1	0

ここで3つの出力をそれぞれ積和標準形で表すと

$O_0 = A_0\overline{B_0} + \overline{A_0}B_0$

$O_1 = \overline{A_0}A_1\overline{B_1} + \overline{A_0A_1}B_1 + A_1\overline{B_0B_1} + \overline{A_1B_0}B_1 + A_0\overline{A_1}B_0\overline{B_1} + A_0A_1B_0B_1$

$C = A_1B_1 + A_0A_1B_0 + A_0B_0B_1$

となります．なお，AB は A と B の and，$A+B$ は A と B の or，$\overline{A}$ は A の not を表します．

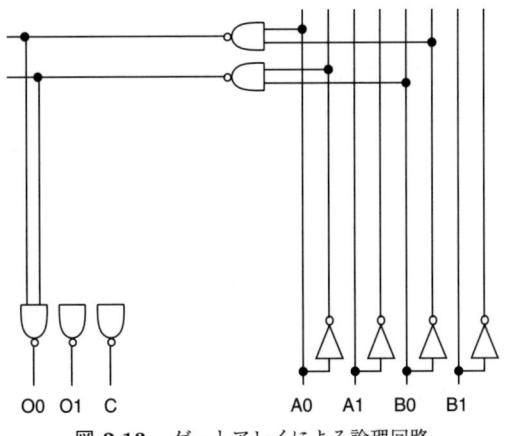

図 2.13　ゲートアレイによる論理回路

これを論理回路にするには，たとえば図 2.13 のような規則的なやり方が可能です．ここではまず，各入力からそのままと not したものをつくります．次に，各論理式の項 (and でつながったもの) について 1 個ずつ nand ゲートを用意し，その入力を対応する入力線 (またはその not) につなぎます (N 入力の nand ゲートが簡単につくれるという説明は先にしましたね)．そして，各出力に対しても nand ゲートを用意し，各項に対応するゲートの出力をここに接続します．

このようにして，任意の入力と出力の関係を実現する論理回路を組み立てることができます．足し算，引き算など複数の演算を切り替えたければ演算の種類を指定する制御線も入力として扱い，それを含めた論理式から設計すればよいわけです．このような回路は，ゲートが規則的に配置されているのでゲートアレイとよばれます．

ただし，大きな桁数の加算や乗算を一段で行わせようとすると回路が巨大になってしまい，また実際の計算機で使われる演算器は高速性が要求されますから，本当の演算器 (**ALU** — Arithmetic Logic Unit) はこのような規則的な設計とは別の方法で構成した論理回路を用います．

2.2.4 クロックとシーケンサ

ここまでのところで一応，データを格納したり演算したりする部品はできました．しかし，これらの部品を組み合わせて思ったように動かす方法についてまだ説明していませんね．

皆さんは PC などについて「クロックが 4GHz の…」などという言葉を聞かれたことがあると思います．**クロック**は名前のとおり「時計」であってシステム全体を動かすタイミングを制御します．具体的には，図 2.14 のように決まった周期で 0/1 を反復する出力を出すような回路がクロックです (この反復回数が 1 秒間に 4×10^9 回だと 4GHz)．クロックの回路はいわゆる発振器で，どちらかというとアナログ回路の部類です．

次に，クロックの出力を**シーケンサ**に与えます．シーケンサはクロックのきざみに従って，一定の規則に従って出力を 0/1 に切り替えるものです (その回路までやっていると大変なのでここでは略します)．

さて，これでどうやって部品が組み合わせられるのでしょうか？ たとえば図 2.15 のような回路を考えてみます．ここで A, B, C はラッチで真ん中のは加算回路です．そして，たて線のところはデータ線の接続を on/off するゲートが設けてあります (デー

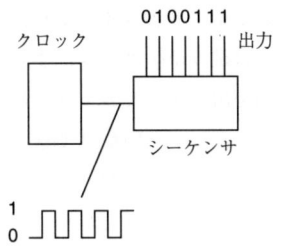

図 2.14 クロックとシーケンサ

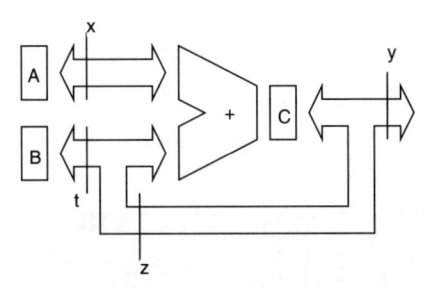

図 2.15 簡単な計算システムのダイアグラム

タ線の幅は 4 ビットでも 32 ビットでもなんでも構いません).かりに A,B に入力装置からデータをセットできたとしましょう.ここで B の値に A の値の 2 倍を加えた値を最終的に出力するには,

- まず x と t を on にしてラッチ C に A + B を計算する.
- t と y を off,z と x を on にして C の値と A の値を計算したものを再度 C に設定する.
- 最後に z を off,y を on にして C の値を出力する.

という順序で制御を行えばよいのです.それは,シーケンサが x〜t の 4 本の線をクロックのタイミングに従って on/off することで行えるわけです.

2.3 計算機システムの構成

2.3.1 プログラムと CPU

さて,前節最後に示したような方法では,せっかく組んだ回路に,ある特定の計算しか行わせることができません.これではもったいないですね.ではどうしたらいいの

でしょう？同じような質問を第 1 章にも書きましたが，ここでは電子回路の面から考えてみます．その解答は…各制御線の on/off をシーケンサ回路としてつくってしまう代わりに，「メモリからビット列を読み出してきて，その 0/1 に従って制御線を on/off する」ことなのです．そして，このビット列が第 1 章で説明した「命令」に他なりません (第 1 章では命令はそれらしい文字列で書かれていましたが，実際には命令の種別，レジスタの番号，メモリ番地などを符号化したビット列の形でメモリ上に格納されるわけです)．

また，第 1 章では並んだ一連の命令が順番に実行されると説明しました．これは，ある命令を実行し終ったら，メモリの次の場所にある命令をもってくるようにすればよいわけです．これを繰り返すことで，メモリに書いてある命令語の列，すなわちプログラムを順番に実行していくような回路がつくれます．これが計算機の **CPU** (中央処理装置) の動作の本質なのです．

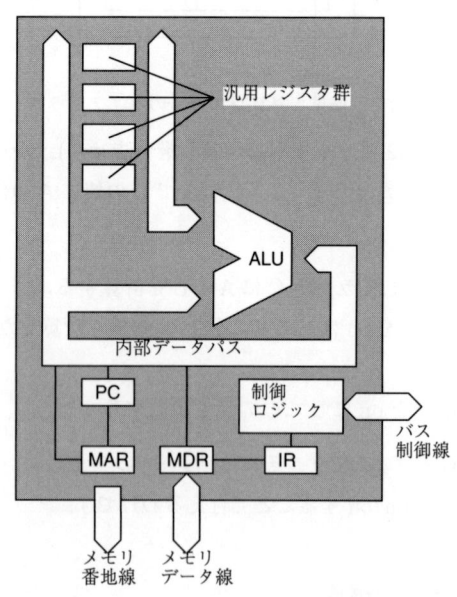

図 2.16 計算機 CPU のブロックダイアグラム

ごく簡単化された CPU のブロックダイアグラムを図 2.16 に示します．ここで，メモリアドレスレジスタ (MAR) にメモリアクセスを行いたい番地を入れて CPU から外部に送り出すと，メモリアクセス (読み出しまたは書き込み) が行えます．読み出しの場合は，メモリから読まれたビット列はメモリデータレジスタ (MDR) に格納されま

す．書き込みの場合には，MDR の内容がメモリに転送されます．

CPU は 1 実行サイクルごとにメモリから命令を読み出し，それを命令レジスタ (IR) にセットします．命令を読み出す番地は，**プログラムカウンタ (PC)** とよばれるレジスタによって指定されます．PC には 1 命令読み出すごとに内部の値を命令の大きさぶん増やす回路が組み込まれているので，これによって次々と連続した命令列を実行することができます．

なお，CPU 内部の制御線すべてを命令のビットと対応させると 1 命令がひどく大きくなってしまうので，普通の CPU では命令はもっと「詰め合わせた」形をしています．これを適当に分解して各制御線を on/off するのが**制御ロジック**の役割です．CPU 内部には，第 1 章で出てきたように，データとしてのビット列を入れておくためのレジスタ群もあります．これを**汎用レジスタ**とよびます．命令の種類としては，汎用レジスタとメモリとの間でデータをやりとりするもの，汎用レジスタの値を ALU に送って演算し結果を再び汎用レジスタに格納するもの，次に実行する命令の番地を設定するもの，などがあります．

最後の種類のものでは，命令の実行が連続した列から「飛び出して」別の位置に移ることになります．これが第 1 章で説明したジャンプ命令です．ジャンプ命令の実行とは単に，PC に次の命令の番地を設定することです．これらはすべて，CPU 内部のデータパスを通してデータを転送することで行えます．

以上をまとめると，CPU の動作の 1 サイクル分は次のようになります．

- PC の内容を MDR に転送して命令の読み出しを開始し，PC の値は次の番地に進める．
- 命令が読めてきたら IR に入れてその内容を分解する．
- 制御ロジックによって命令の実行を開始する．

これを無限に繰り返すのが CPU の動作です．そして反復動作自体はクロックとシーケンサによって制御されているわけです．

2.3.2　計算機システムの構造

計算機システムには CPU だけでなく，メモリや入出力装置が備わっているたことを思い出してください．これらは CPU とどのようにしてつながっているのでしょう？これは計算機システムの機種によって多少違いがあるのですが，われわれがいちばんよく目にするようなシステムでは図 2.17 のように「バス」とよばれる信号線がすべて

の要素を結んでいます．このバスは文字通り乗り合いバスの bus で，計算機内部の部分が共通に信号をやりとりするための配線なのです[5]．

PC などの中を開けるとマザーボードとよばれる基板が入っていて，その上には CPU とメモリとバスが搭載されています．そして，バスについてはただの配線なのですが，その上にたくさん端子のついたソケットが数個くっついています．そして，CPU とメモリ以外の要素 (つまり入出力のための回路) はこのソケットに基盤を差し込むことで接続します．こうしておけば，このソケットを抜き差しするだけで，さまざまな入出力装置を増設したり外したりできるわけです．

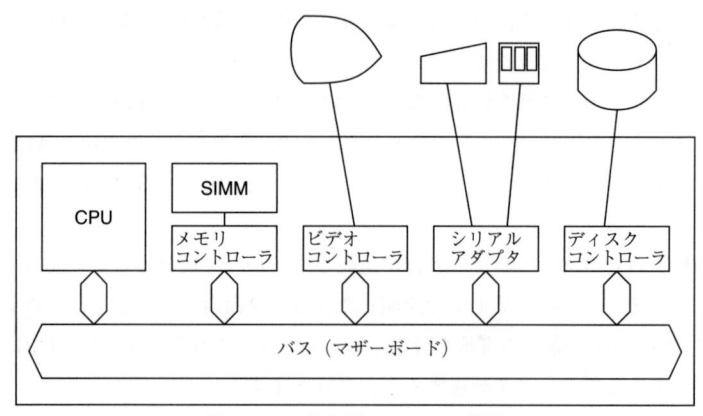

図 2.17 計算機システムの構造

この，抜き差しする基盤の反対側には，また別のさまざまな形のソケットがついていて，ここと実際の入出力装置 (ディスプレイ，ディスク，ネットワークなど) をケーブルやコネクタで接続します．では，基盤の上に載っている回路は何でしょう？ これはコントローラとよばれ，バス上の信号と各入出力装置の間の橋渡しを行う機能をもちます．このようにすることで，CPU からはどの入出力装置でもバス上の同じ信号で制御でき，それぞれの装置に固有の信号の送受はコントローラにまかせることができるのです．

たとえばディスクコントローラであれば，ディスク装置に内蔵されているモータの起動や停止を行ったり，ディスクの特定の位置に記憶されているデータを読み書きする作業を行います．このような高度な機能をもつコントローラはそれ自体が CPU を搭載していてプログラムで制御される，ミニ計算機になっています．

---

[5] メモリについては CPU とのやりとりを高速にするため，共通のバスとは別の，専用のバスで CPU とつながっている場合も多い．

PCやワークステーションなどのシステムにはおおむね，ビデオコントローラ(画面)，シリアルアダプタ(キーボード，マウス)，ディスクコントローラ，メモリコントローラなどが備わっています(メモリは入出力装置ではないが，コントローラを通じてチップのテストやエラー記録の取得などの制御ができることが多い).

2.4 まとめと演習

この章では計算機システムの原理と構造について，ハードウェア面を中心に一通り説明しました．これ以降の章ではすべてソフトウェアの話が中心になりますが，その前に「計算機はただの箱みたいに見えるけれどこういうものなのだ」という感触をもって頂ければ幸いです．

2-1. 知合いで計算機のハードウェアに強い人に頼んで，計算機のケースを開けてもらい，その中にどんな部品があるか，どれが何であるかの「同定」を試みなさい．もちろん，その人にも解説してもらうとよいでしょう．

2-2. PCのカタログと価格表を多数入手して，PCにどのような要素が内蔵されているか整理し，また何がいくらくらいするのか推定を試みなさい．たとえばメモリの搭載量が違うと値段が違いますし，速いCPUを搭載しているとその分高いはずです．

2-3. 秋葉原(東京)や日本橋(大阪)のパーツショップへ行って上の推定がどれくらい当たっているか，またはメーカーがどれくらいパーツの値段を売り値に反映しているか，確認してみなさい．ただし，ハードに強い友人に付き添ってもらわないとなかなか難しいかもしれません．

3 計算機システムのソフトウェア構造

前章で,「ビット列を加工する装置」としての計算機ハードウェアについて,一番下のゲートレベルからシステムのレベルまで一通り説明しました.しかし,計算機はハードウェアだけでは用をなさず,ソフトウェアを動かすことではじめて役に立つことができます.そこでこの章では,ふだんあなたが目にしている,ソフトが動いている計算機からはじめて,内側へ向かって見ていくことにしましょう.

3.1 アプリケーションソフトと基本ソフト

あなたがふだんソフトを使っているとき (たとえば Unix でも Windows でも Mac でもいいですが,ブラウザで WWW を見ているとします),計算機の上で動いているのはそのプログラム (この場合はブラウザ) だけでしょうか? ブラウザを使っている最中でも,ちょっと別のプログラムを動かしたり,ブラウザの窓の位置を変更したりする時は,「ブラウザではない何か」を使って操作をしているでしょう? この「何か」の部分というのは,使うソフトを (たとえば表計算とかお絵描きとかに) 取り換えても同じまま…というか,そもそも各種のソフトを使う時の「土台」として常に存在している感じがするはずです.つまりソフトウェアには次の 2 種類があるわけです:

- **アプリケーションソフト**: ユーザが各々の仕事を実行するためのソフト.
- **基本ソフト**: アプリケーションソフトを使って仕事をする上で必要な手助け,ないし土台となるソフト.

具体的には,どのような「手助け」が必要なのでしょうか? それはこれから徐々に見ていくことにして,ここではとりあえず基本ソフトを次の 3 種類に分類しておきます.

- **オペレーティングシステム (OS)**: アプリケーションが動く下ざさえとなる機能を提供する.

- **言語処理系**: プログラムを作成することを手助けする.
- **ユーティリティ**: ファイルの操作やデータ形式の変換など，(特定目的に特化した「アプリケーションソフト」とは対照的に) 汎用的な作業を手助けする．

分類する人の立場によっては言語処理系をユーティリティに含めたり，ユーティリティの中をさらに細かく分けるかもしれません．以下この章では，まず OS についてもう少し細かく検討し，次に言語処理系を取り上げます．ユーティリティについては後の章でそのつど扱うことにしましょう．

3.2 オペレーティングシステム

3.2.1 OS の各種の役割り

上でオペレーティングシステムの役割りは「アプリケーションが動く下ざさえ」と書きましたが，それは具体的にはどういうことでしょうか？ もう少し具体的に考えてみましょう．

前章で見たように，計算機のハードウェア命令というのは，メモリとレジスタの間でデータを転送したり，四則演算をしたりといったごく低いレベルの機能しか提供していません．ですから，多くのプログラムで必要とするような，キーボードを制御して文字列を読み込んだり，2 進表現のビット列をわれわれがふだん使っている 10 進表現に変換して画面に表示したりといった機能を実現するのには，かなり長い命令列 (プログラムの断片) を必要とします．

それを各アプリケーションをつくる人が個別に用意するのでは労力の無駄ですし，そもそも普通のアプリケーションプログラマは入出力機器の制御方法など知らないのが普通です．たとえ知っていたとしても，個々のアプリケーションソフトで勝手に入出力機器を制御しはじめると，どれかのプログラムがキーボードの制御を握って離さなくなり他のプログラムではキー入力が使えない，などさまざまな問題が起きることでしょう．ですから，

- 多くのプログラムが必要とする標準的機能を一括して提供する

ことは OS の重要な役割りだといえます (図 3.1)．

次に，現在の計算機システムでは複数のプログラムを並行して動かす**マルチタスク機能**が使われます．たとえば，ある窓で計算をさせながら，別の窓では待ち時間に WWW

3.2 オペレーティングシステム

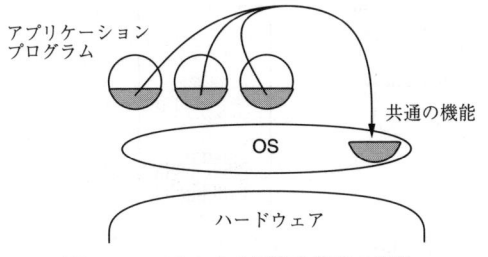

図 3.1 OS による標準的機能の提供

を見たり，といった具合です．このように，

- 複数のプログラムが並行して動作するのを管理する

ことも OS の役割りです (図 3.2)．

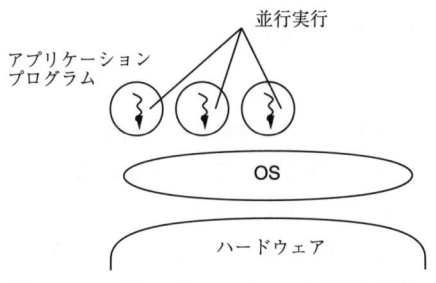

図 3.2 OS によるマルチタスク機能の提供

そうなってみると，あるプログラムを動かそうと思ったときいきなり計算機を止めてプログラムをメモリに書き込み始めるわけにはいきませんね．そんなことをすると現在進行中の別の仕事がめちゃくちゃになってしまいます (大体どうやって書き込むというのでしょうね?)．だから，

- ユーザが指定したプログラムを読み込んで実行開始させる

というのも OS の基本的な役割りなのです (図 3.3)．

さて次に，そうやって並行して動いている複数のプログラムがたまたま同時に同じメモリ番地やディスク上の領域を使おうとしたら，やっぱり大混乱になるでしょうね? また，それらが一斉にプリンタに出力しようとして，混ざった出力が出てきても困るでしょうね? ですから，

- 計算機のメモリを各プログラムにうまく割り当てて調整する
- 入出力装置に対するアクセスを管理する

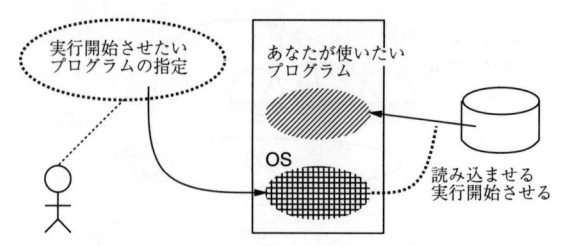

図 3.3 OS によるプログラムの実行開始

というのも OS の重要な仕事なわけです．

ところで見かたを変えると，計算機に備わっている入出力装置，メモリ，そして CPU などはすべて，数が限られた貴重な**資源**だといえます．ですから，OS の機能のうち，マルチタスク機能，メモリ管理，入出力管理などは統一して

- 計算機内部の各種資源を管理する

ものと考えることができます．

言い換えれば，あなたが動いている計算機を目にする時，そこには常に OS が動いていて，ハードウェアと混然一体となってすべてを管理しているのです．そして，あなたやあなたのプログラムが計算機を使おうとする時，必要な資源のすべては OS が管理していて，(プログラムが)OS に頼むことによってはじめて，それらを利用して仕事ができるわけなのです (図 3.4)．

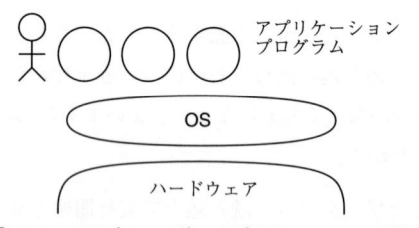

図 3.4 OS とユーザ，アプリケーションの関係

3.2.2 マルチタスクとプロセス

さて，OS には上に述べたようにさまざまな機能が備わっていますが，まずはその中で一番目だつ機能であるマルチタスク，つまり複数のプログラムを並行して走らせる機能について見てみましょう．そもそも，どのようにしてそんなことが可能になるのだと思いますか？

3.2 オペレーティングシステム

まず，計算機の機能をごく簡単化して復習してみましょう．メモリの上には命令の列 (プログラム) が置かれていて，CPU はプログラムカウンタが指している番地から順に命令を取り出しては実行していきます (図 3.5)．

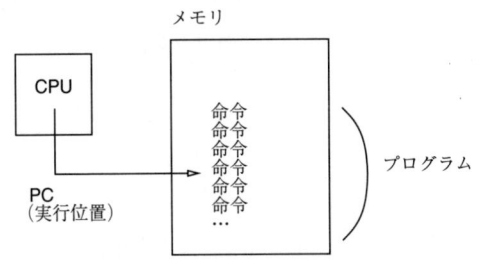

図 3.5 CPU による命令の実行

そこで，複数のプログラムを並行して動かすには，それらをメモリに一緒に入れておきます．一方，CPU に**タイマー** (前章で述べたゲートを制御するクロックとは別の，もっと長い時間間隔で信号を送るような装置) をつけておきます (図 3.6)．そして，タイマーを動かした状態でまずはプログラム A の実行を始めます．

タイマーは一定時間たつと CPU に信号を送ります．CPU はタイマーから信号を受け取ると，プログラム A の実行を一時中断してプログラム B の実行に切り替わります．またしばらくすると実行はプログラム C に，そして次は A に戻ります．このようにすると，複数のプログラムが実は「小刻みに切り替わりながら」実行されますが，CPU は非常に高速なのでユーザにとってはすべてのプログラムが同時に動いているようにしか見えないわけです．

より厳密には，A〜C の「プログラム」のうち 1 つは OS で，タイマーから信号がく

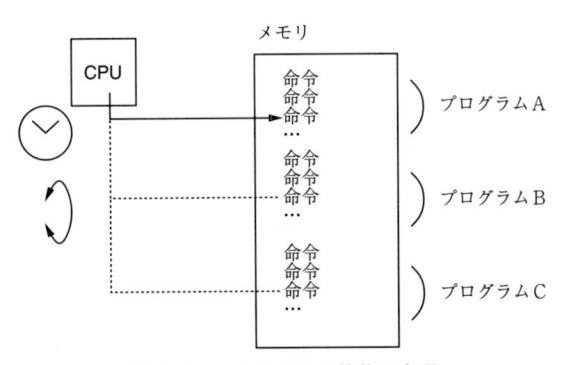

図 3.6 マルチタスク機能の実現

るとまず OS の実行に切り替わります．OS は各プログラムの使用時間の割り当てや優先順位を調べ，次に実行すべきプログラムを選択し，それの実行を開始させます．ですから，OS は各プログラムへの CPU 割り当てを自由に制御できるのです．

Unix 用語ではこの「動いている状態のプログラム」のことを**プロセス** (process) とよびます．たとえば 10 人の人が同時に 1 つのマシンに接続してそこで emacs エディタを使っていれば，「プログラムは 1 つ」ですが，「プロセスは 10」あることになります．

計算機によっては CPU が複数ついているもの (**マルチプロセサ**) もあります．最近では，小規模なサーバでも 2CPU，4CPU などの構成のものが珍しくありません．しかしそのようなシステムでも，動かしたいプログラムの数 (プロセス数) は CPU の数よりずっと多いのが普通ですから，上で述べたような小刻みな切り替わりがあることに変わりはありません[1]．

最後になりましたが，このように沢山プロセスがつくれることはどういう利点があるでしょうか? たとえば次のような答えがあるかと思います．

- 複数の端末やネットワークを介して，多人数で同時に使える
- 一人で複数の仕事を並行してこなせる
- 自分に代わって何かを監視するプログラムが動かせる
- 決まった時間になったらあることをする，というのができる
- あることをするために別のことをやめなくてもいい

もちろん，1 つのプログラムに (聖徳太子みたいに) 沢山のことをやらせるのは，がんばれば可能でしょう．しかしそんなことで苦労するより，沢山プロセスを使ってそれぞれに簡単な仕事をするプログラムを走らせる方が，つくるのも管理するのも楽なのです．

3.2.3 ps — Unix でのプロセス観察

Unix では，**ps**(process status — プロセス状態 — の略) というプログラムによって，現在動いているプロセスを観察することができます．ps に与えるパラメタによって，表示するプロセスの範囲や詳しさを制御できます[2]．

---

[1] ところで，上で説明してきたような「小刻みな切り替え」の間隔はどれくらいだと思いますか？ Unix のようなシステムでは，10〜100 ミリ秒 (回数でいうと 1 秒間に 10〜100 回) 程度ですが，これで十分「同時に動いている」感じになります．

[2] Unix システムの系統によって指定方法や指定できる内容が違っています．ここで説明しているパラメタ指定は FreeBSD のものです．

3.2 オペレーティングシステム

- ps — 現在使っている端末 (窓) から起動した自分のプロセスの表示
- ps x — 自分のプロセスすべての表示になる
- ps ax — 他人のものも含めたすべてのプロセスを表示
- ps lax — 〃，ただしより詳しい表示
- ps uax — 〃，ただし CPU 使用量の多い順に，ユーザ名つきで表示
- ps vax — 〃，ただしメモリ使用量の多い順に表示

たとえばあるマシンで ps ax を実行した結果を次に示します．

```
  PID TT  STAT     TIME COMMAND
    0 ??  DLs    0:00.61 (swapper)
    1 ??  ILs    0:00.02 /sbin/init --
    2 ??  DL     0:31.10 (g_event)
    3 ??  DL     0:58.11 (g_up)
    4 ??  DL     0:50.54 (g_down)
    5 ??  DL     0:01.51 (pagedaemon)
    6 ??  DL     0:00.00 (vmdaemon)
    7 ??  DL     0:10.15 (pagezero)
    8 ??  DL     0:04.18 (bufdaemon)
    9 ??  DL    17:11.96 (syncer)
   10 ??  DL     0:00.00 (ktrace)
   11 ??  RL  5768:20.72 (idle: cpu1)
   12 ??  RL  5768:34.05 (idle: cpu0)
   13 ??  WL     1:35.93 (swi1: net)
   14 ??  WL    10:13.45 (swi6: tty:sio clock)
   16 ??  DL     0:41.85 (random)
   18 ??  WL     0:18.30 (swi3: cambio)
   23 ??  WL     0:00.00 (irq15: ata1)
   24 ??  WL     0:00.00 (irq9: ohci0)
   25 ??  DL     0:00.07 (usb0)
   26 ??  DL     0:00.00 (usbtask)
   27 ??  WL     2:22.54 (irq10: em0)
   28 ??  WL     0:21.17 (irq11: ahc0)
   29 ??  WL     0:00.00 (irq16: ahc1)
   30 ??  WL     0:00.00 (irq1: atkbd0)
   36 ??  DL     0:06.22 (vnlru)
   37 ??  IL     0:00.01 (nfsiod 0)
   38 ??  IL     0:00.00 (nfsiod 1)
   39 ??  IL     0:00.00 (nfsiod 2)
   40 ??  IL     0:00.00 (nfsiod 3)
  135 ??  Is     0:00.00 adjkerntz -i
  284 ??  Ss     0:01.03 /usr/sbin/syslogd -s
  304 ??  Ss     0:14.28 /usr/sbin/rpcbind
```

```
  346 ??   Is    0:00.78 /usr/sbin/amd -p -a /.amd_mnt -l syslog
  376 ??   Is    0:00.55 /usr/sbin/mountd -r
  383 ??   Is    0:00.10 nfsd: master (nfsd)
  384 ??   S     2:01.09 nfsd: server (nfsd)
  385 ??   I     0:00.02 nfsd: server (nfsd)
  386 ??   I     0:00.03 nfsd: server (nfsd)
  387 ??   I     0:00.85 nfsd: server (nfsd)
  388 ??   I     0:00.01 nfsd: server (nfsd)
  390 ??   I     0:00.00 nfsd: server (nfsd)
  393 ??   Ss    0:12.28 /usr/sbin/rpc.statd
  396 ??   Ss    0:27.95 /usr/sbin/rpc.lockd
  404 ??   I     0:00.00 /usr/sbin/rpc.lockd
  410 ??   Ss    0:00.58 /usr/sbin/usbd
  434 ??   Is    0:09.48 /lbin/dhcps em0
  437 ??   Is    0:00.01 /usr/local/samba/bin/smbd -D
  443 ??   Is    0:00.02 /usr/sbin/lpd
  462 ??   Ss    0:25.97 /usr/sbin/ntpd -p /var/run/ntpd.pid
  485 ??   Is    0:00.64 /usr/sbin/sshd
  491 ??   Ss    0:08.32 sendmail: accepting connections (sendmail)
  494 ??   Is    0:00.19 sendmail: Queue runner@00:30:00 for /var/s
  523 ??   Is    0:00.02 /usr/sbin/inetd -wW
  535 ??   Is    0:00.85 /usr/sbin/cron
  581 ??   S     0:01.31 /usr/local/X11R6/bin/kterm -T 2:sma -n 2:s
13483 ??   I     0:00.03 sshd: ohki [priv] (sshd)
13485 ??   I     0:00.10 sshd: ohki@notty (sshd)
13486 ??   Is    0:00.10 kterm -geometry 80x24+566+341 -title 5@sma
  582 p0   Ss    0:00.35 /usr/local/bin/bash
14020 p0   R+    0:00.00 ps ax
13497 p1   Is+   0:00.04 bash --login
13507 p1   T     0:00.01 su
13508 p1   T     0:00.05 bash
  547 v0   Is+   0:00.01 /usr/libexec/getty Pc ttyv0
  548 v1   Is+   0:00.01 /usr/libexec/getty Pc ttyv1
  549 v2   Is+   0:00.01 /usr/libexec/getty Pc ttyv2
  550 v3   Is+   0:00.01 /usr/libexec/getty Pc ttyv3
  551 v4   Is+   0:00.01 /usr/libexec/getty Pc ttyv4
  552 v5   Is+   0:00.01 /usr/libexec/getty Pc ttyv5
  553 v6   Is+   0:00.01 /usr/libexec/getty Pc ttyv6
  554 v7   Is+   0:00.01 /usr/libexec/getty Pc ttyv7
  236 con- I     0:00.59 /lbin/refrpc
  426 con- S     0:06.18 /lbin/replpasswd
  428 con- I     0:01.37 /lbin/ewhod utogw
  431 con- I     0:03.99 /usr/local/Canna35/bin/cannaserver
```

これらのうち，TT欄に「p0」などのように**端末番号**が記されているプロセスは，ユーザが直接使っているものです．そして他のプロセスは大部分，システムのさまざまな作業を担っています．このように，Unixでは複数のユーザが自分のために複数のプロセスを駆使しているのに加え，システム自体の運用のために多数のシステムプロセスが動いているのが普通なのです．

3.2.4　プロセスの新規生成

ではさっそく，プロセスを1つつくってみましょう．

```
% ps x
  PID  TT  STAT    TIME COMMAND
57468  p0  Ss      0:00.33 bash
59157  p0  R+      0:00.00 ps x
% xclock -analog -update 1 &
[1] 59392
% ps x
  PID  TT  STAT    TIME COMMAND
57468  p0  Ss      0:00.53 bash
59392  p0  S       0:00.16 xclock -analog -update 1
59394  p0  R+      0:00.00 ps x
%
```

「xclock …」を実行すると秒針つきの時計が画面に現れ，秒針が動いているのが見えます．2回目の「ps」の出力を見ると確かに**xclock**というプロセスが増えているのがわかります．xclockに限らず，エディタ**emacs**やコマンド窓のプログラム**kterm**も同様にして動かすことができます．

```
% emacs &
[2] 59409
% kterm &
[3] 59411
% ps x
  PID  TT   STAT    TIME COMMAND
57468  p0   Ss      0:00.53 bash
59392  p0   S       0:00.16 xclock -analog -update 1
59409  p0   I       0:01.25 emacs
59446  p0   R+      0:00.01 ps x
59411  p2   Is+     0:00.09 bash
```

ここでemacsを終了させたりコマンドの窓を終わらせたりすれば，対応するプロセス

も消滅します．このように，Unix ではこれまでの仕事と並行して何かをさせるには，新しいプロセスをつくってそれにまかせるのが自然かつ簡単な方法なのです[3]．

3.2.5　kill — プロセスの操作

ps の表示には，必ず **PID**（プロセス ID）とよばれる番号が含まれます．これはプロセスの固有番号であり，これを指定して kill コマンドによってプロセスに各種のシグナルを送ることで，自分のプロセスをいろいろに操作できます．

- `kill -STOP` プロセスID — プロセスの実行を一時凍結する
- `kill -CONT` プロセスID — 凍結したプロセスの実行を再開する
- `kill -TERM` プロセスID — プロセスに「終わってほしい」と信号する
- `kill -KILL` プロセスID — プロセスを強制終了させる

なお，2番目のパラメタを省略すると-TERM が送られます．また標準設定では，コマンドを実行中に ^C を押すとそのコマンドを実行しているプロセスに-TERM 相当のシグナルが，^Z を押すと-STOP 相当のシグナルが，それぞれ送られます[4]．

3.2.6　プロセスの生成，コマンドインタプリタ

実はプロセスには「親子関係」があります．これはつまり，どのプロセスがどのプロセスを生成したか，という関係のことです．たとえば先の例で今度は「ps lx」を実行させてみます：

```
% ps lx
 UID   PID  PPID CPU PRI NI  VSZ  RSS WCHAN STAT TT    TIME COMMAND
  21 57468 57459   1  10  0 1736 1212 wait  Ss   p0 0:00.53 bash
  21 59392 57468   0   2  0 2756 1556 select S   p0 0:00.11 xclock -ana
  21 59409 57468   0   2  0 7244 5184 select S   p0 0:01.24 emacs
  21 59422 57468   0  28  0  388  216 -     R+   p0 0:00.00 ps lx
  21 59411 59410  22   3  0 1728 1248 ttyin Ss+  p2 0:00.09 bash
```

この中の PID と **PPID**（Parent PID）を見てみると，あとからつくった3つのプロセスの親は最初からある bash のプロセスになっています．言い換えれば bash のプロ

---

[3] kterm のプロセスが表示されていないな，と思いましたか? kterm はその仕事の都合上，root という特別なユーザで実行されるようになっているので，「自分のプロセスを表示」させても表示されません．全部のプロセスを表示させればちゃんと見えます．

[4] 「相当の」というのは，いちおう区別のためにシグナル番号は違えてあるけれど機能的には同じという意味です．

セスが ps その他のプロセスを生成しているわけです．

これは何を意味するのでしょう？ 実は，あなたや私がキーボードからコマンドを打ち込むと，それは bash というプログラムによって読みとられるのです．bash はその文字のならびを見て，その内容に応じて求められているプログラムを実行開始させる(具体的には，OS に依頼してプロセスを生成する) わけです．この様子を図 3.7 に示します．このように，利用者からコマンドを表す文字列を受けとって，その内容に応じて内部の動作を起動するプログラムを，一般に**コマンドインタプリタ**とよびます．

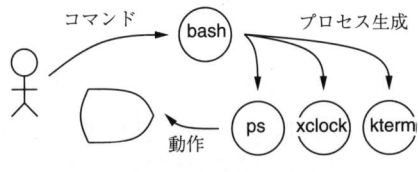

図 3.7　コマンドインタプリタ

コマンドインタプリタは Unix を使う上で欠かせない基本ソフトの一部ですが，これまでに見てきた OS の中核部分 (カーネル) とは違って，普通のユーザプログラムと同様のプロセスとして実行されます．こうしておけば，コマンドインタプリタを改良するなどして置き換える場合も，OS 全体ではなくそのプログラム部分だけ取り換えればすみますし，ユーザの好みに応じて複数のコマンドインタプリタを提供することもできます (実際そうなっています — あとで説明しましょう)．そして，コマンドインタプリタに限らず，ps ax を実行したとき表示された多数のシステムプロセスも，同様に Unix の機能の一部を担っているわけです．

ところでさっきから毎回 ps を実行するごとに，その PID が違っていることにお気づきでしょうか？ つまり，ps のプロセスは 1 回表示を行うだけで直ちに消えてしまい，必要のつど新たにつくられるわけです．一方，bash そのものは同じままです．この様子を図 3.8 に示しました．つまり，bash はずっと動いたままですが，コマンドの方は利用者がコマンドを打ち込むたびにそのコマンドのプログラムを実行する新しいプロセスが bash によってつくられるのです．

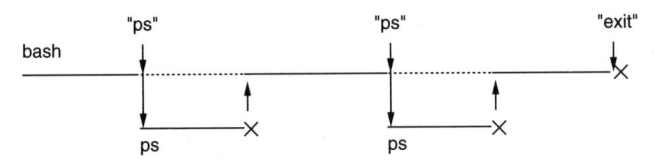

図 3.8　bash によるコマンドの発行と待ち合わせ

bashが終わるのは，利用者がexitという特別なコマンドを打ち込んだ時だけです．(ということは，exitというのは他のコマンドのように新しいプロセスとして実行されるのではなく，bash自身によって実行されることになります．このような「特別な」コマンドがいくつか存在します．)

ときに，図で点線のところは，bashが子供のプロセスの完了を待っていることを意味します．普通利用者は1つのコマンドを打ち込んだらそれが終わるのを待ってから次のコマンドを打ち込むでしょうから，これが期待される動作だといえます．でも，コマンドがとても時間がかかるようなものの場合には，待っていたくないかもしれません．

そういうときは指令の最後に「&」をつけることで，「待たずにすぐ次のコマンドを打ち込みたいよ」という指定ができます．さっきxclockやemacsなどの窓をつくるとき最後に&のついたコマンド行を使ったのはそういう意味だったわけです．逆にいえば，&をつけるから新しいプロセスができるのではなく，いつでも新しいプロセスはできるのですが，&をつけないとそのプロセスが終わるまで待つので，次のコマンドを打つときにはもうそのプロセスはなくなっている，というだけのことだったのです．

3.3 言語処理系と機械語

3.3.1 プログラムはどこからくるか？

前節で新しくプログラムを実行開始させる(つまりプロセスをつくる)ことについて説明したので，今度はそのプログラムをどうやってつくるかについて考えてみましょう．プログラムを記述する書き方のことを一般に**プログラミング言語**といいます．

前章で述べたように，メモリに入っていてCPUが実行するプログラムはCPUの構造に合わせたビットの列です．これを後から出てくる各種プログラミング言語と対比させて**機械語**とよびます．人間が直接機械語を書き下してつくるというのは，1箇所でも0と1を間違うと全く違う機能になったりするため，かなり無理があります．これでは大変すぎるので，やがて0と1の代わりに命令や番地を名前で表す**アセンブリ言語**とよばれる書き方が使われるようになりました．機械語とアセンブリ言語をあわせて**低水準言語**といいます．

低水準言語によるプログラミングは，CPUの命令を1つ1つ記述するためとても繁雑であり，プログラムをつくるのが大変でした．それでも計算機が遅くてメモリも貴重だった頃には，一生懸命に命令の使い方を工夫して低水準言語でプログラミングを

したこともありました．しかし現在では，特定 CPU の命令セットからは独立していて，もっと人間に読みやすい書き方の**高水準言語** (C，C++，Java など) でプログラムを書くのが普通です．

たとえば以下に，単に画面に 10 回，「Hello.」と打ち出すだけの **C 言語**で書かれたプログラムを示します．

```
/* hello.c -- say 'Hello.' 10 times. */

main() {
  int i = 0;
  while(i < 10) {
    printf("Hello.\n");
    i = i + 1;
  }
}
```

先頭行のように「/* ... */」で囲まれた部分は人間に読ませるための記述で，**コメント (注釈)** とよばれます．main() から先が実行される部分 (関数本体) で，まず変数 i(値を格納する箱．実行時にはメモリ上の特定番地に対応します) に 0 を入れ，次に「Hello. と打ち出して，i+1 を計算し，その結果を i に格納し直す」という動作を i が 10 未満の間繰り返します．

さて，この C のプログラムを計算機で実際に走らせるにはどういう過程を経ればいいでしょう？　一般に計算機システムには，高水準言語で書かれたプログラムを**翻訳**して，計算機が実行可能な機械語のプログラムに変換するようなプログラム (**コンパイラ**) があらかじめ用意されています[5]．そして，低水準言語で書かれたプログラムが特定の CPU でしか動作しないのに対し，高水準言語で書かれたプログラムはコンパイラさえあればさまざまな CPU の上で動かすことができます．

具体的には，C の**ソースプログラム** (翻訳する前のもとのプログラムという意味) を「なんとか.c」という名前のファイルに入れておき，**gcc** というコマンドをこのファイル名を指定して起動すると，翻訳結果の実行可能な機械語プログラム (**実行形式プログラム**) を a.out というファイルに入れてくれます[6]．

- gcc ファイル ── ファイルを翻訳して実行形式を出力

---

[5] システムによってはコンパイラが必要なら購入したりネットから取り寄せる必要がある場合もあります．
[6] gcc は「GNU C Compiler」の略です．ちなみに GNU というのは Richard M. Stallman が主催するフリーソフトウェアプロジェクトのトレードマークで，このプロジェクトは C コンパイラや emacs など多くのフリーソフトを公開しています．

この機械語プログラムを実行させるには，単にそのファイル名を指定すればよいのです．たとえば上のプログラムが hello.c というファイルに入っていたとすると，次のようにします[7]．

```
% gcc hello.c
% a.out
Hello.
Hello.
...
Hello.
%
```

ときに，ソースプログラムとその翻訳結果である実行形式プログラムはどっちが大きいと思いますか？ 実際に見てみましょう．

```
% ls -l hello.c a.out
-rwxr-xr-x   1 kuno   faculty   4408 Apr 12 13:02 a.out
-r--r--r--   1 kuno   faculty    122 Apr 12 12:10 hello.c
%
```

これによると，ソースプログラムは 122 バイト (1 バイト=8 ビット) であるのに対し，実行形式は 4,408 バイトと数十倍の大きさになっています．予想は当たりましたか？ また，なぜそうなのでしょうか？ その答はすこし後で説明します．

3.3.2 コンパイラの中身

実は gcc という指令はより正確には**コンパイラドライバ**とよばれ，次のような順で仕事を進めます．

(1) まず，指定された C ソースを，定数やライブラリ宣言のための前処理プログラム (**プリプロセサ**) に通す．
(2) その出力を「ほんものの」コンパイラで翻訳し，アセンブリ言語ソースにする．
(3) アセンブラを起動して，アセンブリ言語ソースを**再配置可能**な (つまり具体的にはまだ何番地に置かれるか決まっていない) 機械語ファイル (**オブジェクトコード**とよぶ) に変換する．
(4) リンカを起動して，複数のオブジェクトファイルをまとめ，必要なライブラリルーチンがあればそれらを参照するため情報とともに，それぞれの番地を決定し，最終出力である実行可能な機械語ファイルにする．

---

[7] システムの設定によっては，「a.out」のところを「./a.out」と打ち込む必要があるかもしれません．

3.3 言語処理系と機械語

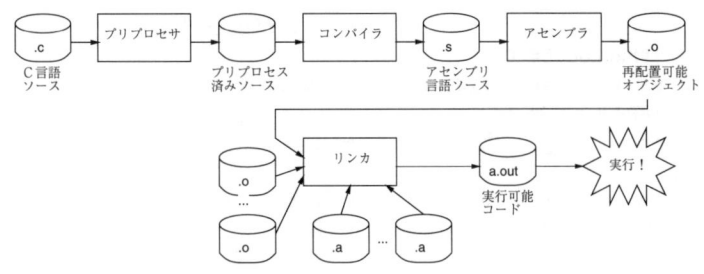

図 3.9 ソースコードから実行形式までの道のり

この様子を図 3.9 に示しました．ここでいくつかの疑問があると思いますが…特に，「なんでこんなに複雑なことをするのか？ なんで，いきなりコンパイラが実行可能ファイルにしないのか？」というあたりが典型的かと思います．皆さんはどう思われますか．

3.3.3 アセンブリコード

さて，それではさっきのように「一気に」機械語にしてしまう代わりに，図 3.9 の順番を追って見てみましょう．ここではまずサーバに多く使われている **SPARC** とよばれるアーキテクチャの CPU，続いて多くの Windows マシンで使われている **IA-32** とよばれるアーキテクチャの CPU で見てみます．

まずプリプロセサですが，`hello.c` には特に定数定義やライブラリのための宣言がないので，プリプロセサを通しても何も変化がないため略します．次はコンパイラですが，gcc に -S というオプションをつけるとアセンブリ言語ソース「t00.s」ができたところで止まるようになっているので，これを利用してアセンブリコードを見てみましょう．まず SPARC の場合からです．

```
% gcc -S hello.c
% cat hello.s
        .file   "hello.c"
gcc2_compiled.:
.section        ".rodata"
        .align 8
.LLC0:
        .asciz  "Hello.\n"          ← 引数文字列
.section        ".text"
        .align 4
        .global main
        .type   main,#function
        .proc   04
```

```
main:                                    ← ここが main 先頭
        !#PROLOGUE# 0
        save    %sp, -120, %sp           ← 入口処理
        !#PROLOGUE# 1
        st      %g0, [%fp-20]            ← i = 0
.LL3:
        ld      [%fp-20], %o0            ← i をレジスタ o0 に
        cmp     %o0, 9                   ← 9 と比較
        ble     .LL5                     ← ≦ なら .LL5 に飛ぶ
        nop
        b       .LL4                     ← .LL4 に飛ぶ
        nop
.LL5:
        sethi   %hi(.LLC0), %o1          ← 引数セット
        or      %o1, %lo(.LLC0), %o0
        call    printf, 0                ← printf を呼ぶ
        nop
        ld      [%fp-20], %o0            ← i をレジスタ o0 に
        add     %o0, 1, %o1              ← 1 足す
        st      %o1, [%fp-20]            ← o0 の値を i に戻す
        b       .LL3                     ← .LL3 に飛ぶ
        nop
.LL4:
.LL2:
        ret                              ← 出口処理
        restore
.LLfe1:
        .size   main,.LLfe1-main
        .ident  "GCC: (GNU) 2.95.3 20010315 (release)"
%
```

第1章で示したものよりは込み入っていますが、けっこう読めると思います。次に IA-32 では次のようになります。

```
% gcc -S hello.c
% cat hello.s
        .file   "hello.c"
        .section    .rodata
.LC0:
        .string "Hello.\n"               ←引数文字列
        .text
        .p2align 2,,3
.globl main
        .type   main,@function
main:                                    ←ここが main 先頭
```

```
        pushl   %ebp
        movl    %esp, %ebp
        subl    $8, %esp
        andl    $-16, %esp
        movl    $0, %eax
        subl    %eax, %esp        ← ここまで入口処理
        movl    $0, -4(%ebp)      ← i = 0
.L2:
        cmpl    $9, -4(%ebp)      ← 9 と i を比較
        jle     .L4               ← ≦なら .L4 へ飛ぶ
        jmp     .L3               ← .L3 へ飛ぶ
.L4:
        subl    $12, %esp         ← 引数セット
        pushl   $.LC0
        call    printf            ← printf を呼ぶ
        addl    $16, %esp
        leal    -4(%ebp), %eax    ← i の番地を %eax に
        incl    (%eax)            ← i を 1 ふやす
        jmp     .L2               ← .L2 へ飛ぶ
.L3:
        leave                     ← 出口処理
        ret
.Lfe1:
        .size   main,.Lfe1-main
        .ident  "GCC: (GNU) 3.2.1 [FreeBSD] 20021119 (release)"
%
```

大筋は同じですが，命令がまったく違っています．また，SPARC ではレジスタにもってきて演算するのに対し，IA-32 ではメモリ上の値に対して直接比較や演算できるという違いもあります．

このように，低水準言語でのプログラミングは CPU の種類ごとに異なる命令を使い，また命令の数も多くて繁雑です．現在ではコンパイラの技術なども進歩したため，低水準言語でプログラムをつくることはあまりなくなっています．

3.3.4 オブジェクトコード

さて，次はオブジェクト形式を見てみましょう．それには gcc に -c というオプションをつけると，「なんとか.o」というファイルにオブジェクト形式を書き出した段階で止まってくれます．なお，入力の方も「なんとか.c」だとプリプロセサから始まり，「なんとか.s」だとアセンブラから始まるようになっています．

ところで,オブジェクト形式ファイルは機械語(バイナリファイル)ですから,catなどで打ち出すわけにはいきません.そういう時は,**hd**(Hex Dump)というコマンドで中身を16進で打ち出させます(IA-32の方だけ見てみます)[8][9].

- hd ファイル — ファイルの内容を16進表示する

```
% gcc -c hello.s
% hd hello.o
000000  7f 45 4c 46 01 01 01 09  00 00 00 00 00 00 00 00  |.ELF
000010  01 00 03 00 01 00 00 00  00 00 00 00 00 00 00 00  |....
000020  e4 00 00 00 00 00 00 00  34 00 00 00 00 00 28 00  |....
000030  0a 00 07 00 55 89 e5 83  ec 08 83 e4 f0 b8 00 00  |....
000040  00 00 29 c4 c7 45 fc 00  00 00 00 83 7d fc 09 7e  |..).
000050  02 eb 17 83 ec 0c 68 00  00 00 00 e8 fc ff ff ff  |....
000060  83 c4 10 8d 45 fc ff 00  eb e1 c9 c3 48 65 6c 6c  |....
000070  6f 2e 0a 00 00 47 43 43  3a 20 28 47 4e 55 29 20  |o...
000080  33 2e 32 2e 31 20 5b 46  72 65 65 42 53 44 5d 20  |3.2.
以下略…
%
```

左側の数値がファイル先頭からの位置,その右のが中身です.最初の方にヘッダ(このファイルのどこに何が書かれているかの記述)があり,「000030」の行から命令が入っています.「55」が**pushl**,「89 e5」が**movl**,「83 ec 08」が**subl**の各命令です.先のアセンブリコードと照らし合わせてみてください…といっても慣れないとわけがわからないかもしれません.その場合は,さきのアセンブリ言語ソースを編集して同じ命令をいくつかコピーしてから翻訳して再度見てください.同じ命令が何回も出てくるのでわかるはずです(もちろん「壊して」いるので動かないプログラムになっていますが).

3.3.5 実行可能形式とライブラリとリンカ

上で述べたように,再配置可能オブジェクトはそのままではまだ番地が確定していないので,これをリンカに通して番地を割り当ててはじめて実行できる機械語になります.なぜそんな面倒なことをするのでしょうか?

---

[8] なお**hd**では右側に文字の表示もくっついているので,ファイル中にASCII文字データが入っているとその内容が見られます(ここでは紙幅が足りないので途中で切ってありますが).

[9] Unixのバージョンによっては**od**(Octal Dump)コマンドしか使えないかもしれません.この場合は**-xc**というオプションを指定すれば文字表示つき16進表示になります.

それは，たとえば非常に大きなプログラムを作成する場合，それをいくつかの主要なファイルに分けて別々に翻訳するためです．実行形式は各ファイルに対応する再配置可能オブジェクトを集めて組み立てるだけなので，どれか1つのファイルを修正した場合，そのファイルだけ翻訳し直して再配置可能オブジェクトをつくり直せばすみます．もしコンパイラがいきなり実行形式を出すようになっていたら，一部を修正した場合でも全部のファイルをコンパイルし直すことになり大変です．

もう1つ重要なのは，よく使われる汎用的なサブルーチンなどを，あらかじめコンパイルして再配置可能オブジェクトの形で共通の場所に蓄えておき，あちこちで利用できるという点です．このようなものを**ライブラリ**とよびます．Unix では複数の「.o」ファイルをまとめた「.a」ファイルという形式が用意されていて，リンカはプログラム中に見あたらないサブルーチンを.aファイルから自動的に探してきて組み込む機能をもっています．たとえば hello.c で使っていた printf というサブルーチンも，標準ライブラリに含まれているものなのでした．

ここまでの説明でようやく，小さな C プログラムでも翻訳した実行形式がかなり大きなものになる理由がわかります．まず，高水準言語から機械語に翻訳した場合，命令数はかなり多くなりますので，プログラム本体だけでも小さくはありません．さらに，標準入出力などのライブラリサブルーチンを呼んだりするための「手当て」がいろいろ必要になります．たとえば先のオブジェクトファイルでも元のファイル名とかリンカが使うための情報などたくさんの「おまけ」がついていることが hd の出力を見るとわかると思います．これらの事情のためにコンパイルしたファイルのサイズは大きくなりがちなのです[10]．

3.3.6 機械語命令の実行時間

さて，皆さんは最近の計算機が機械語1命令を実行するのにどのくらいの時間を必要とするかご存知でしょうか？たとえば，次のプログラムを見てください．

```
/* loop.c -- simple loop */

main() {
  int i = 0;
  printf("start.\n");
  while(i < 1000000000) {
```

---

[10] 実際のライブラリ本体は一緒にコピーすると大きくて大変ですから，別の場所に用意してあって実行直前に一緒にメモリに入る仕組みになっています．

```
    i = i + 1; }
  printf("end.\n");
}
```

このプログラムは見てのとおり，足し算を 1,000,000,000 回 (10^9 回) 行うもので，ほとんどループ部分だけで実行時間が決まります．これのアセンブリ言語コードを出力して，問題のループ部分を抜き出したものを示します．

```
.L2:
        cmpl    $999999999, -4(%ebp)
        jle     .L4
        jmp     .L3
.L4:
        leal    -4(%ebp), %eax
        incl    (%eax)
        jmp     .L2
.L3:
```

単純に命令数を数えると (最後に 1 回だけ実行する「jmp .L3」を除いて) 5 命令あるので，このプログラムはおよそ 5×10^9 個の命令を実行します．したがって，実行に要する時間をこの値で割ることで，おおざっぱな 1 命令あたりの実行時間がわかることになります．プログラムの実行時間を計るには time コマンドを使ってプログラムを実行させます．

```
% gcc loop.c
% time a.out
start.
end.
real    0m6.214s
user    0m6.212s
sys     0m0.001s
%
```

ここで real はプログラム開始から実行までの**所要時間**，user はこのプログラムが CPU を実際に消費していた時間，sys はこのプログラムのために OS が実行していた時間を意味します．命令の所要時間を計るのですから，この場合は user と記されている時間を使用します．

ただし，注意しなければならないのは，この計測をやっている間に他の人が CPU を消費するような作業をしていると (CPU の取り合いになるので) 正しく計れないという点です．このため，計測前に uptime というコマンドを実行して CPU の利用負荷を見てください．

```
% uptime
6:14PM   up 5 days, 4:55, 2 users, load averages: 0.00, 0.00, 0.00
%
```

最後の3つの数値のうち、最初のものが最近1分間の平均負荷ですから、これが0に近い(複数CPUのマシンであればその搭載CPU数より1以上小さい)ことを確認してから計測してください．

話を戻すと、userと記された時間6.21秒を先の数で割ると1命令の実行に約1.24ns、逆数を取って1秒間に約800,000,000命令実行できることになります[11] ．

3.4 まとめと演習

この章では計算機のソフトウェアの構造について，特にオペレーティングシステム(OS)の各種機能と言語処理系の構成について学びました．

「計算機システムの中では多数のプロセスが並行動作していること」「高水準言語のプログラムが段々に翻訳されて機械語になる過程」について納得して頂けたかと思います．

演習 3-1. さまざまなパラメタで ps コマンドを実行し、どのようなプロセスがあるかを観察しなさい．また自分の UID が何番かも調べなさい．特に PID と PPID をチェックして，プロセスの親子孫関係のグラフを描いてそこから何がわかるか考なさい (プロセスの作り方 — コマンドを打ち込んでつくるか，メニュー等で起動するかなど — によって親子関係のできかたが変わるはず)．

演習 3-2. 「xclock -analog -update 1 &」により秒針つきの時計の窓をつくり，ps を使ってこの時計のプロセス番号を調べなさい．また，このプロセスを凍結したり再開したり強制終了するとどうなるか調べなさい．emacs やブラウザやその他の種類の窓だとどうですか? これらのプロセス凍結中にそのプログラムを使おうとするとどうなりますか? 再開するとどうなりますか?

演習 3-3. hello.c を打ち込んで動かしなさい．また hello.s や hello.o の内容を自分でも確認してみなさい．さらに，hello.s を emacs で編集し、メッセージの

---

[11] 以前は，1秒間に実行可能な命令数を表す MIPS 値を用いて CPU の能力を表していましたが，それは実用的なプログラムの実行時間を表す値としてはいい加減すぎるので最近は使われません．代わりに標準的なベンチマークプログラム群の実行時間を計測してそれに基づき性能指標を計算する，という方法が使われます．代表的な指標として **SPECint** などがあります．

文字列やループの回数を修正した上で再配置可能オブジェクトをつくり，どこが変化したか確認しなさい．また実行形式をつくり動かしてみなさい．

演習 3-4. `loop.c` を複数のマシンで実行してみて，本文で実行例に用いたマシンと速度を比較しなさい．また，`loop.s` を編集して適当な命令を増やし，実行させて所用時間がどれだけ増えたかに基づき，その増やした命令の実行時間を計測しなさい (命令を増やした場合，プログラムの動作が変わることがあるのでそれも考慮すること).

4 ファイルシステムとデータ記憶

 大容量かつ安定したデータ記憶を提供する「ファイルシステム」は，計算機システムの中でも，とても重要な位置を占めています．というのは，利用者が操作したり保管しておく情報は (プログラムによって加工されている瞬間をのぞけば) 常にファイルシステムによって管理されているからです．この章では，Unix を題材としてファイルシステムの機能や構造について学びます．

4.1　2 次記憶とファイルシステム

 メモリは主記憶装置ともいわれるように，計算機システムにおける「主要な」記憶装置であり，プログラムが動作する上で不可欠ですが，その記憶内容は電源を切ると消えてしまいますし，1 ビットあたりの値段も高めです．このため，メモリは「現在使っている情報」だけを保持するのに使い，それを補完するのにビットあたりのコストが低く (つまり低価格かつ大容量で)，電源を切っても消えないような記憶装置を **2 次記憶装置** として併用するのが普通です[1]．

 現在のところ，安定性と価格の両面からもっとも広く使われている 2 次記憶装置は **磁気ディスク装置** です．その原理を図 4.1 に示します．

 磁気ディスク装置では，回転する円盤の表面に (カセットテープ同様の) 磁気コーティングがしてあり，その上にヘッドを近づけて磁気的に情報を記録します．記録はらせん状ではなく同心円状に行い，その 1 つの同心円を **トラック** とよびます．ヘッドと一体になったアクセスアームを半径方向に移動し，複数あるヘッドのどれかを電気的に選択することで，任意のトラックを比較的高速に選択できます．また，トラック

---

[1] モバイル機器などでは電源を切っても消えない特別な半導体メモリや電池でバックアップされた半導体メモリを 2 次記憶装置として使うこともあります．とにかく，主記憶と 2 次記憶は「使い方」が違うと思って頂ければよいでしょう．

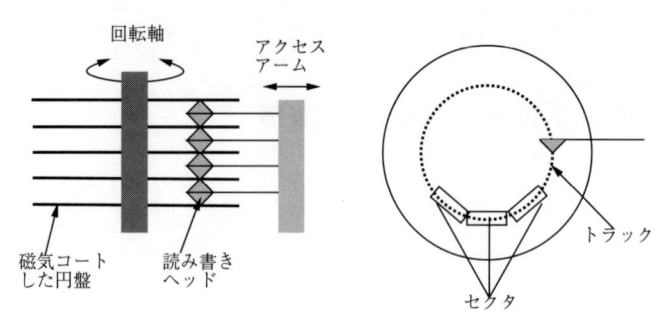

図 4.1 磁気ディスク装置の構造

内のデータブロック(通常 512 バイト，可変のものもある)を**セクタ**とよびます．PC などに入っているディスクでは円盤は 1 枚だけですが，これでも数十 GB(ギガバイト，10^9 バイト) の容量をもちます[2]．

磁気ディスクにデータを読み書きするには，「どのトラックのどのセクタを読め/書け」と CPU が磁気ディスクのコントローラに指令を出せばいいのですが，そういうものが裸で計算機とつながっていたら，あなたは幸せでしょうか? もちろん，幸せではないから OS が手助けしてくれるわけです．OS の中でも**ファイルシステム**とよばれる部分は，おおむね次のようなことをやってくれます．

- 「どれだけの領域が欲しい」「返却する」という要求に対処する．
- 他の人と領域がかちあわないように管理する．
- 他の人のデータを壊したり，他人に勝手に読まれないよう管理する．
- トラック番号，セクタ番号でなく名前で指定できるようにする．
- (ファイルなどの) 名前が他の人とぶつかったりしないような機構を用意する．
- 実際にデータを読み書きする手助けをする．

これも見かたによれば，OS が「ディスク上の領域」という「資源」を管理していることになるわけです．

---

[2] 磁気コーティングした円盤の代わりに光磁気反応素材を用いたのが (MD などでも使っている)「光磁気ディスク」，製造時に固定したパターンを付けておきレーザー光で読み出すのが「CD-ROM」や「DVD-ROM」．これらのパターンをレーザー光で書き換えられるようにしたものが「CD-R」「DVD-R」「DVD-RW」「DVD-RAM」など．これらはいずれも磁気ディスクに比べると読み書き速度が遅い．

4.2 ファイルとその属性

4.2.1 ファイルとは?

　計算機システム上では，利用者はディスク上に置かれるデータの集まりを**ファイル**という単位で取り扱います．では，ファイルとは要するに何でしょう？ そう聞かれても答えるのが難しいでしょうから，ファイルのもつ性質をあげてみます．

- 情報 (データ) を蓄えておく場所/容れ物である．
- データを長期的/恒久的に記憶できる．
- データ本体にいくつかの情報 (たとえば名前などの属性) が付随している．

単なるセクタの並びでしかないはずのディスク装置が，ファイルシステムより上のレベルから見ると，「ファイルの集まり」であるかのように見えます．これはちょうど，1 個しかない CPU とのっぺらぼうの主記憶の上に「プロセスの集まり」があるかのように見えるのと同じことです．つまり，プロセスもファイルも目に見える形はもちませんが，OS によって作り出されていて，「あたかも存在するかのように」取り扱うことができる**仮想的**な存在なのです[3]．

　また逆に，磁気ディスク以外の媒体 — たとえば CD-ROM やフラッシュメモリカードの上にファイルシステムを構築することもできます．その場合，ディスクを媒体とするファイルシステムと CD-ROM やフラッシュメモリ上のファイルシステムはハード的には全く違いますが，使う側から見れば (速度の違いとか，CD-ROM の場合は変更ができないという点を除けば) 全く同じように扱えます．このように，計算機システムが作り出す「仮想的存在」は，さまざまなハードウェアや媒体の上に構築されているにもかかわらず，その違いの詳細は隠されていて統一的な見え方が提供されるわけです．

　では以下で，ファイルやファイルシステムのさまざまな側面について見てみましょう．

4.2.2 名前

　自分がもっているファイルの名前を調べるには，`ls` コマンドを使います．ただの `ls`

---

[3] 仮想的 (バーチャル) という言葉は，日本語では「あたかもあるみたいだが，実体はない」という方に力点が置かれますが，英語では逆に「実体はないのに，あたかも**ある**かのように扱える」というニュアンスで使われます．

では名前の最初が「.」で始まるものは表示されませんから，それらもあわせて表示させたい場合には，-a というオプションを指定します．

- ls ── 今いるディレクトリ (後述) にあるファイルの一覧を表示
- ls -a ── 「.」で始まるファイルも含めて表示

たとえば次のようになります．

```
% ls
Mail       WWW         t           t.c         t.s
% ls -a
.              .canna32       .mh_profile    .trash         WWW
..             .emacs         .mime.types    .twmrc         t
.bash_history  .fullcircle    .mnews_setup   .x11defaults   t.c
.bash_logout   .gtkrc         .mozilla       .xfce          t.s
.bash_profile  .login         .netscape      .xfm
.bashrc        .logout        .newsrc        .xinitrc
.blackboxrc    .mailcap       .profile       Mail
%
```

「.」で始まるファイルが多いのに驚きましたか? Unix では各種のプログラムごとに，固有のオプション設定などを「.」で始まるファイルに書く，という習慣になっています．そして，いつもそれらが表示されているとうるさいので，-a を指定しない限り ls はそれらを表示しないようになっているのです．

4.2.3 長さ

ファイルには，長さがあります (当然ですね)．OS によっては，ファイルの長さが 512 バイトなどの「かたまり」単位でしか決まらないものもありますが，Unix ではファイルの長さは 1 バイト単位で決まっています．長さを調べるには，ls を次のように使います:

- ls -l ── 長さを始めとする詳しい情報を表示．

ところで，次のような C プログラムを格納したファイル t.c があるものとしましょう．

```
% cat t.c
main() {              ← 8 文字
  puts("Hello.");     ← 17 文字
}                     ← 1 文字
%
```

そして C プログラムに現れる各文字は，それぞれ 1 バイトで格納できるものとします
(実際できます). そうすると，このファイルの長さはいくつになるでしょうか? (答え
を見る前に数えてみること!)

```
% ls -l t.c
-rw-r--r--    1 someone          29 Mar  1 13:06 t.c
%
```

答えは「29 バイト」ですが，合っていましたか? これを見ると，まず，「空白」も文字
として数えることがわかります．しかし空白を入れてもまだ目に見える「文字」の総
数よりファイルの長さが 3 バイト多いことがわかりますが，これはそれぞれの行の終
わりに**改行文字**(行の切れ目を表す文字) がくっついているためです．

4.2.4　中身

　ファイルには，中身があります．当たり前だと思いますか? 中身のない (長さが 0
の) ファイルに利用価値はないでしょうか? 実はそうでもありません．たとえば Unix
では伝統的に，あるファイルが「ある」か「ない」かによって特定の機器が使用中か
どうかを表す，という方法が使われてきましたが，そのような場合，ファイルの中身
は不要ですから長さが 0 のファイルを使うのが普通です．

　では次にファイルの長さが 0 でないものとして，中身とは何でしょうか? ファイル
も計算機のための記憶手段ですから，主記憶と同様，任意のビットの列を (バイト単
位で) 格納できます．ファイルの中身をバイトの列として調べるには，**od** コマンドま
たは前章で使った **hd** コマンドが利用できます．

- od -x ファイル — ファイルの内容を 16 進で表示
- od -c ファイル — ファイルの内容を文字表示

文字表示という意味は例を見た方が早いでしょう[4]．

```
% od -x t.c
00000     616d    6e69    2928    7b20    200a    7020    7475    2873
00020     4822    6c65    6f6c    222e    3b29    7d0a    000a
00035
% od -c t.c
00000   m   a   i   n   (   )       {  \n           p   u   t   s   (
```

---

[4] -x 指定では 16 ビットずつ表示しますが，このとき IA-32 などの CPU では先のバイトが右側 (下位)，
後のバイトが左側 (上位) になるので文字単位の表示と比べると左右逆転して見えます．

```
00020  "  H  e  l  l  o  .  "  )  ;  \n  }  \n
00035
%
```

こういう表示を計算機業界では「ダンプ」とよびます．ダンプカーの「ダンプ」ですね[5]．これを見ると，確かに改行文字（「\n」と表現されています）が1バイトずつを占めているのがわかります．なお繰り返しになりますが，ファイルの中身は(OSにとっては)「単にバイトの列」であり，それらのバイトの列が何を意味しているかを管理/把握するのは，使う人間の役割です．

4.2.5 種類

使う人にとっては，ファイルにはさまざまな種類があります．普段おなじみなのは「文字が入ったファイル」で，これを**テキストファイル**とよびます．たとえば次のようなものがそうです：

- 各種プログラム言語ソース
- 電子メールのメッセージ
- その他テキストデータ

これと対照的に，文字として読めないデータが入ったファイルを**バイナリファイル**とよびます．たとえば次のものがそうです：

- 機械語プログラム
- サウンドデータ，多くの画像データ
- その他バイナリデータ

しかし，「中身」の所に書いたように，Unixにとってはどれも同じ「バイトの列」であって，互いに区別はありません．ではどうやって区別するのでしょう？ それには次の方法があります．

- 名前で区別する (.txt→テキスト，.c→Cプログラム...)
- 中身で区別する (実行形式などは先頭に種別が入っている)
- 自分で覚えておく

結局どこからか先は「自分で覚えておく」ことになります．ところで，ファイルの種類を調べる指令もあります．

---

[5] 英語では「吐き出す」という意味．

- file ファイル名 ── ファイルの種類を調べる

たとえば次のとおり:

```
% file loop.c loop.s a.out
loop.c: ASCII C program text
loop.s: ASCII assembler program text
a.out:  ELF 32-bit LSB executable, Intel 80386, version 1 (FreeBSD),
for FreeBSD 5.0, dynamically linked (uses shared libs), not stripped
%
```

ただし，これも名前や中身から「推定」しているだけであり，たまに間違うこともあります．

4.2.6　日付

ls -l ではそのファイルを最後に変更した日時も表示されるので，そのような情報がファイルに付属していることはわかります．実はそれ以外に，最後に読み出した日時も記録されています．

- ls -t ── 表示を変更日時の新しい順に行う．
- ls -lu ── -l と同じだが変更日時でなく読み出し日時を表示

なお，ls コマンドを使う時には，これらを自由に組み合わせることができます．たとえば-a と-l と-t をまとめて指定する時は「ls -l -a -t」でもいいのですが，もっと短くして「ls -lat」で構いません．さらに，すでに何回も使っているように，ファイル名を1個以上指定すればそのファイルに関する情報のみが表示されます．たとえば次のようになります．

```
% ls -l
total 12                        通常は ABC 順↓
drwx------   4 someone      512 Mar  1 12:48 Mail
drwx--x--x   2 someone      512 May 29  2001 WWW
-rwx------   1 someone     6484 Mar  1 13:11 a.out
-rw-r--r--   1 someone        0 Mar  1 13:11 t
-rw-------   1 someone       29 Mar  1 13:06 t.c
-rw-------   1 someone      383 Mar  1 13:06 t.s
% ls -lut
total 12                        読み出し時刻順になった↓
-rw-------   1 someone      383 Mar  1 13:11 t.s
-rwx------   1 someone     6484 Mar  1 13:11 a.out
-rw-r--r--   1 someone        0 Mar  1 13:08 t
```

```
-rw-------   1 someone        29 Mar  1 13:07 t.c
drwx------   4 someone       512 Mar  1 12:48 Mail
drwx--x--x   2 someone       512 Mar  1 01:07 WWW
%
```

4.2.7 持ち主，所属グループ

ls -lではそのファイルの持ち主 (つくった人) も表示されます．なぜ，持ち主の情報が必要なのでしょう？それはもちろん，「持ち主には読めるが他の人には読めない」といった保護を行うには，持ち主が記録されていないと困るからです．さらに Unix では，保護を柔軟に行うために「持ち主」と「その他の人」の中間として「グループ」というものが定義されています．そして，ファイルには持ち主に加えて，所属グループの情報も付属しています．これを見るには次のものを使います:

- ls -lg — -l と同じだが，所属グループも表示

いっぽう，各ユーザは1つ以上のグループに所属しています[6]．自分が所属しているグループはコマンド **groups** で表示させられます:

- groups — 自分が所属しているグループの一覧を表示

そして，ファイルの持ち主は **chgrp** でファイルのグループを変更できます:

- chgrp グループ名 ファイル … — ファイルのグループを変更

指定できるグループは自分が所属しているグループのどれかに限られます．

```
% gropus              ↓私 (久野) は4つのグループに所属
faculty wheel operator staff
% ls -lg t1           ↓普段つくるファイルは教官グループ
-rw-r--r--  1 kuno     faculty      894 Apr 22 14:03 t1
% chgrp wheel t1
% ls -lg t1           ↓だが管理者グループに変更もできる
-rw-r--r--  1 kuno     wheel        894 Apr 22 14:03 t1
%
```

4.2.8 ファイルのモード

Unix では，ファイルの保護設定をモードとよび，各ファイルごとに

---

[6] 古い Unix ではちょうど1つだけのグループに所属していましたが，それだと不便なので現在では複数グループに所属できます．

- User (持ち主)
- Group (グループメンバ)
- Other (その他の人)

それぞれについて,

- Read (読める)
- Write (書ける)
- eXecute (実行できる)

かどうかをそれぞれ設定できます. モードの情報は ls -l の表示の最初の部分に含まれています. 実は先に出てきた

```
-rwx------   1 someone        7456 Apr 22 13:58 a.out
```

というのは, 持ち主 (someone) は読み, 書き, 実行ともに可能だが, それ以外の人にはどれも不可能という設定を意味しています. これに対し

```
-rw-r--r--   1 kuno     faculty      894 Apr 22 14:03 t1
```

というのは, 持ち主 (kuno) は読み書きともに可能だが, グループ faculty の人, およびその他の人には読むことだけ可能という設定を意味しています.
　モードを変更するのには, chmod コマンドを使って次のような形で指定します.

- chmod 対象 (+|-) 許可 ファイル … — モードを設定する

「対象」は u, g, o のどれか 1 つ以上 (それぞれ上記の持ち主, グループメンバ, その他の人に対応),「許可」は r, w, x のどれか 1 つ以上 (それぞれ上記の読み, 書き, 実行に対応) で,「+」を指定するとその許可を出すこと,「-」を指定するとその許可を取り除くことを意味します. たとえばさっきのファイルでやってみましょう.

```
% ls -lg t1
-rw-r--r--   1 kuno     faculty      289 Apr 22 14:07 t1
% chmod ugo-rwx t1
% ls -lg t1
----------   1 kuno     faculty      289 Apr 22 14:07 t1
% chmod u+rx t1
% ls -lg t1
-r-x------   1 kuno     faculty      289 Apr 22 14:07 t1
% chmod go+x t1
% ls -lg t1
```

```
-r-x--x--x   1 kuno       faculty        289 Apr 22 14:07 t1
%
```

なお，ls -1の表示の一番先頭はなぜかいつも「-」になっていますね．これについては後で説明します．

4.2.9 i-番号

i-番号というのは，ファイル1つ1つにつく固有番号です（PIDのようなもの）．ls -iでこれを表示させることができます．なぜ名前があるのにそんなものが必要なのでしょう？実は，名前は変化することがありますし，また1つのファイルに複数の名前をつけることもできます．

- mv ファイル名 新しい名前 — 名前を変更する
- ln ファイル名 新しい名前 — ファイルに新しい名前をつける
- rm ファイル名 — 名前を無効にする

実際に行ってみましょう．

```
% ls
Library MH      Mail    t2
% ls -i                                          ↓i-番号
168999 Library  223924 MH      202839 Mail  135188 t2
% cat t2
How are you?
% mv t2 t3   ←名前をつけかえても
% ls -i                                          ↓前と同じ
168999 Library  223924 MH      202839 Mail  135188 t3
% cat t3
How are you?
% ln t3 zzz  ←新しい名前をつけても
% ls -i                                          前と同じ↓
168999 Library  223924 MH   202839 Mail  135188 t3   135188 zzz
% cat zzz
How are you?
% ls -l t3 zzz
-rw-------  2 someone      13 Apr 22 14:19 t3
-rw-------  2 someone      13 Apr 22 14:19 zzz
% rm t3    ↑この「2」というのは？
% ls -l zzz
-rw-------  1 someone      13 Apr 22 14:19 zzz
%          ↑もっている名前の個数
```

4.2 ファイルとその属性

実は，rm はファイルを消すコマンドではなく，名前を消すコマンドだったのです．そして，すべての名前が無効になったファイルは，それ以上触りようがなくなるので結果として消えます．すべての名前が無効になったかどうか知るには，ファイル毎に現在いくつ名前をもっているか記録しておけばよいわけです．この数も上の例のように，ls -l の表示に含まれているのでした．

なぜこういうふうになっているのでしょうか? そもそも，ファイル名はファイルと一緒に記録されているのでは**ありません**．もしファイル名がファイルと一緒に記録されているとしたら，「このファイルを取りたい」と名前で指定したとき，ディスクの先頭から順に「このファイルかな? いや違った，ではこのファイルかな?」と読みながら捜して行かなければなりませんね? それではものすごく時間がかかって役に立たないでしょう (図 4.2 左)．

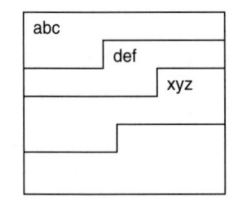

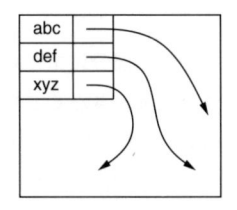

図 4.2 ファイルの名前はどこに入れればいいか?

このため，名前はファイルとは別の場所に**まとめて**表のような形で記憶してあり，その表をさっと捜すとファイルの「ありか」がわかって，そのありかを読みに行く，というふうになっているのです (図 4.2 右)．そして，この表のことを「ディレクトリ」とよびます．このように，計算機の内部の「しくみ」はそれぞれ「なぜそういうふうにしているか」という理由があります．逆にあなたが (自分がプログラミングするにせよ，誰かに発注するにせよ) そのような「しくみ」の勘どころをわかっていないと，動くことは動くけれども，ものすごくのろい，というシステムをつくってしまうかもしれないわけです．

次に「ありか」は具体的にどうやって示されているでしょうか? たとえば，ディスク上のトラック番号とセクタ番号でファイル本体のありかを示すのではどうでしょうか[7]．

もしかりにそうしてしまうと，ファイルの各種情報 (更新日時，所有者，長さ等) はファイル本体に付属させることになります．そうなると，「ls -l」を実行するたびに

---

[7] ディスク装置はトラック番号とセクタ番号を指定することで任意位置のデータが読み書きできる，と説明しましたね．

(長さ等の情報を調べるために) ディスクの各ファイルの場所を読みまくらなければなりません．そしてディスクはあちこちを読もうとするとアクセスアームを動かすのでひどく遅くなります．

また，たとえばファイルにデータを追記して「伸ばそう」としたときにその「先の」場所に次のファイルがあったら伸ばしようがなくなってしまいます．そのファイルをどければいいと思うかもしれませんが，巨大なファイルだったら大変です．

ここに柔軟性をもたせるため，Unixでは次のような方法を取っています．

- ファイルは1から始まる「ファイル番号」で表す．
- ファイル番号に対応する構造体 (**i-node**) の並びがあって，そこに所有者や長さ等の各種情報と，「どのブロック (複数) にデータが入っているか」の情報が格納されている．

i-node表はディスクの先頭部分にまとめて格納してあるので，ここだけアクセスする分にはアームをそれほど動かさなくてもすみます．また，データはバラバラに入れられるので後で長さを増やしたり減らしたりするのもブロック単位で領域を追加/削除できますから，簡単です (図4.3) [8]．もうおわかりだと思いますが，上で述べた「ファイル番号」がi-番号であり，i-番号は「i-node表の何番目」を表す番号なわけです．

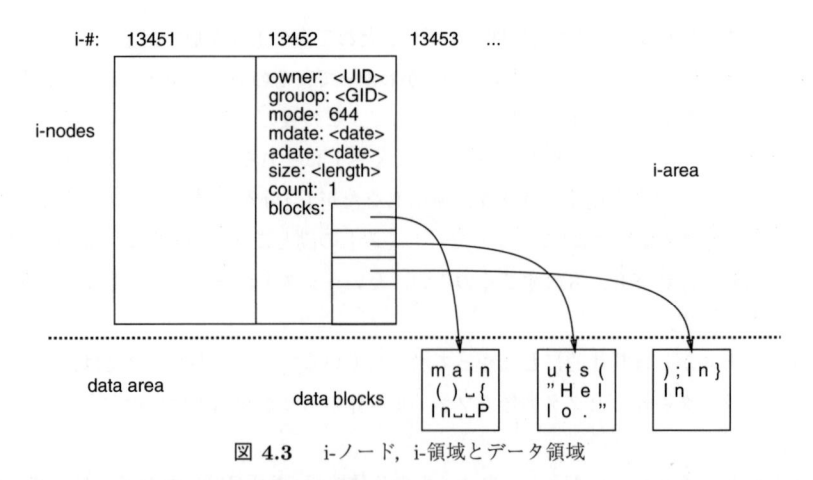

図 4.3　i-ノード，i-領域とデータ領域

---

[8] i-node に直接入れられるブロックの個数には限りがあるので，それよりブロック数が多くなると「ブロック表」の役割をするブロック，さらに多くなると「ブロック表の表」の役割をするブロックを使用しますが，そのような巨大なファイルはそんなに多くありません．

4.3 入出力とシステムコール

4.3.1 入出力のプログラミング

ここまでではもっぱら，コマンドで操作している時ファイルがどう見えるかについて説明してきました．本節では，プログラムの中からはファイルがどのようにして操作されるかを見てみましょう．

まず重要なことは，ファイルの読み書きを各プログラムが直接ディスク装置への指令という形で行うことはできないということです．これは，もしそんなことを許すと，誰もが間違って他人のデータを読んでしまったり書き換えてしまえます．ではどうするかというと，OS に「これこれのファイルを読みたい/書きたい」と頼む，あとは OS 内部のファイルシステムがその可否を (先に出てきた保護モードなども含めて) チェックして OK な場合だけ頼まれた操作を行うのです．この「OS に作業を頼む」ことをシステムコールとよびます．

Unix で C 言語を使っているぶんには，システムコールは C のサブルーチンであるかのように記述できます．入出力のための基本的なシステムコールは次の 2 つです.

　　read(ファイルディスクリプタ, バッファ, バイト数)
　　write(ファイルディスクリプタ, バッファ, バイト数)

ここでファイルディスクリプタというのは入出力の対象を表すための小さな整数であり，標準では 0 番，1 番，2 番という 3 つのディスクリプタが用意されます．read/write とも戻り値として，実際に読み書きしたバイト数を返します．read は，ファイルの終わりまでくるとそれ以上読めなくなるのでバイト数として 0 を返します．write ではエラーがない限り，引数で指定したバイト数と同じ値が返ります．

3 つのディスクリプタはそれぞれ次のように割り当てられています．

- 0 : 標準入力．特に指定しなければキーボードを意味する．
- 1 : 標準出力．特に指定しなければ端末画面を意味する．
- 2 : 標準エラー出力．特に指定しなければ端末画面を意味する．

ディスクリプタというのは簡単にいえば，プロセスが外部とデータをやりとりするための「通路 (チャネル) の番号」です (図 4.4 左)．そして，特に指定しなければこのチャネルは画面やキーボードに接続されているわけです (図 4.4 右)．

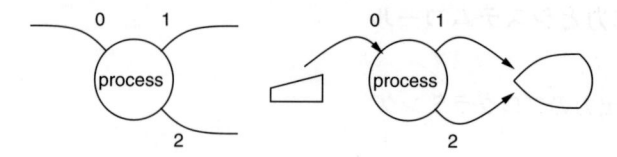

図 4.4　ファイルディスクリプタと入出力

4.3.2　リダイレクトと機器独立性

ではさっそく，簡単なプログラムを見てみましょう．次は，簡単なメッセージを画面に打ち出すプログラムです．

```
/* write.c -- simple use of write */

main() {
  write(1, "This is a pen.\n", 15);
}
```

ところで，前回やったプログラムでは，メッセージを打ち出すのに printf というのを使っていました．この違いについては後で説明します．ともあれ，これを動かしてみましょう．

```
% gcc write.c
% a.out
This is a pen.
%
```

特に問題ありませんね？　さて，実はこの「チャネル」の接続先を変更するように指定できます．

```
% a.out >t1
%
```

コマンド行に「>ファイル名」のように指定すると，標準出力 (チャネル 1 番) の接続先は指定されたファイルに切り替わります．だから画面には何も現れませんが，代わりに出力はファイルに書き込まれています．

```
% cat t1
This is a pen.
%
```

これを Unix では出力のリダイレクションとよびます．この様子を図 4.5 に示します．ところで 2 番 (標準エラー出力) は何のためにあるのでしょうか？　それは，出力をリダ

4.3 入出力とシステムコール

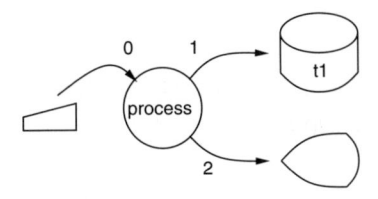

図 4.5 出力の切り替え

イレクトしてもエラーメッセージなどは画面に見えて欲しいからです．図 4.5 にあるように，1 番をリダイレクトしても 2 番は依然として画面につながっているので，エラーメッセージを 2 番に書けばそれは画面に現れるのです．

ところで，ここでもう 1 つ重要なのは，プログラム自体は何ら変更しないままで，その出力先を画面にしてもファイルにしても動かすことができた，ということです．つまり，相手が「出力できる先」でさえあれば，それが具体的に何であってもプログラムは同じままでよいのです．このような性質を (入出力の) **機器独立性**といいます．このような性質のおかげで，画面に出力する時とファイルに書く時とネットワーク経由で転送する時とで別々のプログラムをいちいち用意しなくてもよくなるわけです．

もう 1 つリダイレクションの例を挙げましょう．

```
% a.out >/dev/tty
This is a pen.
%
```

こんどはリダイレクトしたはずなのに画面に出てきましたね．これは，/dev/tty というのが**端末デバイス**つまり画面+キーボードにつながっている「特別なファイル」だからです．実は cp コマンドでコピー先を /dev/tty にしてもやはり出力が画面に現れます．逆に，cp コマンドを使ってキーボードから打ち込んだものをファイルに取り込むこともできます．このように，ファイルと同様に扱えるけれども実際には入出力機器につながっているものを，Unix では**デバイスファイル**とよびます．

```
% echo ABC >t1
% cat t1
ABC                    ←ファイル t1 の中身は「ABC」
% cp t1 /dev/tty       ←/dev/tty にコピーすると…
ABC
% cp /dev/tty t2       ←/dev/tty からコピー…
XYZ
^D                     ← Ctrl-D は「ファイル終わり」の意味
% cat t2
XYZ                    ←確かに入力できた
```

```
%
```

この機能があると，ファイルへの入出力と機器への入出力とが同じプログラムで行えますから，機器独立性がより増すことになります．

4.3.3 入出力のスループット

さて，15バイトくらいの出力ならどういうふうにやっても問題はありませんが，もっと大量のデータを扱う時にはいろいろ考えなければならないことが出てきます．次のプログラムは，ループを使って10MBの出力を行います．

```
/* largefile.c --- output 10MB */

char buf[1024];
main() {
  int i = 0;
  while(++i <= 10000)
    write(1, buf, 1024);
}
```

10MBのデータをディスクに書き出すのにどれくらいかかると思いますか？ 言い換えれば，現在の普通のディスクのスループット(時間あたり実効転送量)はどれくらい(何MB/s)だと思いますか？

```
% time a.out >/var/tmp/t
real    0m0.797s
user    0m0.000s
sys     0m0.087s
%
```

約0.8秒，ということはスループット12MB/sくらいということですね．ところでなぜ/var/tmp/tというところに出力したのかわかりますか？

```
% time a.out >t
real    0m4.953s    ← 2MB/s???
user    0m0.000s
sys     0m0.089s
% time a.out >/tmp/t
real    0m0.154s    ← 70MB/s???
user    0m0.000s
sys     0m0.116s
% time a.out >/dev/null
```

```
real    0m0.024s   ← 400MB/s???
user    0m0.009s
sys     0m0.010s
%
```

/var/tmp というディレクトリに作業ファイルをつくる場合は，そのマシンのローカルディスクが使われるので，ディスクのスループットが計測できます．

しかし，ディレクトリ (ファイルの置き場所) によってはローカルディスクではないところに書いてしまうこともあります．たとえば，ホームディレクトリはサーバ上にあってネットワーク経由でアクセスしているという環境だと，ホームディレクトリ上にファイルをつくるとスループットはおもにネットワークの転送速度で決ってしまいます．筆者のサイトでは転送速度が 100Mbit/s(ということは 10MB/s くらい) のイーサネットが主に使われていますが，実際にこれを通してファイル等を転送しようと思うとスループットは 2MB/s 程度になってしまいます．

また，/tmp/t というのは何でしょう？ これは「メモリファイルシステム」つまり作業用ファイルをディスクではなくメモリに取るというものなので，入出力は一切起こりません．ディスクとメモリでは 1 桁くらいスループットが違うのでこの結果になるわけです．では最後の /dev/null というのは何でしょう？ これは「書き込まれたデータを黙って受け取って捨ててしまう」仮想デバイスなので，データの転送すら起こりません．つまりデータの転送を除いたプログラムの実行時間が計れてしまうわけです．

ここから何がわかるでしょうか？ 現在の計算機システムでは，先に述べた機器独立性や**分散透明性** (ネットワークの向うにあるものでも手元にあるのと区別なく使える性質) のおかげで，使うだけなら「どこの何を使っているか」は意識しなくても動作し，たいへん便利です．しかしこと性能となると，やはりネットワーク経由は遅いし，メモリだけですめば圧倒的に速いわけです．このことをわかっていて意識して使わないと，「動くけどめちゃくちゃのろい」結果になってしまうわけです．

たとえば今つくったカレントディレクトリの 10MB のファイルを別のファイルにコピーする，という作業を考えてみます．まず手元のマシンでやってみました：

```
% time cp t t2
real    0m5.170s
user    0m0.001s
sys     0m0.095s
%
```

5 秒ということは，読み書き速度は合わせて 2MB/秒？ ずいぶん遅いようです．そこ

で今度はファイルサーバでやってみました：

```
% time cp t t2
real    0m1.250s
user    0m0.010s
sys     0m0.190s
%
```

8MB/秒とだいぶ速くなりました．つまり，自分のホームディレクトリはファイルサーバ上にあるので，手元のマシンでやるとネット経由で10MBを読んで書いていたわけで，実はネットワークの速度を計っていたようなものですね．これに対し，ファイルサーバでやればそこにディスクがあるので，ディスクの速度が計れます．ところで，もっと速くする方法があるのはわかりますか？

```
% time mv t t2
real    0m0.079s
user    0m0.000s
sys     0m0.040s
%
```

mvはファイルの名前を付け変えるだけですから，データのコピーは一切起こりません．つまり，コピーしなくていいものはコピーしないに越したことはない，ということです．

4.4　ファイルシステムと名前空間

4.4.1　ディレクトリ

これまで，ログインしたらそこでlsコマンドにより自分のファイルが見えることを当たり前のように考えてきましたが，これはよく考えてみると不思議ではないでしょうか？　つまりAさんがログインして仕事をしている間はAさんのファイルが見え，Bさんがログインすると今度はBさんのファイルが見えるわけですから．なぜ二人のファイルはまぜこぜになってしまわないのでしょう？

答えはある意味非常に簡単で，先に述べたディレクトリが個人ごとに別に用意されているから，というのが答えなわけです．そしてもう1つ，すべてのプロセスには**現在位置**(カレントワーキングディレクトリ)が対応していて，特に指定しない場合，新

しくファイルをつくればそのディレクトリにできるし，lsもそのディレクトリにあるファイルの一覧を表示するわけです．この様子を図4.6に示します．

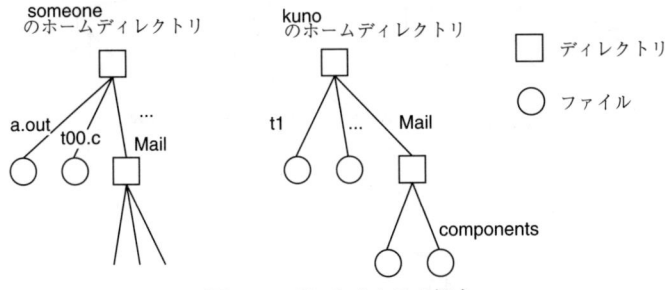

図 4.6　ディレクトリの概念

ではなぜ，AさんとBさんが使っている時それぞれのカレントディレクトリが違っているのでしょう？それは，ログイン処理を担当する部分で，ユーザ名に応じてそれぞれ固有のディレクトリを現在位置にしてからコマンドインタプリタを起動するからです．この，ログイン時の現在位置を各自の**ホームディレクトリ**とよびます．

ところで，ディレクトリにはファイルだけでなく他のディレクトリを入れることもできます．ディレクトリの中に入っているディレクトリを**サブディレクトリ**とよびます．たとえば図4.6では，ユーザkunoはMailというサブディレクトリをもっていて，その下に2つファイルをもっています．サブディレクトリの下にさらにディレクトリをつくって，階層をいくらでも深くすることができます．サブディレクトリをつくる/消すには**mkdir**と**rmdir**を使います：

- mkdir ディレクトリ名 — ディレクトリをつくる
- rmdir ディレクトリ名 — ディレクトリを消去する

ディレクトリはls -lではモード表示の最初に「d」と表示されるのでそれとわかりますし，またls -Fによる表示では名前のあとに「/」がついて表示されます．

4.4.2　ディレクトリの木構造

ところで，Unixのファイルシステムは図4.6のようなホームディレクトリがふわふわ沢山浮かんでいるものだ，と思う人はあんまりいないでしょうね．実際にはUnixのファイルシステムには1つだけ**ルートディレクトリ**とよばれるディレクトリがあり，これが文字通りディレクトリの木の「根っこ」になっています．すべてのディレク

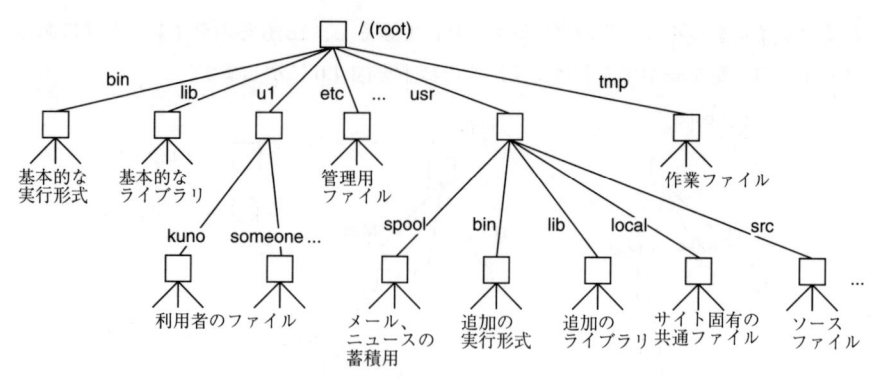

```
                           ┌─┐ / (root)
                           └─┘
        bin   lib    u1   etc  ...  usr              tmp
        ┌─┐  ┌─┐   ┌─┐  ┌─┐        ┌─┐              ┌─┐
        └─┘  └─┘   └─┘  └─┘        └─┘              └─┘
       基本的な 基本的な        管理用                      作業ファイル
       実行形式 ライブラリ      ファイル
                  kuno someone... spool bin lib local       src
                  ┌─┐  ┌─┐        ┌─┐ ┌─┐ ┌─┐ ┌─┐         ┌─┐      ...
                  └─┘  └─┘        └─┘ └─┘ └─┘ └─┘         └─┘
                   利用者のファイル    メール、  追加の  追加の  サイト固有の  ソース
                                    ニュースの 実行形式 ライブラリ 共通ファイル ファイル
                                    蓄積用
```

図 **4.7** ディレクトリの木構造

トリやファイルはルートディレクトリの「子孫」にあたります (図 4.7).

図 4.7 の中には，lib とか bin という名前のディレクトリが複数ありますし，また各自が同じファイル名を考えつくこともあります．もちろん，これらはディレクトリの木の中で別の場所にある別のものですが，それらを区別して指定する方法が必要ですね．それには**パス名**というものを使います．パス名には次の 2 通りがあります．

　　　/名前/名前/.../名前　　　-- 絶対パス名
　　　名前/名前/.../名前　　　　-- 相対パス名

絶対パス名というのは，ルートから始めて指定した名前を順番にたどることで目的のファイルやディレクトリの位置が示されることを意味しています．たとえば次のような感じです．

```
/u1/someone/a.out         : someone さんのホームディレクトリにある a.out
/u1/kuno/Mail/components  : kuno さんの Mail サブディレクトリ下の components
/                         : ルートディレクトリそのもの
```

一方相対パス名というのは，ルートの代わりに現在位置から始めて同様にたどることを意味します．ですから，現在位置が someone さんのホームディレクトリであれば単に a.out で someone さんのホームディレクトリの下の a.out を意味します．つまり，これまで「ファイル名」と思っていたのは実は「パス名」の特別な場合だったのです[9]．

ところで，パス名の成分には特別な名前として次の 2 つが使えます:

　　　.　　: そのディレクトリ自身

---

[9] なお，少なくとも 1 つは「/」を含んでいないとパス名とはよばない，という流儀もあります．

4.4 ファイルシステムと名前空間   75

.. : そのディレクトリの一つ上

たとえば同じく someone さんのホームディレクトリにいる場合だと次のような具合
です:

.	: 自分のホームディレクトリ
Mail/components	: 自分のホームにある Mail の下の components
../kuno/Mail/components	: kuno さんの Mail サブディレクトリ下の components
../..	: ルートディレクトリ

相対パス名は絶対パス名より短く指定できるので,ある場所にあるファイル等をたく
さん操作する場合は,そこへ現在位置を移動してから作業するのが一般的です.その
ためのコマンドとして,**pwd** と **cd** があります:

- **pwd** ─ 今いる所 (現在位置) の絶対パス名を表示する
- **cd** パス名 ─ 指定した場所に行く (つまり,現在位置にする)
- **cd** ─ ホームディレクトリに行く

cd でそのディレクトリへ「行けば」,**cd** コマンドを打つ手間がかかる代わりに,そこ
にあるファイルは名前だけで指定できるわけです.

ところで,ディレクトリもファイルと同様に保護モードをもっています.ディレク
トリの保護モードを調べたい場合は,次の形の **ls** を使ってください:

- **ls -ld** ディレクトリ ─ ディレクトリの情報を表示

オプション「-d」がないと,**ls** はディレクトリ自体の情報ではなく,その中に入って
いるファイルの一覧を表示してしまいます (それも確かに必要な機能ではあります).
では例を見ましょう:

```
% ls -ld work
drwxr-x--x   3 kuno    staff    1024 Jul  2  2002 work
%
```

これを見ると,ディクトリ work の保護モードは…まず先頭に「d」がありますが,こ
れはディレクトリであることを表しています (ファイルでは「-」でしたね).

次に,このディレクトリは所有者には読み,書き,実行ともに可能です.ディレク
トリでは,「実行」とは「そのディレクトリをたどって中のファイルやディレクトリを
参照できる (もちろん,そのファイルなりの保護モードが許せば,です)」という意味
になります.ついでに確認しておくと,「読める」とは **ls** などで一覧を表示できる,と

いう意味であり,「書ける」とはそこに新しいファイルをつくったり,既存のファイルを削除したりできる (当然そういうことをするとディレクトリの内容が変わりますから書き換える必要があるわけです), という意味になります. ですから, ディレクトリ work は所有者には何でも操作でき, グループ staff のメンバには一覧を表示したり中のファイルをアクセスでき, それ以外の人には中のファイルをアクセスできる, ということになります. 2番目と3番目の違いがわからない, ですか? つまり, 3番目の場合, 一覧が取れないのですから, ディレクトリに入っているファイルの名前を正確に知っている人だけがそのファイルを参照できる, という形の保護になるわけです.

4.4.3 名前空間とマウント

このように Unix では, すべてのファイル/ディレクトリ/入出力装置は1つの木の形に編成されていますが, 実際には1つのディスクにすべてのファイルを収めることはディスク装置の容量によっては難しいことがありますし, 管理上も不便なことがあります.

そこで, Unix ではディスク (正確にはディスクをいくつかに区切って使う, その1区画) ごとにディレクトリの木が存在し, それを張り合わせる (**マウント**する, という) ことで一つの木に構成するようになっています[10]. この様子を図 4.8 に示します. ネットワーク共有もこの「貼り合わせ」のしくみを用いて行えるわけです.

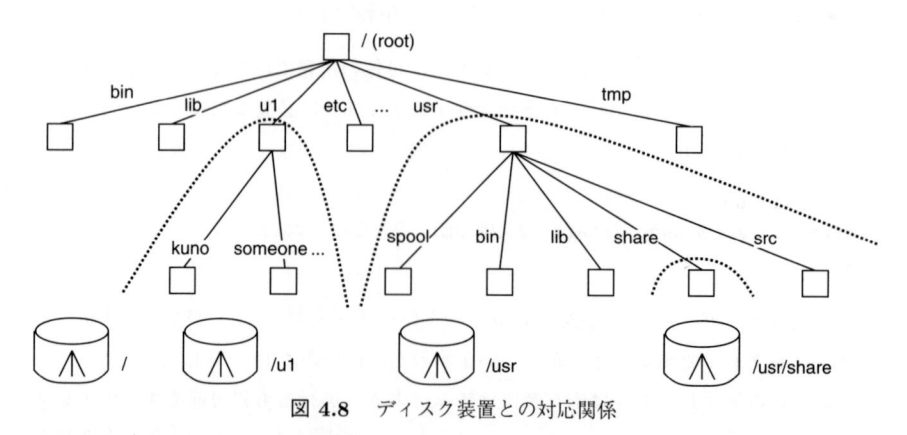

図 4.8 ディスク装置との対応関係

---

[10] Windows 文明ではこれと対照的に, ドライブレターでディスクを明示します. これでひどい目にあった人はいませんか? ディスクを増設するたびに D: E: F: …と増えていって, どこに何があるか覚えておかなければならないという….

どのようなディスクがマウントされているかを知るには次のコマンドが利用できます:

- mount — ディスクのマウントの状況を表示する
- df — 併せて, ディスクの容量, 現在使用量を表示する

4.4.4 ディレクトリの中身は?

先に i-node の説明のところで, ディレクトリとはファイル名と i-番号の対応表だと説明しました. ではディレクトリ自身はどこにどうやって格納されているのでしょうか? それは次のとおりです:

- ディレクトリも普通のファイルと同じ構造をもち, i-node とそこから指されているデータブロックでできている. 名前とその名前に対応する i-番号の対応データは, データブロックに書かれている.
- なので, ディレクトリには別のディレクトリの名前も登録することができる. これがサブディレクトリ.

ルートディレクトリは決まった i-番号「2」をもっていて, Unix の内部ではここからディレクトリを「順番に」たどることで, パス名に対応する任意のファイルを捜すことができます. パス名を指定するたびに, こんなにいくつもディレクトリを捜すのではのろくて役に立たないと思いますか? 確かに速くはないけれど, ディレクトリ5段で5回たどるのは前にあげた「ディスクを先頭から捜す」のに比べればお話にならないくらい速いわけですし, 最近たどった結果をいくつか主記憶に保持しておくことで, 何回も同じディレクトリを参照する場合は速やかに捜せることになります.

ここまでずっと, ファイル名やディレクトリ名を○や□の上ではなく, それらを結ぶ線の上に描いてきたことにお気づきでしょうか. つまり, これらの名前はファイルやディレクトリについているのではなく, それに向かってたどるリンクについているというのが真実なのです (普段はあまり意識する必要はありませんが). また,「.」とか「..」は自分自身, および親へのリンク (そのディレクトリ自身や親ディレクトリの i-番号が取り出せる) ということになります.

ここまできてようやく, ln や rm や mv の意味がちゃんと説明できます. 図 4.10 にあるように, ln というのはすでにあるファイルを指すリンクを新しく余計につくる, という意味になります. また, rm はリンクを切るコマンドですが, もしその結果ファイルを指すリンクが1つもなくなればそのファイルは本当に削除され, その領域は回

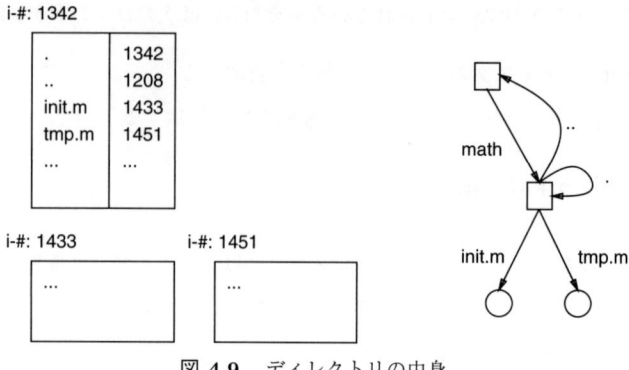

図 4.9　ディレクトリの中身

収されます．そして mv は新しいリンクをつくったあとで古いリンクを消すので図の A と B が同じディレクトリなら結果的に名前が変更されたことになります．また，違うディレクトリであればファイルの位置が移ったことになります．mv では同様にしてディレクトリの名前や位置を変更することもできますが，これは ln+rm ではできません．なぜなら，Unix ではディレクトリに複数名前をつけることは (混乱を避けるため) 許されないようになっているからです．

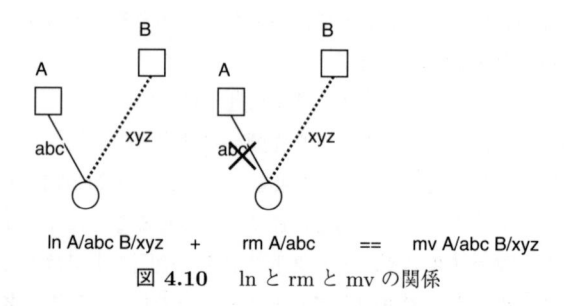

ln A/abc B/xyz　＋　rm A/abc　==　mv A/abc B/xyz

図 4.10　ln と rm と mv の関係

4.4.5　シンボリックリンク

ところで，先にも述べたようにリンクはディレクトリに対して張ることはできません．さらに，普通のファイルでもファイルシステムが違う場合にはリンクを張ることができません．こういう制限はもっともなことではありますが，不便でもあります[11]．

---

[11] ディレクトリにリンクが張れるとファイルシステムの構造が複雑になります．また，リンクは i-番号によってファイル本体を指し示しますが，i-番号は 1 つのファイルシステム内での固有番号なので，他のファイルシステムのリンクをつくることはできないわけです．

そこで現在の Unix では，これに加えて**シンボリックリンク**とよばれるものも使えるようになっています．

- `ln -s` もとのパス名 新しいパス名 —— シンボリックリンクを張る

シンボリックリンクはリンクと同じ `ln` コマンドを使って作成し，意味も類似しています．ただし，シンボリックリンクは「行き先の名前を覚えている」だけで，そこをたどろうとすると行き先の名前に「ジャンプする」仕組みになっているのです．このため，シンボリックリンクはディレクトリでもファイルでも指すことができますし，ファイルシステムの境界に関係なく使うことができます．

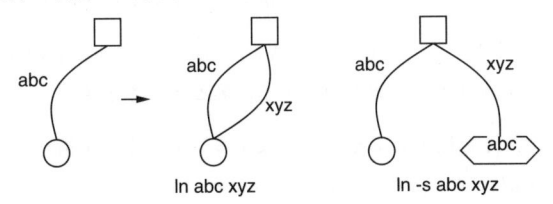

図 4.11　シンボリックリンクの概念

4.4.6　ディレクトリ単位の操作

`mv` はこれまで「ファイルの名前を変更するコマンド」と説明してきましたが，正確には「これまでの名前を削除し，新しい名前を登録する」ことでこれを実現しています．そういう意味では「`rm` と `ln` を組み合わせたもの」ということになります (ただし，削除と登録は同時に行われますから，削除した瞬間にコマンドを殺すとファイルがなくなる，という心配はありません)．

そして，名前を削除するディレクトリと新しい名前を登録するディレクトリは同じでなくてもいいので，これを利用すれば「ファイルをあるディレクトリから別のディレクトリに移動する」ことができます．さらに，ディレクトリに対してはコマンド `rm` や `ln` は使えませんが，`mv` は使えるので「ディレクトリをそっくり別の場所に移す」こともできます．

これらの機能は本来ファイルシステムをまたがっては使うことができないものでしたが，それでは不便なので最近の Unix ではファイルシステムをまたがっての `mv` は `cp` と `rm` の組み合わせでやってくれるようになっています (ただし所要時間はずっと多くかかります)．なお，ディレクトリの (部分) 木構造全体をそのままコピーしたり削除するのは次のコマンドでできます：

- `cp -r` ディレクトリ 行き先 — 指定ディレクトリ以下をコピー
- `rm -r` ディレクトリ — 指定ディレクトリ以下を削除

間違って自分自身の下にコピーしようとすると無限コピーが始まるので注意してください．

4.4.7　領域管理，探索

自分のファイルが増えてくると，その管理も大変になります．まず，自分がどれだけファイル領域を使用しているかを知るにはコマンド **du** を使います:

- `du` ディレクトリ — ディレクトリ以下にあるファイル量合計を示す
- `du -a` ディレクトリ — 個々のファイル名と大きさも表示

一方，さまざまな条件を指定してそれに合致するファイルを木構造の中で探してくれるのがコマンド **find** です．これにはいろいろなオプションがありますが，いくつかの例を挙げておきます．

- `find` ディレクトリ `-mtime` N `-print` — N 日前に変更したものを探す
- `find` ディレクトリ `-size` Nc `-print` — 大きさ N バイトのものを探す
- `find` ディレクトリ `-type d -print` — ディレクトリをすべて打ち出す

ところで，`du` や `find` の出力を見ると，ファイルの表示順が `ls` と違っていることに気がつくはずです．`ls` で普通にファイル一覧を表示するときは abc 順で出てきますが，これは `ls` がそのように並べ替えて表示してくれているからです．これに対し，`du` や `find` を使うと並べ替える前の (ディレクトリに登録されているままの) 順で表示が行われるのです．

4.5　ファイル形式

4.5.1　テキストファイルとコード系

ファイルの中でも，文字を格納してあるファイルをテキストファイルとよぶことはすでに説明しました．テキストファイルは**テキストエディタ**とよばれるアプリケーションを使って入力したり編集できます．ところで，ファイルに格納されるのはビットの列だったはずですが，どうやって文字が格納できるのでしょう？

答えは，いくつか決まった長さのビットごとに，そのビットがどういうパターンだったらどんな文字，という対応関係をつけておく，ということです．これを**符号化**，ある特定の対応関係を**コード系**とよびます．英数字記号に対しては ASCII とよばれるコード系が広く使われていますが，大型機の世界では EBCDIC というコード系も使われます．これらでは 1 文字を 1 バイトに収まる 7 ビットに対応させています．Unix は ASCII 文明に属しています．図 4.12 に ASCII のコード表を示しておきます．

	0	1	2	3	4	5	6	7
0	NUL	DLE	SP	0	@	P	`	p
1	SOH	DC1	!	1	A	Q	a	q
2	STX	DC2	"	2	B	R	b	r
3	ETX	DC3	#	3	C	S	c	s
4	EOT	DC4	$	4	D	T	d	t
5	ENQ	NAK	%	5	E	U	e	u
6	ACK	SYN	&	6	F	V	f	v
7	BEL	ETB	'	7	G	W	g	w
8	BS	CAN	(	8	H	X	h	x
9	HT	EM	)	9	I	Y	i	y
A	NL	SUB	*	:	J	Z	j	z
B	VT	ESC	+	;	K	[	k	{
C	NP	FS	,	<	L	\	l	|
D	CR	GS	-	=	M	]	m	}
E	SO	RS	.	>	N	^	n	~
F	SI	US	/	?	O	_	o	DEL

図 4.12　ASCII コード表

なお，コードは 16 進表記です．最初の方には 2 文字や 3 文字の名前が並んでいますが，この辺は**制御文字**とよばれるもので，行の切れ目を表したりページ替えを表すなど，それぞれ特別な機能をもっています．

ともかく，コード表があればビットの列からそれが何の文字かを知ることができます．次のファイルは何と書かれているでしょうか？

```
% od -x t3
0000000 486f 7720 6172 650a 796f 753f 0a00
0000015
%
```

なお，コード表を引いてみるとわかりますが，「0a」というのがこの章のはじめの方でみた改行文字のコードになっています．

4.5.2 日本語のコード系

さて，日本語を扱う場合はどうでしょうか．8 ビットに収まる文字の数は 256 種類が最大ですから，漢字には全然足りません．そこで漢字を扱うには，2 バイト (16 ビット) を 1 文字に対応させたコード系を使います．

一番基本となる日本語 (16 ビット) のコード系は JIS 規格のうち **JIS X0208** とよばれる規格番号で定められているものです．たとえば，16 進表記で「2121」というパターンの 16 ビットは，JIS X0208 では文字「！」に対応しています．

ところで，1 つのファイルの中で 8 ビットの文字と 16 ビットの文字を混在させることも普通に行われます．この時は，特別な目印となるコードで「ここから漢字」「ここから ASCII」という切替えを行います．具体例で見てみましょう．

```
% cat t.txt
1. ファイルの一覧を
   表示するには ls を使う.
% od -x t.txt
0000000    312e 201b 2442 2555 2521 2524 256b 244e
0000020    306c 4d77 2472 1b28 420a 2020 1b24 4249
0000040    3d3c 2824 3924 6b24 4b24 4f1b 2842 6c73
0000060    1b24 4224 723b 4824 2621 231b 2842
0000076
```

つまり ESC-$-B が「ここから漢字」，ESC-(-B が「ここから ASCII」になっています．この 3 バイトの列の割り当て方は **ISO** (国際標準化機構) によって管理されています．

ところで，漢字に出入りするたびに 3 バイト費やすのはいやだ，という意見もあります．そこで，ASCII では 8 ビットのうち頭の 1 ビットは常に 0 であることを利用して，漢字は JIS コードを頭のビットのみ 1 に変更したもので表すことで両者を区別する，という方法も使われます．これを **EUC**(正確には日本語 EUC) とよびます．

```
% nkf -e t.txt >t.euc
% od -x t.euc
0000000    312e 20a5 d5a5 a1a5 a4a5 eba4 ceb0 eccd
0000020    f7a4 f20a 2020 c9bd bca8 a4b9 a4eb a4cb
0000040    a4cf 6c73 a4f2 bbc8 a4a6 a1a3
0000054
```

さらに困ったことに，PC の世界では**シフト JIS** コードとよばれる符号化方法が使われています．これは EUC をさらにあちこちずらして **8 ビットカタカナ**が使えるようにしたものです．

```
% nkf -s t.txt >t.sj
% od -x t.sj
0000000    312e 2083 7483 4083 4383 8b82 cc88 ea97
0000020    9782 f00a 2020 955c 8ea6 82b7 82e9 82c9
0000040    82cd 6c73 82f0 8e67 82a4 8142
0000054
```

このように,漢字を含むテキストの場合,3種類の符号化方式が入り乱れているので,注意が必要です.これらの符号化形式の変換は,コマンド **nkf** を使って行うことができます[12]:

- nkf ファイル — JIS に変換
- nkf -e ファイル — EUC に変換
- nkf -s ファイル — SJIS に変換

また,Unix のようにファイルとは単に「バイト列」を納めたものという扱い方では,「テキスト」ファイルの場合には「行の区切り」方法の約束も必要です.「行の区切り」には前述の制御コードを使うのが一般的ですが,ここがまたシステムによって微妙に違っています.具体的には,次のような違いがあるわけです:

```
Unix     →   NL
Windows  →   CR NL
Mac      →   CR
```

4.5.3 文字コードを直接扱うプログラム

上に示したように,テキストファイルとは単に「文字コードとして正しいバイトだけを含んでいるファイル」なわけで,プログラムから何かを出力するときに「文字用の出力」と「バイナリデータの出力」が区別されるわけでは(あまり)ありません.たとえば,ASCII 文字コードを順番に出力するプログラムというのを見てみましょう:

```
/* genascii.c -- generate ASCII chars */

main() {
  int i = 32; /* ASCII SP */
  while(i < 127) { /* ASCII DEL */
    putchar(i); ++i;
  }
  putchar(10); /* ASCII NL */
```

---

[12] 入力ファイルの文字コードは指定しなくても自動的に判別してくれます.

        }

これを動かすと次のようになります．

```
% gcc t05.c
% a.out
!"#$%&'()*+,-./0123456789:;<=>?@ABCDEFGHIJKLMNOPQRSTUVWXY
Z[\]^_`abcdefghijklmnopqrstuvwxyz{|}~
%
```

確かに ASCII コードの文字が順番に出力されています．

ところで，この putchar() はさっきの write() とどう違うのでしょうか? write() はシステムコールなので，1回呼び出すにつき1回，OS の中を呼び出しますが，それには結構な手間がかかります．それに対し，putchar() は渡された文字を1文字ずつバッファ(ためておく場所) に蓄積していき，満杯になったら write() で書き出してまたバッファの最初から1文字ずつため始めます (図 4.13)．こうすればばシステムコールが頻繁に起こることはなくなります．このような入出力機構をバッファつき入出力とよびます．

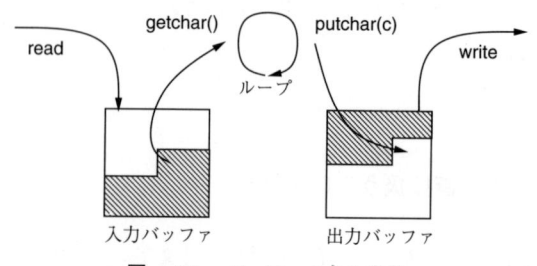

図 4.13 バッファつき入出力

ここでようやく，前の章で使った printf の説明ができます．printf はちょっとしたメッセージを書き出すためのもので，内部では putchar(と同等のもの) を使用している，バッファつき入出力サブルーチンの1つだったわけです．

4.6 まとめと演習

この章では，計算機システムで恒久的にデータを保管する仕組みであるファイルシステムの原理やさまざまな側面について，ひととおり学びました．自分の「大切な」

4.6 まとめと演習

データはファイルシステムに保管してもらうわけですから，その機能を理解して使いこなすことは重要ですし，よい「計算機生活」を送る秘訣だともいえますね．

4-1. ファイルのモードをいろいろ変更し，`ls` で表示させてみて，正しく変更されているか確認しなさい．特に「自分に読めない」「自分に書けない」などの設定が確かにそのように働いているか確認してみなさい．また，友人に協力してもらい，「誰にでも読める」「誰にでも書ける」にしたファイルを他人が読み書きできることを確認しなさい．

4-2. 自分のホームディレクトリの下にサブディレクトリをつくり，中にいくつかファイルを用意した上でそのサブディレクトリのモードをいろいろ変更してみなさい．ディレクトリの「読めない」「書けない」「実行できない」という保護はそれぞれどんな意味をもちますか？　その中の個別のファイルに対する保護とはどう違うでしょうか？　また，友人に協力してもらい，「誰にでも読み書きできる」ディレクトリの下にあるファイルを消せるかどうか，またそこに新しいファイルをつくれるかどうか，そのつくったファイルをあなたが読み書きできるかどうかなどを試しなさい．

4-3. `largefile.c` を打ち込んでコンパイルし，ローカルディスク，ネットワーク上のファイル，メモリファイル，`/dev/null` などを対象として書き込みスループットを計測して検討しなさい[13]．また，複数のマシン/複数のディスクが利用できるなら，それぞれに対して実行してみて結果を検討しなさい．

4-4. 新しくディレクトリをつくって，そこに `aa`，`bb`，`cc` というファイルを「ABC順以外の順で」つくって，`ls` と `du -a` で表示される順番が違っていることを確認しなさい．また，その2番目のものを消してから「これまでと違う2文字の名前をもつ」ファイルをつくり，`du -a` で順番がどうなるか報告しなさい．または3文字以上の名前，1文字の名前だとどうでしょうか．ディレクトリの登録順は結局どうやって決まるのか推理しなさい．

4-5. `genascii.c` を参考にして，自分の名前を漢字で打ち出すプログラムをつくってみなさい．または，JIS漢字コードの表を「見やすく」生成するプログラムをつくってみなさい．出力コードは JIS，EUC，SJIS のどれでも構いません[14]．

---

[13] 計測用につくった10MBのファイルは終わったら消しましょう．
[14] ヒント：JISコードの文字は2バイトで，1バイト目も2バイト目も16進数で 21〜7E の範囲に割り当てられています．

5 コマンド入力とユティリティ

第3章で説明したように，コマンドインタプリタとはユーザの打ち込むコマンドを読み込み，そのコマンドに対応した動作を実行に移させてくれるようなプログラムです．この章では，「計算機に指示を出す」という目的に対してどのような方法があり得るのか，という話から初めて，コマンド入力方式の位置付け，Unix のコマンドインタプリタの機能，およびそれと組み合わせることでさまざまな作業をこなせる，Unix のソフトウェアツールとその思想について見ていきましょう．

5.1 コマンドインタプリタとその機能

5.1.1 コマンド入力のユーザインタフェース

ここまでさんざん使ってきたように，Unix では

- コマンドを打ち込むと，それに応じてプログラムが実行される
- どのような動作が行われるかは，起動するプログラムとそのプログラムに与えるパラメタによって決まる

という形でユーザがシステムに指示を与えています．このような方式を**コマンド行インタフェース**とよびます．そして，コマンドを解釈してそれに対応する動作を起動してくれるプログラムを**コマンドインタプリタ**とよびます（図5.1）．Unix では伝統的に，コマンドインタプリタのことを**シェル**とよびます[1]．

このような方式について「コマンドを覚えるのが大変だ」「コマンドを打ち込むのが負担だ」「だから Unix は使いづらい」と思われている人が多いかもしれません．でも「使いやすい」とは，厳密にはどういう意味なのでしょうか？

---

[1] 利用者を囲って守ってくれる「貝殻 (shell)」になぞらえてそうよぶようになったそうです．

88   5 コマンド入力とユティリティ

図 5.1 コマンドインタプリタ

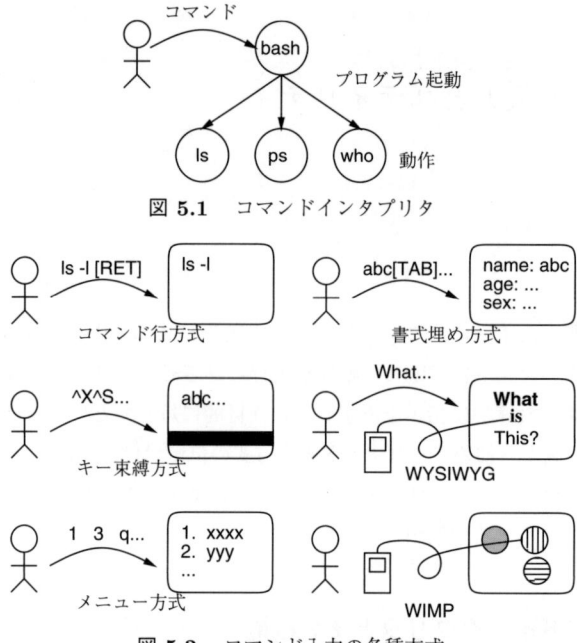

図 5.2 コマンド入力の各種方式

計算機の世界では，利用者と計算機の間でやりとりをする方式や機構のことを総括的に**ユーザインタフェース**とよんでいます．PC や携帯電話，PDA などをいろいろ見比べるとわかるように，世の中にはさまざまなユーザインタフェースが存在しています．その代表的な方式を図 5.2 に示しました．

- コマンド行方式: Unix のシェルのように，コマンドをキーボードから文字列として打ち込み，最後に [RET] などを押すと実行される．
- キー束縛方式: Emacs のように，制御キーを押すと対応する動作が実行されるというもの．テキストエディタなどテキスト入力とコマンドが混在する場合に多く使われる．
- 書式埋め方式: 画面に「記入欄のある書式」が表示され，矢印キーなどで欄を移動して欄に適切な文字列を打ち込み，完成したら [RET] キーなどで実行する．予約システムなどで多く見られる．
- メニュー方式: メニューが常時画面に表示されているか，または「メニューキー」のようなものを押すと表示され，矢印キー，番号キー，マウスなどで項目を選んで選択すると動作が実行される．

- 直接操作方式: 操作したい対象を画面上で(マウスなどによって)直接つかんだり移動したりして操作する．ワープロやお絵描きツールなど，「画面で見えるもの」が「最終生成物」に対応させられる場合に多く使われ，その場合は「What Yous See Is What You Get」(**WYSIWYG**) とよばれる．
- アイコン方式: 操作したい対象を小さな絵など(アイコン)で表し，それをマウスなどで選択し，移動したり重ねたりメニューを出したりして操作する．「Windows, Icons, Menus, Pointing」(**WIMP**) インタフェースともよばれる．

多くの人が「使いやすい」と感じるのはメニュー方式，直接操作，アイコン方式といったあたりだと思われます．これらはいずれも「マウスなどで対象を直接指示するのでわかりやすい」「メニューで可能な選択肢が向こうから示されるので覚えなくてすむ」という利点をもつので，初めての人にも取りつきやすいからです．

逆に，古くから Unix で主に使われてきたのはコマンド行方式やキー束縛方式で，これらはどちらも何を打ち込むとどんな動作が起こるかを覚えていないと使えません．だから初心者に敷居が高いのは当然のことです[2]．

ではどうして「使いにくい」コマンド行方式やキー束縛方式が絶滅しないのでしょうか？ それは，初心者には敷居が高い代わりに，習熟するととても高速に操作でき，柔軟性も高いという利点があるからです．逆にいえば，コマンドなどを覚えてしまった人にとってはメニューや直接操作やアイコンは「操作に時間がかかっていらいらして使いづらい」のです[3]．

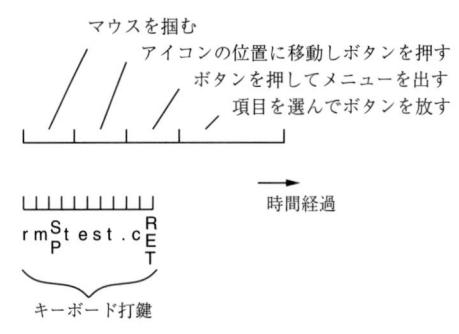

図 5.3 アイコン+メニュー操作とコマンド入力の時間比較

---

[2] Unix でも GUI のツールを動かしてマウス操作だけで大抵のことが行えるようにもできます．このあたりの話題は次の章で取り上げます．

[3] 書式埋め方式はこれらの中間で，「どんなものを」打ち込むべきか，またその標準値はいくつか，といった情報は書式によって示されますが，具体的に「何を」打ち込むかは覚える必要があります．

操作に時間がかかるというのはどういう意味でしょうか？もっと具体的に見てみましょう．

- 直接操作方式でもアイコン方式でも，操作の対象をマウスで選ぶのには一定 (1 秒前後) の時間がかかる．また 1 画面に入れておける対象の数は限られていて，画面を切り替える場合にはさらにかかる．
- メニューから項目を選択するのにも一定の時間がかかる．このためメニューの一部をキー束縛で選べるように工夫したり，アイコン方式でよく使う操作はメニューを経ないで選べるようにしたりする．しかしそうやって「近道」を用意できる操作の数は限られている．
- メニュー方式では，あらかじめメニューに入れてある動作しか指定できない．また，1 つの (ないし 1 画面分の) メニューに入れられる動作の数には限りがある．アイコン方式でも，1 画面に入れておけるアイコン数は限られている．
- メニュー方式でもアイコン方式でも，動作に対するオプション (追加指定) のようなものは別のやり方で与えなければならない．

これに対し，キーボードの打鍵は 200msec 程度しか時間を要さないので，キー束縛方式では 1 つの動作がとても高速に指定できます．コマンド行方式では「文字をいろいろ打ち込む」ことでさまざまなオプションを自由に指定できます．

たとえば，図 5.3 にあるように「アイコンを選んで，メニューを出して，コマンドを選択する」という動作はどうやっても 5 秒～10 秒くらいの時間がかかります．一方，コマンドを打ち込む場合はコマンドの文字数にもよりますが，2～4 秒くらいですむことが多いのです (少なくとも慣れている人なら)．となると，「使いやすさ」を「短い時間で操作できる」というふうに定義したとすれば，慣れている人にはコマンド方式の方が「使いやすい」ことになるわけです．

もちろん，ここで「だから皆がコマンド行方式やキー束縛方式を使うべきだ」というつもりはありません．ただ，せっかく Unix を学ぶのですから，このようなインタフェースを体験してみて，その強力さや柔軟性を味わってみて頂きたいと思います．そうしておけば，さまざまな場面でユーザインタフェースについて考えるときに「とりあえず Windows しか知らないから Windows みたいにしておこう」という人よりはうまく考えられるはずです[4]．

---

[4] 現に携帯電話ではマウスがありませんし画面も小さいので，アイコンのようなものはあまり使われず，メニューをボタンで選択するインタフェースが主流です．

では次節以降で，Unix のシェルを題材としてそのさまざまな機能を見ていきましょう．なお，すでに述べたように Unix では複数のシェルが利用できるのが普通です．これらは大きく次の2つに分けられます．

- **Bourne シェル系**: Unix バージョン 7 でつくられた「Bourne シェル」(Bourne は作者の名前) から派生し，これと上位互換のもの
- **C シェル系**: バークレー版 Unix とよばれる広く普及した系列の Unix で導入された「C シェル」とよばれるシェルに上位互換のもの

本書では Bourne シェル系のシェルの 1 つである **bash** を中心に取り上げています．

5.2 シェルの基本的な機能

5.2.1 コマンドとは?

まず最初に，コマンドとは一体何でしょう？ ps コマンドの表示を見ると ps というプログラムがプロセスとして動いているのが観察できました．また emacs, kterm, xcolck などもそのまま同名のプログラムでした．つまり，シェルではコマンドとはプログラムの名前に他ならないわけです．より正確にいえば，プログラムの実行形式が格納されているファイルの名前がコマンド名でもある，ということになります．

たとえば gcc で C のソースプログラムをコンパイルすると，a.out という実行形式ファイルになりました．そしてその実行形式を動かすには，ファイルの名前 a.out をコマンドとして打ち込みましたね．では，a.out ではなく別の名前だったらどうでしょうか？

```
% cat hello.c          ←ソースを見る
main() { printf("Hello.\n"); }
% gcc hello.c          ←コンパイルする
% ls
a.out    hello.c       ←実行形式ファイル: a.out
% a.out                ←ファイル名を打つと実行
Hello.
% mv a.out hello       ←ファイル名を変更してみる
% ls
hello    hello.c       ← hello という名前に変更
% hello                ←ファイル名を打つと実行
Hello.
%
```

つまり，ファイルの名前を取り換えれば，その取り換えた名前が新しいコマンドの名前になるわけです[5]．第3章で説明したように，OSの目的を「プログラムを実行させること」と考えるなら，「実行したいファイルの名前をいうことがすなわちコマンド」というシェルの方針は，これ以上ないくらい単純明快だといえるでしょう．

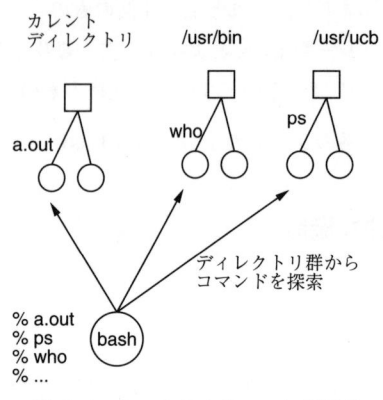

図 5.4 シェルによるコマンド探索

しかしそれにしても，自分は ls とか ps とかいうファイルはもっていないけど，と思われたかもしれません．もちろん，こういう共通のコマンドの実行形式ファイルをそれぞれの人がもつのではディスクの無駄ですから，共通のコマンドに対応する実行ファイルは共通の場所 (/bin, /usr/bin, /usr/local/bin など) においてあり，シェルはそれらのディレクトリを順番に探して実行形式ファイルを見つけるようになっています．具体的にどこにあるかを知りたければ type というコマンドを使います:

- type コマンド名 — コマンドの種別やありかを表示

```
% type ls
ls is /bin/ls
%
```

つまり ls というコマンドは /bin というディレクトリにあるとわかったわけです．

---

[5] ここの例は「.」(カレントディレクトリ) が実行パスに入っている場合でして，入っていない場合は「./a.out」や「./hello」のようにパス名で指定する必要があります．実行パスについてはすぐ後で説明します．

5.2.2 コマンドの引数とは

さて，コマンドが何であるかはこのようにしてわかりましたが，ではコマンドの引数とは何でしょうか? 実は，コマンドの引数はコマンドのプログラムに文字列として渡され，あとはそれぞれのプログラムの方で自由に解釈するようになっています．たとえば echo というコマンドは渡された引数をそのまま画面に出力します:

- echo 引数… ── 引数をそのまま出力する

```
% echo This is a pen.
This is a pen.
% echo -b c d
-b c d
% echo -n o p
o p%            ←あれ?
```

実は echo には1つだけオプションがあり，最初の引数が「-n」のときは引数を出力した後，改行文字を出力しません．それ以外のものは何がこようとそれが単に出力されるので，引数をどのように扱おうとコマンドの勝手だということがよくわかります[6]．

もっとも，Unix のコマンドの多くは「-」で始まるものはオプション，それ以外がパラメタ(ファイル名等)，という主義でつくられています．ですから，たとえば「-」で始まる名前のファイルをつくってしまうと消すのに苦労します．

```
% echo abc >-x    ←「abc」という内容をファイル「-x」に出力
% ls
-x      a.out   hello   t.c
% cat -x          ←cat で表示できない!
cat: illegal option -- x
...
% rm -x
rm: illegal option -- x
...
%
```

さあ，あなたならどうしますか? (わかってしまえば簡単です．)[7]

---

[6] BSD UNIX の場合．System V 系統の場合はもっと多数のオプションがあります．
[7] 方法としては (1) カレントディレクトリの指定を頭につけて「rm ./-x」とする，(2) rm コマンドのマニュアルを見ると，「--」というオプションがあるとその後はどんな形であってもファイル名として扱ってくれるのがわかるので，この機能を利用して「rm -- -x」とする，などが代表的です．

5.2.3 コマンドの組み合わせとリダイレクション

　シェルの特徴の1つとして，1つのコマンド行で複数のプログラムの実行を指示したり，さらにそれらのプログラム群の入出力関係や実行順序を制御できることが挙げられます．
　まず，1つのコマンドに対してその標準入力や標準出力の接続先を切り替えるのには，前章で説明したようにリダイレクションを用います．

　　コマンド ＜入力ファイル
　　コマンド ＞出力ファイル

両方同時に指定してももちろん構いません．なお，「＞」ではすでに出力ファイルに内容が入っている場合には一担からっぽにされますが，

　　コマンド ＞＞出力ファイル

という形のリダイレクションならすでにある内容の後ろに追加されます．
　次に，あるコマンドの出力を別のコマンドの入力に接続するにはパイプライン記法を使用します．

　　コマンド1 ｜ コマンド2 ｜ ... ｜ コマンドn

パイプラインのように入出力の接続をしないで，ただ単に複数のコマンドを順番に実行する場合には；で区切ります．

　　コマンド1 ； コマンド2 ； ... ； コマンドn

「；」で区切った場合は，前のコマンドが終わってから次のコマンドが実行されますが，複数のコマンドを並行して動かしたい場合には代わりに「＆」で区切ります．

　　コマンド1 ＆ コマンド2 ＆ ... ＆ コマンドn

コマンドの終了を待たずに次のコマンドを入力したい時は

　　コマンド ＆

のように最後に「＆」をつけていましたが，これは上記の特別な場合だったわけです（つまり最後の「コマンドn」が空っぽですぐ終わる場合）．
　そして，ここまでに「コマンド」と書いた部分は再び複数のコマンドの組み合わせであっても構いません．その組み合わせ方を制御するには（と）を使います．たとえば

```
% (ps ; ls) >t
```
とすると,まず ps,続いて ls が実行されますが,これらの出力はまとめてファイル t に書き出されます.なお,「(」と「)」を使わなかった場合にはまず「|」が最も強く結びつき,次に「;」,最後に「&」の順番になります.つまり

```
a | b ; c | d & e | f
```
は

```
((a | b) ; (c | d)) & (e | f)
```
と同等に扱われます.

5.2.4 ジョブコントロール

前節で述べたように,「&」で区切られた各コマンド(群)は並行して実行されますが,これを Unix ではジョブとよびます (OS によってはジョブという言葉が全然別の意味に使われるので注意).そして,ジョブがつくられる時に

```
% emacs &
[2] 15449
%
```

のように [1],[2] などの番号が表示されますが,これがジョブの識別番号です (識別番号につづく数字は,このジョブに対応するプロセスのプロセス ID).あるジョブを中止したい時にはいちいちプロセス ID を指定しなくても

```
% kill %1
```

のように%に続けてジョブ番号を指定すればすみます (1 つのジョブが複数のプロセスから成っている場合にもこれでまとめて処理されます).なお,kill でシグナルの種類を指定しなかった場合には-TERM を指定したものとして扱われます.

ところで,Unix では「&」のあるなしでコマンド(群)の実行終了をシェルが待つかどうか制御できることは繰り返し説明しましたが,前者すなわちシェルが実行完了を待っているジョブのことを**フォアグラウンド** (前面) ジョブ,シェルとは並行して動いているジョブのことを**バックグラウンド** (裏面) ジョブとよびます.そして,それらを互いに入れ換えることも次の 2 つのコマンドを使って行えます:

- bg %ジョブ番号 — 指定ジョブをバックグラウンドに

- fg %ジョブ番号 — 指定ジョブをフォアグラウンドに

具体的な操作の順番は次のようになります (図5.5).

- フォアグラウンド→バックグラウンド: まず^Zを打つとフォアグラウンドジョブがkill -STOPを受け取ったのと同様にして凍結される (サスペンド). ここで「bg」とするとそのジョブはバックグラウンドで解凍されて実行を継続する.
- バックグラウンド→フォアグラウンド: 単に「fg %ジョブ番号」を実行する.

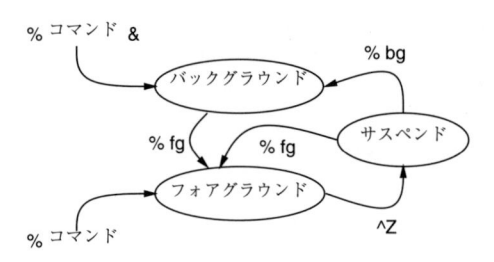

図 5.5 フォアグラウンド実行とバックグラウンド実行

なお, ^Zの代わりに^Cを打つとフォアグラウンドジョブはkill -TERMを受け取り, 終了します. たまに凍結と終了の違いがわからない人がいますが, 凍結したままだとそのプロセスが使っていた記憶領域は占有されたままなので, これを繰り返しているとどんどん記憶領域が圧迫されます. 不要なプロセスは終了させましょう.

5.3 シェル変数とシェルの調整

5.3.1 シェル変数

多くのプログラミング言語では, 値を蓄えておくために**変数**を使用します. シェルは (後で出てくるように) プログラミング言語でもあるので, やはり変数の機能をもっています. 変数に値を設定するのには (これまた他の言語と同様に)「=」を用います.

% a=0123456789

bashなどBouneシェル系のシェルでは「=」の前後に空白を入れてはいけないので注意してください[8].

---

[8] Cシェル系では「set a = 0123456789」のようにsetというコマンドを使います.

一方，変数の内容を参照する場合には変数名の前に「$」をつけることになっています．

```
% cp t.c $a$a$a
% ls
01234567890123456789012345678 9   t.c
%
```

これを見ると，$a のところが変数 a に格納した値 0123456789 で置き換わっていることがわかります．なお，変数の値を調べるにはいちいちファイルをつくらなくても引数をそのまま標準出力に打ち出す指令 echo を使えばよいのです．

```
% echo $a
0123456789
%
```

シェル変数に値を入れておけるのはわかりましたが，これは何の役に立つのでしょうか? たとえば次のようなことが考えられます：

- 現在位置付近にないファイルやディレクトリをくり返し参照したいとき，そのパス名を覚えさせておく
- 長いコマンド名や，複雑なコマンド引数などを覚えさせておく

これに加えて，すぐには思い付かないかもしれませんが，シェル変数は次の用途にも使われます．

- シェルと利用者の間での情報の受け渡しに用いる
- 利用者が動かすプログラムへの情報伝達に用いる

以下では，これらの使い方について説明していきます．

5.3.2　組み込みシェル変数

シェル変数のうちのいくつかは，利用者が値を設定しなくても最初から値が設定されています．具体的には次のものがそうです：

- $USER — 利用者のユーザ名
- $UID — 利用者のユーザ ID
- $HOME — 利用者のホームディレクトリ
- $SHELL — 利用者が使っているシェル

- $PATH — コマンドを探すディレクトリのリスト
- $TERM — 端末の種類
- $PS1 — プロンプト文字列
- $PS2 — 〃 (継続行用)

そして，これらのいくつかは値を設定することによってシェルの動作を好みに合わせて調整できます．たとえば，プロンプトにカレントディレクトリやホスト名などを表示させることもできます：

```
% PS1='>>> '
>>> PS1='\w> '
~/text/tex/ecs94/sample> PS1='\u@\h '
kuno@smb PS1='% '
%
```

PS1 を設定したとたんに，シェルのプロンプトはその値に変化してしまうことに注意．なお，bash ではプロンプト文字列の中にカレントディレクトリなどを表示させるため，次のような制御列を書くことができます：

\t	現在時刻
\w	カレントディレクトリのパス名
\W	カレントディレクトリ名
\u	ユーザ名
\h	ホスト名

もう1つ重要なシェル変数として **PATH** があります：

```
% echo $PATH
.:/usr/local/X11R6/bin:/usr/local/bin:/usr/ucb:/usr/bin:/bin
%
```

すなわち，PATH にはコマンドの実行形式を集めたディレクトリのリストを「:」で区切ってならべたものが入っています．ここに自分のサブディレクトリを追加すると，そのサブディレクトリに入れた実行形式ファイルは他のコマンドと同様に使えるようになります．

```
% PATH=$HOME/bin:$PATH      ← PATH に自分のディレクトリを追加
% mkdir $HOME/bin           ←そのディレクトリをつくる
% mv a.out $HOME/bin/hello  ←そこに hello というコマンドを入れる
% hello
```

```
Hello.
%
```

これ以外にも，シェルの動作を制御する組み込みシェル変数がいくつかありますが，これらについてはそれぞれの機能の説明のところで述べます．

5.3.3 環境変数

シェル変数を拡張して，シェル以外にそのシェルから起動したプロセスにも情報を渡せるようにしたものを**環境変数**とよびます．環境変数を使うには **export** コマンドを実行する必要があります：

- export 変数名 [=値] — 環境変数を定義する

実は上に挙げたシェル変数のうち HOME, USER, PATH, TERM などは環境変数として宣言ずみですし，それ以外にも次のようなものが一般に使われます．

- $EDITOR — メールやニュースを打つのに使うエディタ
- $PAGER — メールなどを表示するのに使うページャ
- $PRINTER — 標準のプリンタ
- $MANPATH — man コマンドがマニュアルを検索してくれる場所

環境変数の一覧を表示させるのには **printenv** コマンドが使えます：

- printenv — 環境変数とその値の一覧を表示

5.3.4 ドットファイル

ここまでに出てきたシェル変数や環境変数などの設定を，ログインするたびにいちいち打ち込むのでは大変すぎます．そこで，ホームディレクトリに **.bashrc** というファイルを書いておくことで，これらの設定を自動的に行わせることができます[9]．たとえば筆者のサイトでユーザに配布している標準の .bashrc は次のような内容です：

```
ulimit -c 0       ←コアダンプファイルをつくらないように
umask 077         ←標準のファイル保護モードは「go-rwx」
PS1="% "          ←プロンプトの設定
export PATH=/usr/local/bin:/usr/bin:/usr/sbin:/bin/sbin  ←パス設定
```

---

[9] 実際には bash ではシステム全体の設定ファイルやログイン時/ログアウト時固有の設定も別のファイルで指定可能ですが，話が難しくなるので略しました．

```
export EDITOR=emacs-nw        ←標準のエディタ
export PAGER=/usr/local/bin/less   ←標準のページャ
export SHELL=/usr/local/bin/bash   ←標準のシェル
export ESHELL=/bin/sh   ← emacs のシェル窓用のシェル
export NOMHNPROC=1      ← mh の設定
export METAMAIL_PAGER=/usr/local/bin/less   ← metamail の〃
```

最初の3行を除いて大部分がシェル変数/環境変数の設定になっていますね．.bashrc の内容は自分の好みに応じて調整できるようになっておくのがよいでしょう．なお，.bashrc は変更しただけではその変更はすぐには効果を表さないので，設定内容を吟味するには **source** コマンドでそれを読み込ませてみる必要があります:

- source ファイル — ファイルをシェルに直接実行させる

「直接実行」とはどういう意味でしょうか? 実はファイルをシェルに実行させる標準的な方法は，新しいシェルのプロセスを起動し，そのシェルにファイルの内容を読み込ませて実行させることです[10]．しかし，別のプロセスを起動してそこの環境を設定しても，その設定はプロセスが終了した時になくなってしまいます．そこで，現在使っているシェルに「直接」ファイルの内容を実行してもらうのに source コマンドを使う必要があるわけです．

ここまでで，シェルの基本的な機能はひととおり解説しましたが，このほかにもコマンドを打ち込む時に知っておくと便利な機能が多数あります．次節ではそのような機能の代表的なものを紹介しておきます．

5.4 シェルのユーザサポート機能

5.4.1 ヒストリ機能

ヒストリ機能とは，これまでに実行したコマンド行を覚えておいて，再度実行するときに打ち込み直さなくてもすむようにするものです．たとえばこれまでに打ち込んで実行させたコマンドの履歴は **history** コマンドで表示させることができます:

- history — コマンドの履歴を表示

たとえば次のような感じです．

---

[10] その方が，ファイルの内容に誤りなどがあった時に現在使っているシェルに影響が及ばないので安全ですから．

```
% history
    1 who
    2 ps
    3 history
%
```

ここで，コマンドの前に書かれている番号を参照して「!番号 [RET]」と打ち込むとそのコマンド行を再度実行させられます (直前のコマンド行であれば「!! [RET]」でよい)．また，「!文字列 [RET]」とすると，指定した文字列で始まる最も新しいコマンド行が再実行できます．

ところで，文字列で探した場合には意図していたのと違うコマンド行が見つかってしまうこともありますし，前と同じままではなく少し直したいこともあります．その場合には次の方法を使います：

- ^P によって履歴を 1 コマンドずつさかのぼる．行きすぎた時は ^N で戻れる．
- または，^R によって探索モードに入り，求めるコマンドの一部を打ち込むと，打ち込んだものと同じ文字列を含むコマンド行が連続的に表示される．もし同じ文字列でもっと前のコマンド行が欲しいならそのままの状態で繰り返し ^R を打つ．
- いずれの方法ででも，求めるコマンド行が見つかったらそこで次のようなキーを用いてその行を自由に修正できる：

    ^A   : カーソルを行頭へ
    ^E   : カーソルを行末へ
    ^F   : カーソルを 1 文字右へ
    ^B   : カーソルを 1 文字左へ
    ^D   : カーソルのところにある文字を消去
    [DEL] : カーソルの直前にある文字を消去
    c   : 文字 c をそのままカーソルの前に挿入

修正が完了したら，最後に [RET] でそのコマンド行を実行させられる．

5.4.2 ファイル名展開

これまで，ファイル名の一覧を見るのには ls を使ってきましたが，実は次のようにしてもファイル名の一覧が見られます：

```
% echo *
a.out t t.c t41.c
%
```

これはなぜかというと，シェルはコマンド行入力の中に*，?，[…] などの形をした部分があると，これをファイル名を表す「ひな型」としてファイル名への展開を行うからです．これらのパターンの意味は次のとおりです：

- `*`　　　：任意の文字列とマッチする
- `?`　　　：任意の1文字とマッチする
- `[…]`　：…の中のどれか1文字とマッチする

たとえば以下のような使い方ができるわけです：

```
% echo *.c      ←「最後が.cで終るもの」
t.c t41.c
% echo ?.*      ←「2文字目に.があるもの」
a.out t.c
%
```

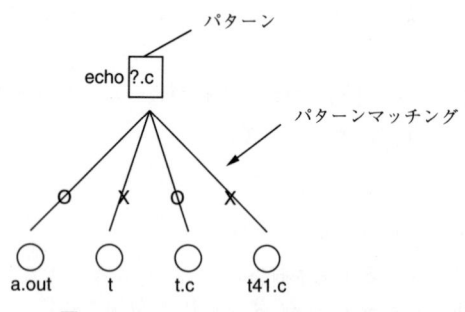

図 5.6　ファイル名のパターンマッチ

なお，ファイル名展開は図5.6のようにパターンと存在しているファイル名をつき合わせてマッチするものを取り出すので，

```
% cp *.c *.c.bak
```

のようにして「新しいファイル名を生成するのにパターンを使う」ことはできません．上のコマンド行がどう展開されるかはその前に echo をつけてみればわかります：

```
% echo cp *.c *.c.bak
cp t.c t41.c *.c.bak
%
```

これは起こって欲しいことと違うでしょう？「すべての.cで終わるファイルのバックアップを取る」のには，次のようにfor文を使います：

```
% for f in *.c
> do
> echo cp $f $f.bak
> done
```

for文はinの後に出てきた引数(これはファイル名展開される)を順番に指定した変数に入れながら繰り返しdo ... doneの間を実行してくれます(forの説明はすぐ後で再度します)．

また，ファイル名展開ではありませんが，bashやcshでは次のような書き方も使えます：

~ ： 自分のホームディレクトリに展開される
~ユーザ名 ： そのユーザのホームディレクトリに 〃
{○,…,○} ： 分配法則 (e.g. a{b,c,d} → ab ac ad となる)

5.4.3 エスケープとクォート

前節で述べたように，*などの文字を含む文字列は展開されてしまうのでそのままではコマンドの引数として渡せません．そこで，渡したい場合には次のどれかを使ってください：

- 特殊文字の前に\をつける (**エスケープ**する，という)．
- 全体を'または"で囲む (**クォート**する，という)．

たとえば次のとおり：

```
% mv t '[abc]'    ← [や]を含むファイル名
% ls
[abc]   a.out   t.c     t41.c
%
```

この例からわかるように，特殊文字がたくさんある場合にはいちいち\をつけるより引用符で囲む方が楽です．そして，'では変数の展開も起きません($はそのままになる)が，"で囲んだ場合には変数はその値で置き換えられます．

なお，初心者はシングルクォート(')とバッククォート(`)の区別がつかないことが多いようですが，これらは意味が全く違っています．バッククォートで囲むと，そ

の内部がふつうのコマンドとして実行され，その出力結果で全体が置き換えられます．これを**コマンド置換**といいます．

```
% echo "current time is `date`"
current time is Mon Dec  8 12:15:39 JST 2003
%
```

例からわかるように，"の中ではコマンド置換も行われます（'の中では行われない）．

5.4.4 コンプリーション

シェルの対話モードで使う強力な機能の仕上げとしてコンプリーション(補完)の説明をしましょう．利用者がシェルに向かって打ち込むのはコマンドであり，一方シェルはコマンドとは何と何であるかを知っています．だとしたら，長いコマンド名を全部打ち込まなくても，「わかる所まで打ち込んだらあとはシェルの方で補ってくれる」ことができるはずです．「自動的に補って完成してくれる」ところから，この機能を**補完**(completion, **コンプリーション**) とよびます．bashでは [TAB] キーを使って補完機能を働かせられます．たとえば，「mimencode」というやや長いコマンド名を打ち込む場合，次のようにできます:

```
% mi[TAB]
% mimencode _
```

最初の「mi」を打ち込んだ所で [TAB] を押すと残りの部分は bash が補ってくれるわけです．これが可能だったのは「mi」で始まるコマンドがこれ1つだけだったからで，もし複数あればこうはいきません．その場合には，[TAB] の代わりに [ESC]? を打つと，「この後に続く候補はこれだけある」という一覧表示がなされます:

```
% xl[ESC]?
xload       xlogo       xlsatoms    xlsclients  xlsfonts
% xl_
```

こちらの機能は「最初はこんな感じだったけどあとがわからない」という場合に役に立ちます．

コマンド名を入れ終ったらその後はコマンドの引数を(もしあれば)入れるわけですが，引数としてはファイル名やディレクトリ名を打ち込む場合が多いわけです．そこで，コマンド引数の位置で [TAB] や [ESC]? を使うと，bash はあてはまるファイル名を補ったり表示してくれます:

```
% ls -l [ESC]?
a.out    t         t.c       t41.c
% ls -l t[ESC]?
t        t.c       t41.c
% ls -l t4[TAB]
% ls -l t41.c[RET]
-rw-r--r--  1 kuno              156 May 14 14:25 t41.c
%
```

コンプリーションのありがたい所は，コマンドを途中まで打ったところで「あれ？ファイル名がわからない…」となった時に，打ったコマンドをあきらめて ls を使わなくてもそのままファイルが探せる点です．上の例ではカレントディレクトリのファイルを扱いましたが，もっと長い相対パス名や絶対パス名の引数も，補完を使いながら完成させていくことができます．

5.5 ユティリティとフィルタ

5.5.1 「大きなユティリティ」と「小さなユティリティ」

ユティリティというのは，現実世界ではおおむねキッチンなどの横にあって洗濯やアイロンかけなどができるようなスペースを指すようですが，計算機の世界では「ファイルの形式変換など汎用的な操作をやってくれる便利なプログラム」といった程度の意味で用いられます．

そして，「小さな政府」「大きな政府」という概念があるのと同様に，ユティリティにも「大きなユティリティ」と「小さなユティリティ」があります．大きなユティリティとは

- 1つのユティリティプログラムに，沢山の機能がついていて，何でもできてしまうことを目指すもの

のことです．たとえばアーミーナイフ (図5.7右) のようなもの，と考えればいいでしょう．それ1つで何でもできるというのは便利そうではありますが，その代わり次のような弱点があります：

- どの機能を使うかといった指定が沢山必要で，使い方が複雑になりがちである．
- どれか1つの機能だけ使いたいときでも全機能を備えたプログラムが動くので遅くなりがちだし計算機資源の無駄づかいである．

- 機能をちょっと増やすとか訂正するといったことは，その巨大なプログラムを直さなければならず面倒だし実際上不可能なこともある．

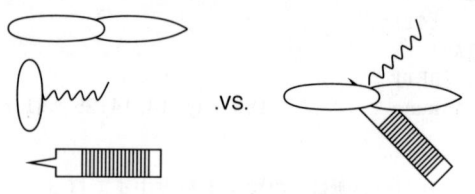

図 5.7 単機能の道具と多機能の道具

これに対して，小さなユティリティというのは

- 1つのユティリティプログラムは1つの(単純な)機能しか備えていない

ものを意味します．それではあまり使えなさそうに思えるかもしれませんが，複雑なことをやりたい場合には小さなユティリティを複数組み合わせて使えるように設計するわけです．こちらの利点は前の裏返しです:

- 1つのユティリティはごく単純で使い方もすぐわかる．
- 使いたい機能に対応するユティリティだけ動かせばすむ．
- 足りない機能があったら，その機能だけを行う小さなプログラムを書いて追加すれば既存のユティリティと組み合わせて使える．

5.5.2 フィルタ

Unix は伝統的に「小さいユティリティ」の文化をもっています．「小さいユティリティ」のためには複数のプログラムを組み合わせて動かす仕組みが必要ですが，Unix にはそれが最初から備わっていたから，というのが大きな理由です．具体的には，**パイプライン**(あるプログラムの出力を別のプログラムの入力に接続する) 機構が「プログラムどうしを組み合わせる仕組み」に相当します．つまり，次のような使い方をするわけです:

プログラム 1 | プログラム 2 | … | プログラム N

途中にあるプログラムはどれも「標準入力から入力データを読み取り，処理を行って，標準出力にデータを書き出す」という形で動作します．その形がちょうど，空気や水をろ過するフィルタに類似しているので，この種のプログラムのことを Unix では**フィルタ**と読びます．

なお，このパイプラインに投入するデータは「プログラム1」に入力リダイレクションで与えて，「プログラムN」から出力リダイレクションでどこかに保存すればいいので，これらのプログラムもフィルタであって構いません．しかし「プログラム1」はデータを生成する一方のプログラム(たとえばpsなど)であってもよいし，「プログラムN」はデータを消費するだけのプログラム(たとえば1画面ずつ表示するプログラムlessなど)であってもよいわけです．なお，Unixの多くのフィルタは，コマンド引数にファイル名を与えると標準入力の代わりにそのファイルからデータを読み出すようになっています(つまりフィルタとしてもデータ生成型プログラムとしても動作するわけです)．

ところで，このようなパイプライン処理がうまくいくためには，どのプログラムの出力も別のプログラムの入力として役立つようになっている必要があります．たとえばWord形式のファイルは一太郎では読めない，とかいったことをやっていては駄目なわけです．

では，計算機の世界で汎用的に使えるデータ形式とはどんなものでしょうか? いろいろな考え方があり得ますが，Unixの場合それは「テキストファイル」つまり人間が読み書きできるようなファイルなら何でも，という方針を取っています．そうしておけば，データを人間が用意するのも楽だし(エディタで打ち込めばよい)，途中結果もそのまま画面に表示して調べることができるわけです．

次の節では代表的なフィルタをいくつか見ながら，これらの原理がどのように具体化されているかを学ぶことにしましょう．

5.6 代表的なフィルタ

5.6.1 cat

catは初心者向けには「ファイルを画面に表示する」コマンドだと説明することが多いのですが，実際には「入力を出力にコピーする」フィルタであり，ただしファイルを指定するとそのファイルがコピーされ，出力が画面につながっている場合には画面に表示されるため，ファイルを画面に表示するのにも使えるようになっています．実はcatで入力ファイルを複数指定した場合，それらをつなげて出力するので，ファイルの連結(conCATination)に使う，というのが本来の用途です．

- cat ファイル… — ファイルや標準入力を連結して出力

また，ファイル名の代わりに「-」を指定すると，標準入力から読み込んだものがそこに入るので，パイプラインを流れるデータの前後に何かをつけ加えるのにも使えます：

```
% cat line
---------------------------------          ←ファイル line の中身は横線
% ps | cat line - line                     ← ps 出力の前後に横線をつける
---------------------------------
PID TT STAT TIME COMMAND
13038 p0 IWs+ 0:00.54 -csh (tcsh)
12116 v0 IWs 0:00.75 -usr/local/bin/tcsh
12990 v0 IW+ 0:00.23 xinit
13005 v0 IW 0:01.41 twm
---------------------------------
%
```

そのほかに，データを「加工」するためのオプションも少々あります：

- -v — 制御文字などを見える形で打ち出す．ファイルの一部に制御文字が入っていて悪さをするらしいがよくわからない，といったときに便利．制御文字だらけのファイルなら od を使ったほうがよい．
- -n — 各行に行番号をつけ加える．どうしても行番号つきで打ち出せといわれたとき思いだしましょう．

5.6.2 tr

tr は入力の各文字を (原則として)1 対 1 で別の文字に変換 (TRanslate) して出力するフィルタです．たとえばキーボードが壊れていてどうしても小文字の「a」が大文字になってしまうマシンでファイルを打ち込んだとしましょう (何てわざとらしい例!)．あとで大文字の「A」を小文字に直すのには次のようにします：

```
% cat test.txt
ThAt is A cAt.
% tr A a <test.txt
That is a cat.
%
```

tr の基本的な使い方は次のとおりです：

- tr 文字列$_1$ 文字列$_2$ — 文字を別の文字に変換

つまり「文字列₁」の1文字目は「文字列₂」の1文字目，2文字目は2文字目，というふうに対応する文字どうしの変換が行われるわけです．ほかの多くのフィルタと違って，tr だけはファイル名指定を受け付けないので，ファイル入力が必要なら入力リダイレクションを用います．

しかし，注意深い人は「そのキーボードは小文字の「a」が入らないんじゃなかったのか」とおっしゃるかもしれませんね．別のマシンに移ったんだよ，という言い訳もあり得ますが，どうしても壊れたマシンでやりたければ，任意の文字を8進文字コードで指定することができます（文字と8進コードの対応は「man ascii」で見てください）．

```
% tr A '\141' <test.txt
That is a cat.
%
```

もうちょっと実用的なのは，すべての大文字を対応する小文字に直すことでしょう．

```
% tr A-Z a-z <test.txt
that is a cat.
%
```

もちろん，これは

```
tr ABCDEFGHIJKLMNOPQRSTUVWXYZ abcdefghijklmnopqrstuvwxyz
```

と同じ意味で，連続する文字範囲を簡単に指定するために「-」が使えるようになっているわけです．ここまでは指定する2つの文字列の長さが同じでしたが，もし文字列2のほうが短ければ，文字列1のあふれた文字には文字列2の最後の文字が対応します：

```
% tr A-Za-z a <test.txt
aaaa aa a aaa.
%
```

tr にもいくつかのオプションがあります[11]．

- -c ── 文字列1に「ない」すべての文字を集めたものを改めて文字列1だと思う．

例を見てみましょう：

```
% tr -c A-Za-z /<test.txt ←英字以外の文字をすべて「/」に
ThAt/is/A/cAt//% ←改行文字が「/」になったので改行されない
```

---

[11] このあたりは Unix のバージョンによって違いがあります．

「すべての」文字に改行文字も含まれるため，改行文字まで「/」になってしまいました．これがいやなら次のようにします：

```
% tr -c 'A-Za-z\012' '/'<test.txt   ←012 は改行文字の 8 進コード
ThAt/is/A/cAt/
%
```

- -d — 文字列 1 に現れる各文字を消去する (delete)．この場合，文字列 2 は指定する必要がない．

こちらは不要な文字を削除するのに便利です：

```
% tr -d ' ' <test.txt  ←空白文字をすべて削除
ThAtisAcAt.
%
```

Windows からファイルをもってきた場合，行末に 015(キャリッジリターン文字) が余分についているため，「tr -d '\015'」を使って取り除く，というのが常套手段です．

- -s — 置き換えが連続して起こる場合には，最初の 1 個だけ出力 (squeeze)．

これも使い方がわかると便利です．たとえば単語の「数だけ」知りたい場合は，次のようにすればいいわけです：

```
% tr -s A-Za-z a <test.txt
a a a a.
%
```

これらのオプションを組み合わせると，いろいろ役に立つフィルタになります．たとえば「tr -cd 'A-Za-z \012'」は，英字と空白と改行以外のすべての文字を消してしまうので「きれいな」テキストファイルがつくれますし，「tr -cs A-Za-z '\012'」は英字以外のものの並びをすべて改行文字 1 個に置き換えるので，各単語を 1 行ずつバラバラにしたファイルがつくれます．このように tr は機能自体は単純なのにアイデア次第でいくらでも応用が効く，「フィルタの鑑」だといえます．

5.6.3　grep 族

grep, fgrep, egrep の 3 つのコマンドはいずれも「入力のなかにあるパターンを含む行があったら，その行全体を打ち出す」という機能を提供する同類のフィルタです (指定方法は 3 つとも同じ)．

- grep パターン ファイル… ── ファイル中でパターンを含む行を出力

オプションも次のものが3つ共通に使えます．

- -v ── パターンを「含む行」の代わりに「含まない行」を打ち出す．
- -n ── 行を打ち出す際に行番号を一緒に打ち出す．

そして，3つの違いはパターンとして何が書けるかの違いになります．まずfgrepの場合，パターンとして単なる文字列のみが書けます．たとえば「that」をいつも「taht」打ってしまうくせがある人が，そのまちがいをチェックしたければ次のようにします：

```
% fgrep taht wrong.txt
What is taht?
%
```

しかし，「That」のように文の頭にくるときは大文字なのでこれではみつかりません．そのような場合にはgrepのパターンを使えばよいのです：

```
% grep '[Tt]aht' wrong.txt
Taht is a cat.
What is taht?
%
```

「[…]」はシェルのファイル名置換と同様，「…」の部分のどれか1文字にマッチするパターンです．なお，「[」と「]」はシェルのメタキャラクタなので，grepにパターンとして渡すときには「'…'」で囲む必要があります．では，fgrepの存在意義は何でしょうか？それは，たとえば「[」という字を探したければfgrepで探すほうが簡単なわけです．grepで探したい場合には「\[」のように前に「\」をつけなければなりません．

さて，thatだけでなくthisもthsiと打ってしまう人が両方探したい場合はどうでしょうか．そのときはgrepでも力不足で，egrepで次のように指定します：

```
% egrep '[Tt](aht|hsi)' wrong.txt
Taht is a cat.
What is taht?
Thsi isn't a dog.
% ...
```

丸かっこは「くくり出し」を，縦棒は「または」を表しています．この丸かっこと縦棒がegrepで加わった機能なわけです．ここでパターンについてまとめておきましょう．

- c ── c という文字そのもの．

- [⋯] ― ⋯のうちどれか1文字
- . ― 任意の1文字 (シェルのパターンでは「?」だった).
- ˆα ― 行の先頭のα
- α$ ―行の末尾のα
- α? ― αまたは空. (1)
- α* ― αというパターンの0個以上の繰り返し. (1)
- α+ ― αというパターンの1個以上の繰り返し. (1)
- (⋯) ― くくり出し. (2)
- α|β ― αまたはβ. (2)
- ⋯ ― ⋯のところを一時的に覚える. (3)
- \1, \2 ― 覚えたものの1番目, 2番目, ⋯. (3)

(1) は grep ではパターンαが1文字に対応するパターンでなければならないという制約があります. (2) は egrep のみの機能です. 一方 (3) は grep のみの機能です. また, 「.」の長い連続など, 組み合わせが爆発的に多くなるパターンは egrep では実現上うまく扱えません. というわけで, grep と egrep は適材適所で使い分ける必要があるわけです.

　おもしろい練習として, /usr/share/dict/words という英単語がたくさん入ったファイルからパターンに合った単語を取り出してみるとよいでしょう (less を使うのは, たくさんあてはまったとき, 1画面ずつ止まりながら見るためです):

```
% (e)grep 'パターン' /usr/share/dict/words | less
```

おもしろそうなパターンの例をあげておきます:

```
'[aeiou][aeiou][aeiou]'   母音が3つ続く単語
'tion$'                   末尾が tion で終わる単語
'ˆz'}                     z で始まる単語
'ˆ.........$'             長さ10文字の単語
'\(...\)\1'               3文字の反復を含む単語
'\(.\)\(.\).\2\1'         5文字の回文を含む単語
```

もちろん, うろ覚えの単語を探すという実際的な使い方もあるわけです.

5.6.4 sed

tr による文字置換はとても強力ですが，しかし「自分はどうしても that を taht と打ってしまうので，これを正しく直したい」といった仕事には無力です．というのは，tr は入力の各文字をバラバラに扱うので，特定の 2 文字の組みを置き換えるのには使えないからです．連続した文字列の置き換えには **sed** (stream editor) が適役です:

- sed コマンド ファイル… ― コマンドに従って入力を加工する

たとえば上の例題は次のようにしてできます:

```
% cat wrong.txt
What is taht?
% sed 's/taht/that/' wrong.txt
What is that?
%
```

この「s」(substitute) コマンドだけ覚えておけばほとんど十分でしょう (ほかのコマンドについては man ページで調べてみてください)．なお，ただの s コマンドは 1 行に 1 回しか置き換えを行いませんが，taht が全部 that になるまで繰り返しやりたければ「's/taht/that/g'」のように末尾に「g」をつけてください．

たったこれだけ…? と思うかもしれませんが，実はこの「s」コマンドによる置き換え指定のなかには grep と同じパターンが書けるので，これだけでかなり強力な修正ができます:

```
% cat test.txt
a 21
is 10
this 3
% sed 's/\(.*\)\( *\)\(.*\)/\3\2\1/' test.txt
21 a
10 is
3 this
```

これはどう読むかというと，「入力行を任意の文字列 1 と，空白のならび 2 と，また別の任意の文字列 3 にマッチさせ，それ全体を 3, 2, 1 の順でつなげたものに置き換える」という意味になるのです．

場合によっては，こういう置き換えを多数やりたいかもしれません．その場合は

```
sed -e 's/Thsi/This/g' -e 's/Taht/That/g'
```

のように各コマンドのまえに-eオプションをつければ，いくつでもコマンドが書けます．あるいは，

```
s/Thsi/This/g
s/Taht/That/g
```

のように多数のコマンドを並べたファイルを準備しておき，「`sed -f` ファイル」の形で指定することもできます．`sed`は入力の各行についてファイルのなかにある命令を1行ずつ「実行」してくれます．つまり，これは一種の「プログラム」なわけです．

5.6.5 sort と uniq

sort はファイルの行を指定した順番に並べ替えるコマンドです．

- **sort** ファイル… ― 行単位での並べ替え

いちばん簡単には，何もオプションを指定しないと，**sort** は行全体を比較して，その文字コード大小順にもとづき，行を小さい順に並べます：

```
% cat test.txt
this
is
a
pen
% sort test.txt
a
is
pen
this
%
```

しかし，文字コード順だと $A < B < \ldots < Z < a < b < \ldots < z$ なので，大文字と小文字が混ざっているとあまり嬉しくないかもしれません：

```
% cat test.txt
This
is
a
pen
% sort test.txt
This
a
is
```

```
pen
%
```

このようなときには「-1」(letter:英字) オプションを指定すれば $a < A < b < B <$
$\ldots < Z < z$ の順番にしてくれます．また，数値データも文字コード順で比較されると
あまり嬉しくありません：

```
% cat test.txt
10
2
1
% sort test.txt
1
10
2
%
```

つまり，文字コード比較だと「1」で始まるものが全部終わってからはじめて「2」で
始まるものがきます．数値の場合には「-n」(number) オプションを指定することで，
数値としての順に並べてくれます．さらに，いつでも「-r」(reverse:逆) オプションを
追加することで小さい順ではなく大きい順に並べられます．

　行全体ではなく，行の特定の部分にもとづいて並べ変えを行わせることもできます．
その指定方法は少し面倒ですが，いちばん簡単には「+0」「+1」などと指定すること
で「最初の欄」「2番目の欄」などを指定できると覚えておけばよいでしょう．より正
確には「man sort」でマニュアルを調べてみてください．

　ふたたび，行全体を整列する場合に戻りますが，「どのような行があるか」だけを知
りたい場合には重複を除く (つまり同じ行が複数あった場合に1行だけ残してあとは
消してしまう) ほうが望ましいですね．一般のファイルについてこれをやるのはたい
へんそうですが，整列したあとなら同じ内容の行が隣り合っているので簡単にできま
す．それをやってくれるのが **uniq** というフィルタです：

- **uniq** ファイル… ── 整列後のファイルの重複を除く

たとえば単語リストでこれを行ってみましょう：

```
% cat test.txt
this is a pen.
what is this?
% tr -cs A-Za-z '\012' <test.txt
this
```

```
    is
    a
    pen
    what
    is
    this
% tr -cs A-Za-z '\012' <test.txt | sort
    a
    is
    is
    pen
    this
    this
    what
% tr -cs A-Za-z '\012' <test.txt | sort | uniq
    a
    is
    pen
    this
    what
%
```

なお，uniqに-c(count)オプションを指定すると，同じ行がいくつずつあったか数えてくれます：

```
% tr -cs A-Za-z '\012' <test.txt | sort | uniq -c
   1 a
   2 is
   1 pen
   2 this
   1 what
%
```

5.6.6 そのほかのよく使うフィルタ

あといくつか，よく使うフィルタについて簡単に説明しておきます：

- **expand** — タブを空白で置き換える

Unixではファイルにタブ文字を使ってあることがあります．タブ文字があると，画面上の表示は次のタブ位置(普通は8の倍数の欄)までジャンプするので，表のようなものをつくるには便利です．しかし，プリンタに出したり特定の文字位置を抜き出すな

どの処理をするには，タブ文字を (そのジャンプ幅に相当する個数の) 空白に置き換えておきたい場合が多いので，そのようなときに expand を使います．

- **fold** -文字数 — 指定した文字数を越える行を折り畳む

Unix では行の長さがひどく長いと表示も処理もやりにくいのですが，日本語ワープロなどからもってきたファイルなどは1つの段落が1つの行に対応する形式になっていたりします．そのような場合は，fold を使って決まった長さを越えるところに改行を入れてやるといいわけです．ただし，日本語対応の fold でないと漢字の1バイト目と2バイト目の途中でも構わずに改行してくれる (当然，文字化けします) ので注意が必要です．

- **head** -行数 — 先頭から指定した行数のみ取り出す
- **tail** -行数 — 末尾から指定した行数のみ取り出す

これらはファイルの先頭 N 行または末尾 N 行だけをもってくるフィルタであり，長いファイルの頭のほうだけ，ないし終わりのほうだけみたい場合に使います．行数を省略すると 10 行分取り出されます．

5.7 まとめと演習

　この章では Unix のコマンドインタプリタであるシェルについて，その各種機能を概観し，続いてシェルの機能を使って組み合わせて利用できるような Unix のユティリティ群を見てきました．これらの機能を活用できると，Unix を使って自在に作業ができるようになると思います．

5-1. 自分用のコマンドディレクトリがなければ用意し，コマンドパスにも入れなさい．適当な実行形式ファイルをコマンドディレクトリに入れ，その「新しい」コマンドが自分の現在位置に関わらず実行できることを確認しなさい．そこににシステム標準と同じ名前 (たとえば ls など) のコマンドを置いた場合，システムのものとどちらが優先されますか？またはどちらが優先されるかを制御できるでしょうか？

5-2.「-」で始まるファイルを実際につくってみなさい．次にそれを消す方法をできるだけ多く (少なくとも2通り以上) 試しなさい．

5-3. 英単語が多数入ったファイル (たとえば/usr/share/dict/words) を材料に，次の項目から3つ以上調べてみなさい (各種フィルタを組み合わせてやる):

    a. 末尾が tion, tive で終わる単語それぞれの個数．

    b. tion, tive を含むがこれらが末尾にない単語の数 (と代表例)．

    c. 一番長い単語[12]．

    d. 長さ何文字の単語はいくつあるかの表[13]．

    e. 一番多くの母音を含む単語[14]．

    f. 一番長い連続した母音列を含む単語[15]．

5-4. ls -l でカレントディレクトリにあるファイルの一覧が詳細に表示されますが，この中の「ファイルの大きさ」と「名前」だけを取り出して，大きい順に並べてチェックしたいものとします．これまでに学んだツールを使ってやってみなさい (または，サブディレクトリまで全部チェックできるので du -a の出力を大きい順に並べるのでもよいです．ただし数字が左づめになっていると見にくいのでその場合は右づめに加工すること)．

---

[12] ヒント: すべての文字をたとえば「@」にしてその後逆順に整列すれば先頭に一番長い行がきます．
[13] ヒント: 前問のヒントどおりにやった後 uniq -c を使う．
[14] ヒント: 母音のみを「@」，それ以外の普通の文字を削除した後で前々問のようにすれば，最も多くの母音というのは何個かわかります．
[15] ヒント: 母音のみを「@」，それ以外をすべて改行文字にした後逆順ソートすると，最も長い母音列は何文字かわかります．

6 グラフィカルユーザインタフェース

前章ではコマンド行インタフェースとその強力さを中心に学びましたが，今日の計算機システムではグラフィクス表示とそれに基づくユーザインタフェースも不可欠の存在です．この章ではユーザインタフェースの歴史からはじめて，Unix のウィンドウシステムの標準である X Window を題材に，ウィンドウシステムや GUI のさまざまな概念について学びます．

6.1 ユーザインタフェースとウィンドウシステム

6.1.1 ユーザインタフェースの歴史

利用者と計算機の間でやりとりする方式や機構のことをユーザインタフェースとよぶことは前章で説明しました．そして，ユーザインタフェースのあり方は当然ながら，計算機が利用者とやりとりする手段としてどのような入出力装置をもつかによって大きく影響を受けます．入出力装置とユーザインタフェースの変遷の歴史を大まかにまとめると次のようになるでしょう:

- コンソールパネル: 押しボタン，スイッチ，ランプなどの集まり．主記憶とレジスタの内容を読み書きするという形でビット列そのものを扱い，とにかく「0」と「1」しか入出力できない．
- オフライン媒体: パンチカードとか，紙テープ．文字の形で入出力できる，という点では大きな進歩だが，「あらかじめ別の場所で用意したものを読み込ませる」だけなので融通が効かない．出力はプリンタへの印字．
- テレタイプ端末: キーボードと印字装置を備えていて，打ち込んだ文字が計算機に伝わり，計算機が指示した文字が印字される．その場で対話的に計算機を使えるという点では大きな進歩だったが，表示速度がきわめて遅かった．また，

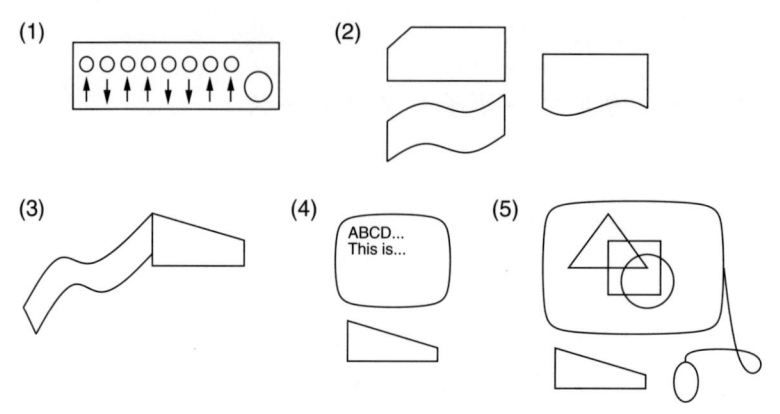

図 6.1 計算機と人間の対話手段の変遷

ファイルの編集も「この行のここをこう直す」というコマンドを打ち込んではその行付近を表示し直す，という形で行うしかなかった．

- 画面端末: テレタイプ端末の表示部分を画面にしたもので，これによって画面エディタ (いつも編集している付近が見られる) がつくれるようになった．ただし，表示できるものは文字だけだし，画面もそれほど広くないので，同時に複数の作業を表示させておくのは現実的でなかった．
- グラフィカルユーザインタフェース (**GUI**): 表示装置は任意の位置に任意の色や形の図形を表示させられるようになり，またキーボード以外に**ポインティングデバイス** (マウスやペンなど) が備わり任意の位置を入力できる．

非常にかいつまんで整理すると，ユーザインタフェースの変化とは，計算機が非常に高価で人間が計算機に歩みよってやりとりをしていた時代から，逆に計算機は安価になりその能力を人間に歩み寄るためにふんだんに使える時代への変化だと考えることができます．そして，現在一般的になっている GUI では単に「見ためのかわいさ」や「ちょっと気の効いた動き」のためにグラフィクスやアニメーションを存分に使うことも当り前になっています (そこまでするのがいいかどうかという議論もありますが)．

なお，GUI の機能を実現するためのソフトウェア群を総称して**ウィンドウシステム**とよびます．OS によってはウィンドウシステムはその一部として最初から組み込まれていますが，Unix などでは OS とは別のソフトウェア群として開発されてきました．

このようなソフトウェアを最初に開発したのは Xerox 社で，**Alto** というシステムが現在のような GUI をもつシステムの「はじまり」とされています．その後 Xerox 社

6.1 ユーザインタフェースとウィンドウシステム

ではこれを改良したものを文書作成用システムとして，Star という商品名で売り出しましたが，あまり成功しませんでした．

一方，Alto に影響を受けた Apple 社の Mac OS，さらにその影響を受けた (といわれている)Microsoft 社の Windows はパーソナルコンピュータの普及とともに世の中で広く使われるようになりました．

一方 Unix については，初期のうちは OS として Unix を採用したメーカ各社がそれぞれ別個に独自のウィンドウシステムを開発し搭載していました．しかし 1980 年代以降，MIT が DEC 社等と協力して開発した **X Window** というシステムを無料公開し，各社のシステムがこれを搭載するようになったため，現在では X が Unix システムでは共通のウィンドウシステムになっています．

X はもともと土台となる OS からは独立したプログラム (群) として動くようにできているため，その構造や動作を調べたりするのには都合がよくなっています．以下ではまずウィンドウシステムや GUI の一般的な説明から始め，続いて X を題材として，ウィンドウシステムや GUI のさまざまな側面を見て行くことにしましょう．

6.1.2 ウィンドウシステム/GUI の外観

ではここで，ウィンドウシステムや GUI とはどんなものか改めて見てみましょう．図 6.2 に，典型的なウィンドウシステムの「道具だて」を示します．

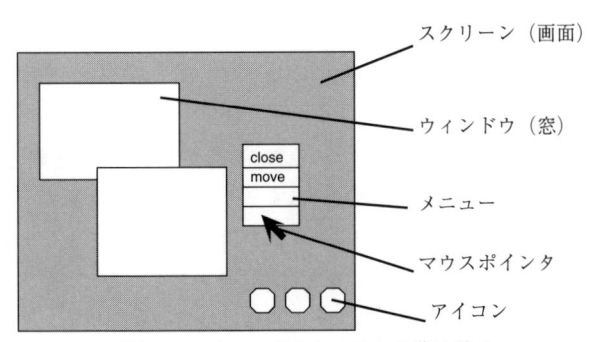

図 6.2 ウィンドウシステムの道具だて

まず，**スクリーン** (画面，利用者がこの上でさまざまな作業をすることから**デスクトップ**とよばれることもある) は通常，表示装置の画面全体に相当します[1]．

---

[1] ただし，自分が使っているシステムの窓の 1 つによそのシステムのデスクトップを表示させてそのシステムを使えるような仕組みも多く使われています．

画面の中には複数の**ウィンドウ**(窓)が存在していて，その中でさまざまな作業を行うことができます．ウィンドウシステムの出現以前は，画面の中では一時に1つの作業しかできず，ある作業をやりながら時々別の作業もしたい時は前章で説明したジョブコントロールなどの仕組みを使って切り替える必要がありました．それと比べて，単に作業ごとに別の窓を開いておけばよく，1つの作業の表示を見ながら別の作業をこなせるウィンドウシステムは大きな進歩だといえます[2]．

複数の窓の作業のうちで現在どれを取り扱っているか(たとえばキー入力をどのプログラムに渡すか等)は，マウス等のポインティングデバイスによって切り替えるのが普通です[3]．画面上に，マウス等の動きに対応して動く矢印などの目印(**マウスポインタ**)があり，これで「現在どこを指しているか」が利用者にフィードバックされます．窓を切り替える時の流儀としては，単にポインタがどれかの窓の領域に入っただけで切り替わる流儀と，窓の領域に入った後でマウスボタン等をクリックすると始めて切り替わる流儀とがあります．

画面に表示されるものは作業用の窓以外にもさまざまなものがあります．代表的なのが**アイコン**で，これは小さな絵などによって「何か」を表したものです．「何か」としても，たとえば次のようなさまざまな流儀があります．

(a) フロッピー，ハードディスク，プリンタなどの装置
(b) ファイルやディレクトリ
(c) 起動できるプログラム
(d) 特定の操作や機能
(e) 窓を一時的に閉じたもの

ある特定のユーザインタフェースで，どの流儀(複数が混ざっている場合もあります)を採用するかは，そのユーザインタフェースをデザインする人次第で違ってきます．たとえばWindowsやMacintoshではアイコンはおもに(b)を表しますが，プリンタアイコンなどは(a)，ごみ箱アイコンなどは(d)を表しているといえます．Xの場合は，後で説明するようにウィンドウシステム自体は特定のユーザインタフェースを規定しないため一律にはいえませんが，もともとの流儀としては(e)に近いといえます．

なお，ここまでに述べたのはデスクトップ(画面)全体についての話であり，個々の

---

[2] ただしこれには，複数の窓を開いておいてもそれぞれの窓に十分な量の情報が表示できるようなディスプレイ装置の普及のおかげという側面もあります．

[3] このほか，キーボードからマウスに手を移さなくてもすむように，キー操作だけでも切り替えができるようにしてある場合もあります．

窓の中がどのようであるかは，その窓に対応するプログラムにすべて任されています．

6.1.3 ウィンドウシステムの構造

ウィンドウシステムの外観は上記のようなものでしたが，ではそのようなシステムはどのような構造をもっているのでしょう？ CPU と計算機の画面は，ハードウェア的には図 6.3 にあるように，フレームバッファを介してつながっています．

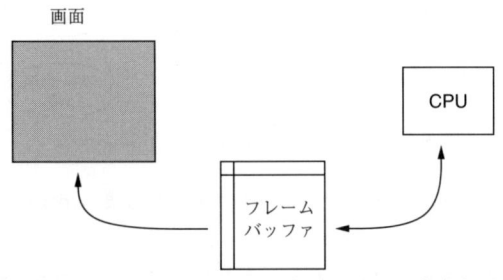

図 6.3 フレームバッファとビットマップ画面

フレームバッファは CPU から見れば普通の主記憶と同様に読み書きできるメモリですが，ただし書き込むとその場所に書き込んだビット列がそのまま対応する画面上の点の輝度の明暗 (カラーの場合は 3 原色の明暗) に対応して現れるようになっています．これは，ビデオコントローラがフレームバッファの内容を読み出してそれに基づきビデオ信号を生成することで行われます (図 6.4) [4]．

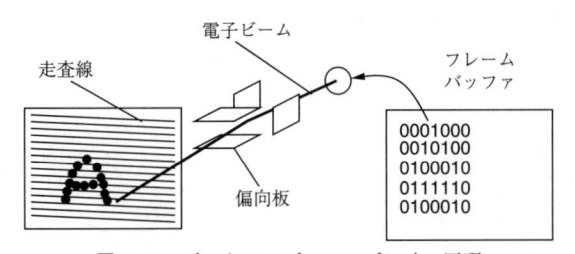

図 6.4 ビットマップディスプレイの原理

さて，このようなハードウェアがあったとして，その上で先に見たようなウィンドウシステムをつくるとしたらどのように設計すればよいでしょう？

---

[4] 図は CRT(ブラウン管) ですが，液晶ディスプレイの場合はディスプレイ内部のコントローラがビデオ信号に基づいて個々の液晶セルの明滅を制御して CRT と同様の表示を作り出します．

1つの方法は，窓を作り出す各プログラムそれぞれが「自分の窓はどこどこにあるから，その場所に窓の内容を描こう」という形で動く方法，つまり各窓のプロセスに任せるやり方です (図 6.5)．

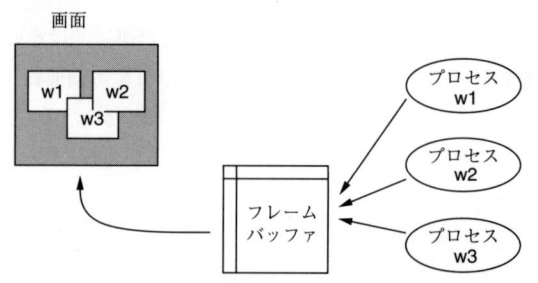

図 6.5 直接描画方式のウィンドウシステム

この方式は，各プログラムがフレームバッファに直接書き出すので性能的には有利ですが，各プログラムが描画に必要なグラフィクスのコードをもつ必要があります (実際には決まったライブラリを組み込むだけですが)．また，この方式だと各窓の重なり具合によって隠れているところを互いによけて描く必要がありますし，そうしたとしても実際にはそれぞれが勝手に自分の窓の中身を描くわけにはいかず，どこかに「順番を調整する」部分が必要です (たとえば他のプログラムが描いている最中に自分の窓をその上に移動して隠そうとしたら，描いている方を止める必要があります)．

そこで，**ウィンドウサーバ**とよばれるプロセスを1つ用意し，このプロセスが窓をつくる各プロセスの依頼を受けてフレームバッファへの書き込みを管理する，**サーバ方式のウィンドウシステム**が考案されました (図 6.6)．X Window はサーバ方式のウィンドウシステムとして広く普及した最初のものです．

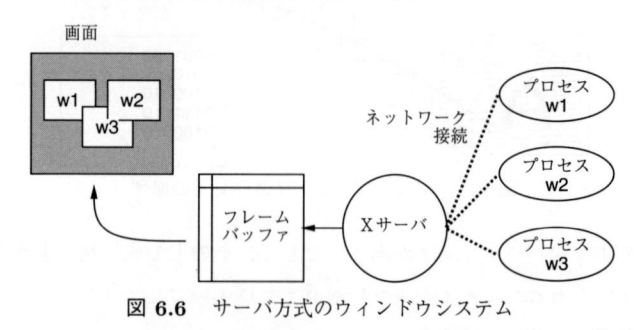

図 6.6 サーバ方式のウィンドウシステム

この方式では，各種の描画ルーチンはサーバのみがもてばよく，また窓の重なりを

考慮した描画もサーバが一括して行います．各窓に対応するプロセスはサーバとネットワーク通信機能によってつながり，サーバに対して「窓をつくって欲しい」，「窓のどこにどんな図形/文字列を描いて欲しい」などの要求を出します．また，利用者のキー入力やポインタ操作の情報もサーバが受け取って各プログラムに通知します[5]．

　サーバ方式のウィンドウシステムでは，サーバと各プロセスが通信できさえすればいいので，**各プロセスはサーバと同じマシンにいなくてもいい**という利点があります．サーバはフレームバッファに書き込むので，必ず画面のある計算機で動かす必要がありますが，その他のプロセスはそれぞれの仕事に都合のよいマシンで動かすことができます (図 6.7)．

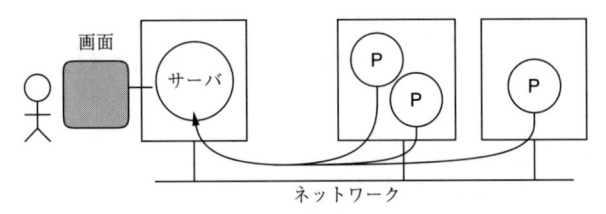

図 6.7　ネットワーク透過なウィンドウシステム

　この時，各プロセスはサーバ以外のマシンで動作していても，利用者にとっては手もとのキーボードやマウスで入力を行い手もとの画面でその表示を見ますから，プロセスがネットワークの向うにあることは意識されません．このような (ネットワークが間に介在していてもそのことを意識させないという) 性質を**ネットワーク透過性** (ないし分散透過性) といいます．ネットワーク透過であることの利点としては次のものがあります．

- 同じプログラムを，各システムの負荷に応じて一番資源に余裕のあるところで動作させることができる．
- 複数のマシンの資源を1ヶ所に座ったままで利用できる．
- 特別なマシンでしか動かせないプログラムでも，そのマシンの前に行かずに使うことができる．
- 手もとのマシンがサーバの動作に専念できるので，サーバを効率よく動かすことができる．

---

[5] さらに進んだ方法として，サーバ内部にプログラム言語の実行系を用意し，必要に応じて実行時にサーバの機能を拡張していける方式 (プログラマブルサーバ方式) が考案されましたが，通常の (窓を作り出す) プログラムとサーバ内のプログラムの両方を取り扱うという煩雑さのせいか，必ずしも普及しませんでした．

ウィンドウシステムの基本的な構造についてわかったところで，次節では X Window を題材としてその具体的な機能や仕組みについて見ていくことにします．

6.2　X Window System

6.2.1　クライアント

X はサーバ方式のウィンドウシステムであり，窓をつくるプログラム (これをサーバと対比して**クライアント**とよびます) はどのマシンで動いていても構いません．しかし，ネットワーク中にはいろいろな人のサーバが同時に動いているはずです．「どのサーバに窓をつくるか」はどうやって決めるのでしょう？ これは次のようになっています．

- プログラムを起動する時，「`-display` ホスト名:0.0」というオプションを用いて明示的に指定する．
- 環境変数 `DISPLAY` に「ホスト名:0.0」なる文字列が入っていて，これによって定まる．

オプションの指定があればそれは環境変数に優先します．

ところで，この指定で誰がどの画面にでも窓をつくれるのでは安全上問題があります．そこで，通常の状態では画面保護がかかっていて，その画面で X を起動した人にしかその画面の窓がつくれなくしてあります．この保護を外したり元に戻したりするのには `xhost` コマンドを使い，次のようにして制御します：

- `xhost` ホスト名 — 指定したホストから窓がつくれるように許可する
- `xhost +` — 任意のホストから窓がつくれるように許可する
- `xhost -` — 許可を取り消し，元の保護状態に戻す

ただし，実験用に保護をちょっと外すのは構いませんが，いつも外していると他人に自分の X サーバに接続されて悪さをされる恐れがあります．注意しましょう．

クライアントに対して共通に指定できる`-display` 以外のオプションとして，クライアントの窓の位置や大きさを指定するものがあります．これは

　　　　`-geometry` 幅 x 高さ+X 座標+Y 座標

という形で指定します．座標は画面の左隅/上隅からの距離で指定しますが，座標の前の符合を+の代わりに-にすることで，それぞれ画面の右隅/下隅からの距離でも指定できます．

X上で動作するクライアントは非常に多種多様ですが，代表的なものを挙げておきます．

- kterm, xterm — 端末エミュレータ(日本語/英語版)
- xpaint, gimp — お絵描き/画像加工ソフト
- kdraw, tgif — 図作成ソフト
- xv, display — 画像表示ソフト
- xclock, oclock — 時計
- xcalc — 電卓
- xbiff — メールがきているかどうか表示

これらのうち**端末エミュレータ**というのは，6.1節で出てきた画面端末の「まね」(エミュレーション)をするプログラムであり，その中でシェルを動かしてコマンドを打ち込むのが主な用途です(いわゆる「コマンド窓」)．もともとUnixは，シェルにコマンドを実行させることで何でもできるシステムでしたから，Xがつくられた時もまずはコマンド窓をつくってそこでコマンドを打ち込み作業するようにしたわけです．

なお，端末エミュレータは文字を入力し文字を出力するプログラムなら何を動かすのに使っても構いません．たとえばktermは「-e コマンド 引数…」というオプションを指定することで任意のコマンドを指定でき，「kterm -e tr a b」を実行すると，窓に打ち込んだものは何でもそのまま打ち返され，ただし「a」はすべて「b」に置き換えられます(何の役に立つということもないですが)．

ただし，図や画像を扱うのはコマンド窓ではすみませんから，そのためのプログラムが次につくられました．また，時計や電卓みたいなアクセサリ的な小物も，Xの機能のデモンストレーションを兼ねてつくられたわけです．

外見や使い方の話題はこれくらいにして，次節以降ではXの内部で起きていることを観察したり試したりできるような話題を通じて，ウィンドウシステムの仕組みを体感して頂くことにしましょう．

6.2.2 窓情報の収集と整理

Xではディレクトリの階層構造と同様に，窓のなかに子供の窓，孫の窓，…を置く

ことができます．実は普段「背景」と思っている部分も (ルートディレクトリと同様)
ルートウィンドウとよばれる窓でして，普段見ている窓はすべてこの窓の子孫にあた
ります．ある窓について，子供があるか等の各種情報を見るのには **xwininfo** を使い
ます．

- `xwininfo -id` 窓 ID — 窓に関する各種情報を表示
- `xwininfo -id` 窓 ID `-children` — その窓がどのような子供の窓をもつかを
  表示

なお，**窓 ID** というのは X サーバの中で管理のためにそれぞれの窓につける固有番
号 (プロセス ID のようなもの) です．窓 ID がわからない場合には何も指定しないで
`xwininfo` を動かすとカーソルが十字形になり，調べたい窓の上でクリックすることで
窓を指定できます．

```
% xwininfo
xwininfo: Please select the window about which you
          would like information by clicking the
          mouse in that window.
(ここで背景のところをクリックした)
xwininfo: Window id: 0x25 (the root window) (has no name)
  Absolute upper-left X:  0
  Absolute upper-left Y:  0
  Relative upper-left X:  0
  Relative upper-left Y:  0
  Width: 1152
  Height: 900
  Depth: 1
  Visual Class: StaticGray
  Border width: 0
  Class: InputOutput
  Colormap: 0x21 (installed)
  Bit Gravity State: ForgetGravity
  Window Gravity State: NorthWestGravity
  Backing Store State: NotUseful
  Save Under State: no
  Map State: IsViewable
  Override Redirect State: no
  Corners:  +0+0  -0+0  -0-0  +0-0
  -geometry 1152x900+0+0
```

これを見ると，ルートウィンドウの ID は 0x25 だとわかります．次にルートウィン
ドウの子供を調べてみます．

```
% xwininfo -id 0x25 -children
   xwininfo: Window id: 0x25 (the root window) (has no name)
   Root window id: 0x25 (the root window) (has no name)
   Parent window id: 0x0 (none)
      12 children:
      0x800021 (has no name): ()  144x217+581+539   +581+539
      0xc00038 (has no name): ()  564x697+300+100   +300+100
      0xc00033 (has no name): ()  100x100+1048+0    +1048+0
      0xc00032 (has no name): ()  78x17+0+0   +0+0
      0xc00031 (has no name): ()  5x5+0+0   +0+0
      0xc00025 (has no name): ()  150x69+0+0   +0+0
      0xc0001d (has no name): ()  99x72+0+0   +0+0
      0xc0001c (has no name): ()  99x72+0+0   +0+0
      0xc0001b (has no name): ()  105x198+0+0   +0+0
      0xc0001a (has no name): ()  105x198+0+0   +0+0
      0xc00019 (has no name): ()  101x144+0+0   +0+0
      0xc00018 (has no name): ()  101x144+0+0   +0+0
%
```

ずいぶん沢山ありますが，これはXではメニューやアイコンも窓であり，現在表示されていなくても窓としては存在しているためです．どれがどの窓かを知るには **xwd** と **xwud** を組み合わせて使えます．

- `xwd` — 窓の中身を XWD 形式データとして標準出力に書き出す (X Window Dump)
- `xwud` — XWD 形式データを読み込み新しく開いた窓に表示する (X Window UnDump)

先の例の ID が 0xc00033 の窓についてこれらを使ってみます．

```
% xwd -id 0xc00033 | xwud
```

この結果図 6.8 のようなものが表示されました．つまり，この窓は時計の窓だったわけです．なお，xwd も ID を指定しない場合は，十字カーソルで取り込む窓を指定します．

6.2.3 フォント

X に限らず，ウィンドウシステムでは画面上にさまざまな形の文字が表示できます．ここでたとえば，「a」という文字と「b」という文字が全く違うデザインだったりすると，それらを組み合わせて単語を表示させたとき見づらいでしょうから，英語用なら

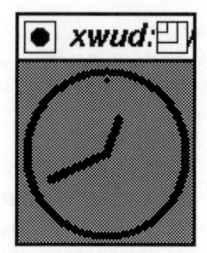

図 6.8　xwd + xwud の表示例

アルファベットと記号一式，日本語用ならひらかな，カタカナ，漢字等一式を合わせてデザインします．これを**フォント**とよびます[6]．

Xでは現在どんなフォントが利用可能かを表示したり，あるフォントがどんな形の字かを見てみるのに **xlsfonts，xfd，xfontsel** などのコマンドを使います．

- **xlsfonts** — 利用可能なフォントの一覧を表示
- **xfd -fn** フォント指定 — 指定したフォントの文字を表示して見せる
- **xfontsel** — 各パラメタをその場で変更してフォントを選べる

たとえば，**xlsfonts** の出力例 (長いので冒頭だけ) を示します．

```
% xlsfonts
-adobe-courier-bold-i-normal--0-0-0-0-m-0-iso8859-1
-adobe-courier-bold-o-normal--0-0-100-100-m-0-iso8859-1
-adobe-courier-bold-o-normal--0-0-75-75-m-0-iso8859-1
-adobe-courier-bold-o-normal--10-100-75-75-m-60-iso8859-1
-adobe-courier-bold-o-normal--11-80-100-100-m-60-iso8859-1
-adobe-courier-bold-o-normal--12-120-75-75-m-70-iso8859-1
....
```

この一見ややこしい長い文字列は実は次の形をしています．

-作者-書体名-太さ-傾き-種別--ドット-ポイント-**Xres**-**Yres**-間隔-幅-字種

それぞれの部分の意味は次のとおりです．

- 作者: メーカ名など
- 書体名: Helvetica，Times，など文字の形を示す
- 太さ: medium(普通)，bold(太い) など

---

[6] さらに，同じデザインでさまざまな文字サイズのフォントを用意したり，ボールドやイタリックなどのバリエーションももたせたりしますが，このような共通のデザインをもつフォントの集まりを**フォントファミリ**とよびます．

6.2 X Window System

- 傾き: r(立体—普通)，o(oblique, 傾いている) など
- 種別: だいたいは normal
- ドット: 画面上の点何個幅か
- ポイント: ポイント数×10 の値
- Xres, Yres: X 方向，Y 方向の画面解像度
- 間隔: c(constant, 各文字の幅が一定), p(proportional, 可変)
- 幅: 1 文字あたりの平均幅
- 字種: iso8859-1(普通のアスキー用), jisx0208.1983-0(漢字), jisx0201.1976(JIS8 ビット—いわゆる半角), gb2312.1980-0(中文), ksc5601.1987-0(ハングル), などがある．

`xfontsel` を使えばこれらの各部分をメニュー形式で選択して調べられます．実際にフォント指定をするときに，この長い文字列を全部書くのでは大変なので，任意の部分について「*」と書くことで「そこは何でもいい」と指定できます．たとえば

```
xfd -fn '*-helvetica-bold-r-*--12-*'
```

とすれば，helvetica 書体のボールド立体 12 ドットフォントが指定できるわけです．図 6.9 に `xfd` で書体を表示させている様子を示しました．

多くのクライアントは，表示に使用するフォントを「`-fn` フォント指定」で指定できます．また `kterm` では合わせて漢字用フォントは「`-fk` フォント指定」，JIS8 ビット文字用フォントは「`-fr` フォント指定」で指定できます．

6.2.4 リソース

Unix では通常，各プログラムに対する初期設定をホームディレクトリ上のドットファイルに書きます (たとえば .bashrc など)．しかし，X Window 関連の場合はこの方法は次の点から好ましくありません．

- さまざまな種類の窓を通じて同じフォントや色を指定したいことが多いのに，そのたびに「なんとか rc」というファイルを多数編集するのは面倒
- ネットワーク経由で使うことも多く，その場合はマシンごとにホームディレクトリが違っているかもしれない

では，これらの指定を格納しておくのに適した場所はどこでしょうか? その答は,「X サーバの中」です (どのマシンのどのクライアントも，共通の X サーバにアクセスす

図 **6.9** xfd の表示例

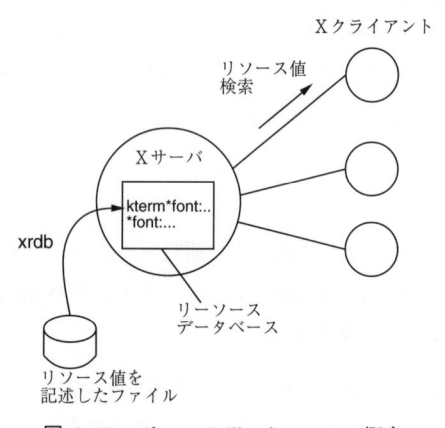

図 **6.10** リソースデータベースの概念

るわけですから). そこで, X サーバの中にリソースデータベース (図 6.10) というものを用意し, オプションの標準値をこの中に格納します. その設定や表示には **xrdb** コマンドを使います:

6.2 X Window System

- `xrdb [-m] [`ファイル`]` — ファイルや標準入力からリソース指定を取り込む (`-m` を指定すると現在の指定に混ぜるが，指定しないと現在の指定をクリアして取り換え)
- `xrdb -q` — 現在のリソース指定内容を出力

これを使っている例を示します：

```
% xrdb ~/.x11defaults      : ファイルからデータベース設定
% xrdb -q                  : データベースの内容表示
kterm*font:           a14  : ASCIIフォント
kterm*romanKanaFont:  r14  : JIS8フォント
kterm*kanjiFont:      k14  : 漢字フォント
%
```

リソース指定は「クライアント名*リソース名: 指定値」の形をしていますが，クライアント名が空の(指定が*から始まる)場合は，「すべてのクライアントについて」という意味になります(フォントや色をまとめて指定するのに便利です). 試しに，キーボードから指定を追加してみます(前の指定をクリアしないため`-m`を指定しています):

```
% xrdb -m
*background: yellow    ←全部のコマンドの背景色は黄色に
*foreground: red       ←全部のコマンドの文字色は赤に
^D                     ← Control-D:終わりの印

% xrdb -q
kterm*font:           a14
kterm*romanKanaFont:  r14
kterm*kanjiFont:      k14
*background:          yellow
*foreground:          red
% xclock &
```

このようにした後で xclock を動かすと地の色は黄色，文字盤の色は赤になっています(他のプログラムを起動しても同様). これはサーバを起動し直せば元に戻りますが，常に黄色や赤にしたければ上記の行を後述するやり方で毎回読み込ませればよいわけです.

なお，色の指定は名前を使う (`/usr/X11R6/lib/X11/rgb.txt` というファイルに使える名前の一覧があります) か，または「**#rrggbb**」形式 (RGB 3 色の明るさを 16 進数 2 桁ずつで指定する形式) を使います.

6.2.5 サーバの調整

上記のリソースは各種クライアントのオプションをまとめて設定するものでしたが，この他にサーバの状態や背景を変更するには **xset**, **xsetroot** などのコマンドを使用します．

- `xset m 感度 閾値` — マウスの感度を調整する
- `xset c ボリューム` — 0〜100 の値でキークリック音の大きさを指定
- `xset r on/off` — オートリピートの on/off
- `xset q` — 設定値の現状値を表示
- `xsetroot -solid 色` — 背景を指定した色にする
- `display -window root 画像ファイル` — 背景を指定した画像ファイルにする

ところでマウスの感度と閾値とは何でしょう？実はマウスポインタは通常，ゆっくりマウスを動かすと 1 ピクセルずつ動きますが，ある程度以上速くマウスを動かすと動きが N 倍に「加速」されるようになっています．たとえば「xset m 1 1」とすると加速されなくなるので，この「加速」機能がどれくらい有難いものかよくわかります．逆に「xset m 100 1」や「xset m 100 5」などとするとポインタの制御がとても困難になります．この値を調整してみると，普段なにげなく使っているユーザインタフェースがどれくらいうまくデザインされているか身にしみてわかるはずです．

6.2.6 起動

X の起動には **xinit** コマンドが使われます[7]．

- `xinit` — X Window を立ち上げる

このプログラムはまず X サーバを起動し，続いてホームディレクトリにあるファイル .xinitrc に書かれている内容を順番に実行します．簡単な .xinitrc の内容を次に示します．

```
export PATH=/usr/local/X11R6/bin:/usr/local/bin:$PATH
xsetroot -gray      ←背景を灰色に
xset m 4 2          ←マウス感度を調整
xrdb $HOME/.x11defaults     ←リソースをロード
```

---

[7] システムによっては **startx** というコマンドを使うこともあります．また，常時 X が動いていてログインも X 上で行うような環境もあります．

```
oclock -transparent -geom 100x100-0+0 &    ←丸い時計
twm &                                      ←ウィンドウマネージャ
kterm -geom 80x48+300+100 -T console -n console -C -e bash
```

このように，各種の設定はXの起動後に使うのと同じコマンドで行いますから，これらを変更してやれば毎回好みの設定で作業を始めることができます．たとえば，背景の色を変えたければ xsetroot のオプションを変えればいいし，背景に画像を出したければ代わりに display コマンドを使えばよいわけです．リソース指定もここで読み込ませているので，読み込ませているファイルの内容をいじれば初期状態を変更できます．

また，最初から開いている窓を増やしたければその窓を開くコマンドを追加します．ただしその場合，複数の窓はそれぞれ並行して動く複数のプロセスになるので (上の例の oclock などの行のように) 最後に「&」をつける必要があります．逆に，一番最後のコマンド (上の例の kterm) は，これが終わった時に xinit がXサーバを停止させるようになっているので，必ず「&」なしにします[8]．

6.2.7 ファイルマネージャ

PC に慣れていて「素の状態の」X Window をはじめて使う人がまずとまどうのは，何かをするにはとにかくコマンド窓を開いてコマンドを打ち込まなければならない，という点にあるようです．とくにファイルやディレクトリについてはいちいち ls を使って一覧を表示して，何があるかを確認したり，名前を打ち込んで指定するのが煩わしいという人が多そうです[9]．

もちろん，X 上でも Windows のエクスプローラのように GUI でファイルやディレクトリの構成を表示し操作させてくれるプログラムをつくることは簡単です．そのようなツールはファイルマネージャとよばれることが多いようです．現在の Unix システムでは操作方法が統一された形でファイルマネージャをはじめとする一群のツールを集めたデスクトップ環境とよばれるものが複数つくられており[10]，これらを使えばコマンドを打ち込まずに Unix を利用することもできます (筆者の趣味ではありませんが…)．

ファイルマネージャの例として xfm を見てみましょう．このツールを「xfm &」によ

---

[8] もし行末に「&」をつけると，最後のコマンドが何もしないコマンドで瞬時に終るため，Xが立ち上がったと思ったらすぐ終了する，という状態になります．
[9] 筆者はよく使うファイルのありかは覚えてしまうし，いちいちマウスなどでファイルを指定するよりキーボードから打ち込んだ方が速くて楽なのですが，そのあたりは個人差や好みの差が大きいでしょう．
[10] 代表的なものとして **GNOME** や **KDE** などがあります．

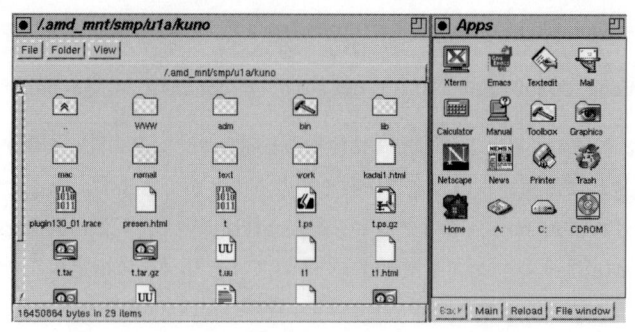

図 6.11　xfm

り起動すると (第1回目だけは設定ファイルを用意するかと聞かれるので「continue」を選ぶ)，図 6.11 のように 2 つの窓が画面に現れます．ここでタイトルバーにパス名が表示されている窓ではディレクトリやファイルに対応するアイコンが現れ，ディレクトリのアイコンをダブルクリックすることでカレントディレクトリを移動し，そこにあるファイルの一覧を見ることができます．

　また，ファイルのアイコンをダブルクリックするとそのファイルに応じたプログラム (.txt なら Emacs など) が起動され，そのファイルを表示したり修正したりできます．それとは別のプログラムでファイルを扱いたい場合は，ファイルのアイコンをドラグしてタイトルバーに「Apps」と書かれた窓 (プログラム窓) のアイコンに重ねてやると，そのアイコンに対応したプログラムでファイルを開くことができます．

　使い方はさておき，ここで言いたいことはつまり Mac や Windows で「一番の大元」だと思っていた機能は「単なるクライアントの1つ」であるということです．ファイルを操作したりプログラムを起動するのは「一番重要な」作業でしょうから，PC を起動すると黙ってその機能が出てくるのは正しいわけですが，ウィンドウシステムの原理という点ではファイルマネージャも他のプログラムと変わらないわけです (他に窓を制御する機能がありますが，これについては次の節で扱います)．

　なお，xfm がどのファイルをどのアイコンで表示するか，ダブルクリックしたらどのプログラムが動くか，プログラムの窓にどのようなものが現れるか，といったことは初回起動時にホームディレクトリにつくらるディレクトリ「.xfm」の下の設定ファイル群に書かれています．これらのファイル群を調整すれば，自分の好きなように絵を変更したり新しいプログラムを追加したりできるわけです…が，そこはファイルマネージャなのでいちいちファイルを編集しなくても，ファイルの窓からプログラムの窓にアイコンをドラグする等の操作でも設定を変更できます (つまり GUI から操作す

ると設定ファイルも対応して書き換えてくれるわけです).

　ファイルマネージャが単なるプログラムである,ということを実感して頂く意味で,もう1つ別の例として xftree を見てみましょう (図 6.12). こちらは実行可能なファイルをダブルクリックすればそのファイルを起動することもできますが,主にファイルとディレクトリを見るためのツールという感じです. これは, xftree が他のアプリケーション起動ツールなどと一緒に組み合わせて使うことを想定してつくられていることによります.

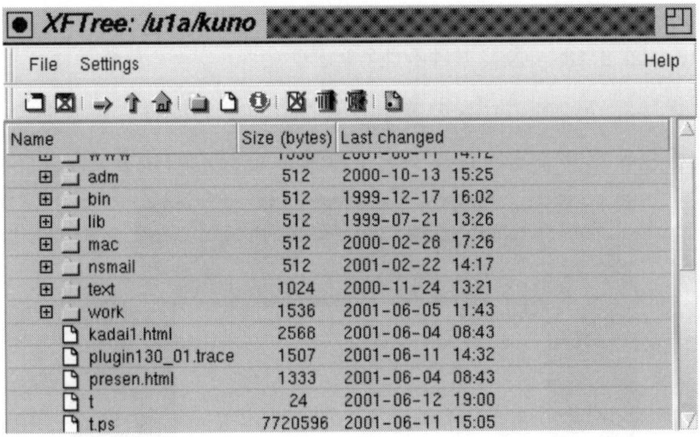

図 6.12　xftree

6.2.8　ウィンドウマネージャ

　ここまでで,窓の中をどういうふうにするかはそれぞれのプログラム次第だということは納得できたことと思いますが,では窓の枠の形や操作方法などはどうなのでしょうか? X では窓の管理を行う特別なクライアントを**ウィンドウマネージャ**とよんでいます. ウィンドウマネージャの仕事は,窓の位置を変更したり窓をアイコンにしたりといった窓の操作を利用者に行わせることです. 上で「特別」と書いたのは, ウィンドウマネージャは一時には1つしか動かせないという制限があるからです (それぞれの窓に同時に2種類の窓枠をもたせるというわけにはいきませんから).

　たとえば窓にタイトルバー (窓の名前を記した部分) がついているのも, 実はウィンドウマネージャの機能の一部です. ウィンドウマネージャは, 利用者がマウスで窓を操作したりメニューを出したりといった操作を行うと, その情報を X サーバから教えてもらい,それに呼応して窓を動かしたりアイコン化します (図 6.13) [11]. その他, 画

---

[11] より正確にいえば,窓を動かしたりアイコンにしたりするよう X サーバに依頼します.

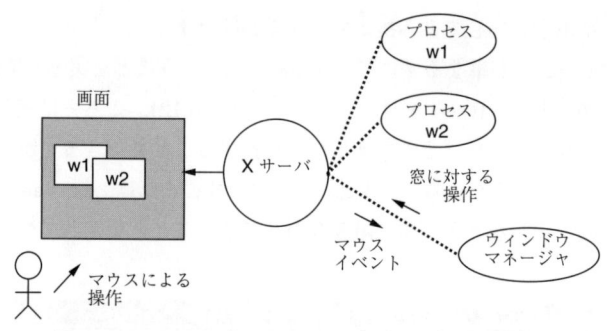

138   6 グラフィカルユーザインタフェース

図 6.13　X におけるウィンドウマネージャの位置付け

面の窓以外の背景部分にアイコンを表示させたり，その操作に応答したり，背景上のメニューを表示させたりするのもウィンドウマネージャの仕事です．

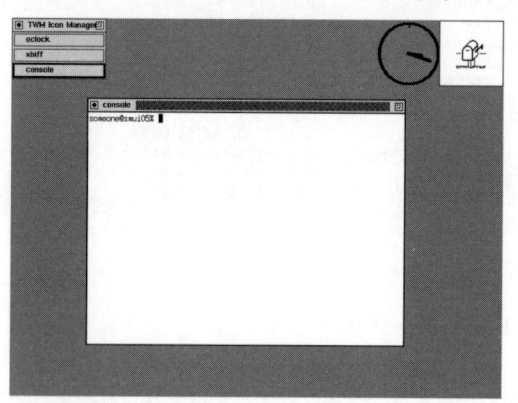

図 6.14　簡潔なウィンドウマネージャTwm

実は，このようにウィンドウマネージャが普通のプロセスである，というのは X の特徴の 1 つです．X 以前のウィンドウシステムでは，窓を動かしたりするのはウィンドウシステムそのものの機能として組み込まれていて，そのやり方を変更するのは不可能でした．これに対し，X ではウィンドウマネージャを取り換えると窓の操作のスタイルが変化します．たとえば，普段の画面は図 6.14 のような感じですが，twm を終了させてみると図 6.15 のようになります (この状態では窓を動かしたり重なりを変更したりすることは一切できません)．

ここで blackbox というウィンドウマネージャを動かしてみましょう．すると，画面の様子が図 6.16 のように変化します．見た目が違うだけでなく，このウィンドウマネージャは複数の「ワークスペース」(仮想画面) をもつことができます．

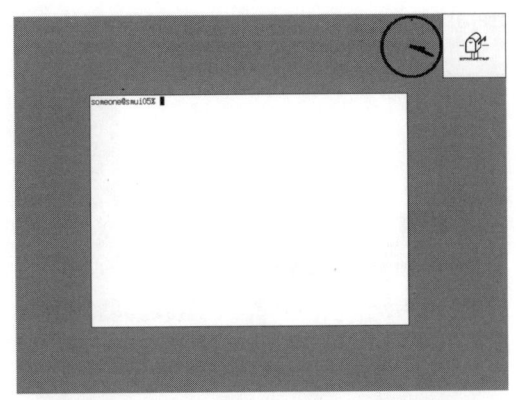

図 6.15　ウィンドウマネージャをなくすと…

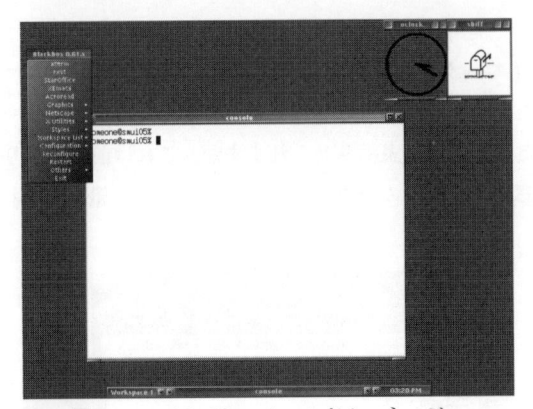

図 6.16　blackbox ウィンドウマネージャ

- 背景の中ボタンメニューで「New Workspace」を選ぶとワークスペースができる．
- どこかの窓のタイトルで右ボタンメニューの「Send To...」を選ぶと窓を「移送」できる．
- 画面の一番下のバーで左右矢印をつつくとワークスペースを切り替えることができる．

このような仮想画面が沢山あると嬉しいと思う人は，たとえば先の .xinitrc の中の「twm」を「blackbox」に変更すると，最初からこちらが使われるようになわけです．
　もっと過激な例として fvwm95 というウィンドウマネージャを見てみましょう（図6.17）．これは，Windows の「そっくりさん」という洒落から始まったけれど，これが

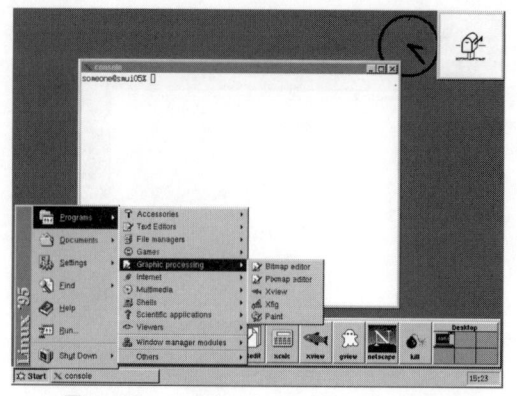

6 グラフィカルユーザインタフェース

図 6.17 fvwm95 ウィンドウマネージャ

使いやすいと思って実用にしている人もそれなりにいるというウィンドウマネージャです．fvwm95 にもワークスペース (fvwm95 の用語では「デスクトップ」) の機能がついています．また，あらかじめ用意されたアプリケーションがクリック 1 つで起動できるボタンバーという領域が表示させられますが，これは前節で取り上げた fwm のアプリケーション窓のようなものがウィンドウマネージャに組み込まれていると考えればよいでしょう．

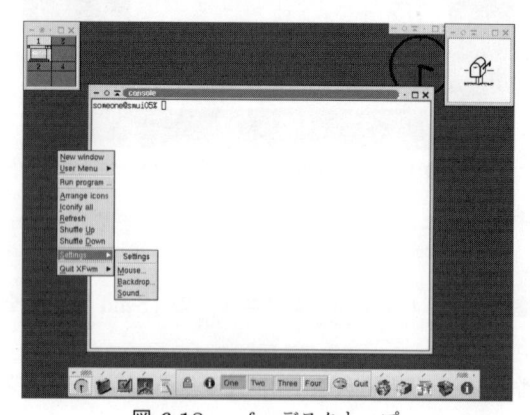

図 6.18 xfce デスクトップ

最後に，xfwm というウィンドウマネージャを動かしてみよう．これを使う時は

```
% mkdir .xfce   ←最初に 1 回だけ
% xfwm &
```

のようにして，設定ファイルを書き込むディレクトリを用意してから始めるのがよいでしょう．実はこのウィンドウマネージャは **Xfce** というデスクトップツール群の１つで，１つのウィンドウマネージャにとどまらず，さまざまなツールが組み合わさって，いずれも同じようなスタイルで操作できるプログラム群を構成しています．たとえばボタンバーの色パレットをつつくと設定ツールが出てきて，窓の色などを設定できるようになります．ちなみに，デスクトップ環境としては Xfce はごく小規模なもので，先に名前を挙げた GNOME などはずっと大規模に各種のツールを集めたものとなっています．

6.2.9 twm の設定ファイル

また地道な話に戻って，いちばんシンプルな twm を題材に，その設定ファイルの様子を見てみましょう．twm のふるまいはホームディレクトリにある設定ファイル .twmrc によって変更できます．ごく単純な .twmrc の例を以下に示します．

```
NoTitle { "xbiff" "xclock" "oclock" "xeyes" }
IconDirectory "/usr/local/X11R6/include/X11/bitmaps"
UnKnownIcon "terminal"
ShowIconManager
IconRegion "400x400-0-0" South East 100 100
RandomPlacement
Color {                          ←ここから各部分の色の設定
   BorderColor "Purple"
   MenuForeground "Purple"
   MenuBackground "PeachPuff"
   TitleForeground "Purple"
   TitleBackground "PeachPuff"
   IconManagerForeground "Purple"
   IconManagerBackground "PeachPuff"
}                                ←ここまで
Button1 =        : title : f.move   ←タイトルで左=窓移動
Button2 =        : title : f.move   ←タイトルで中=窓移動
Button3 =        : title : f.move   ←タイトルで右=窓移動
Button1 =        : icon  : f.iconify ←アイコンで左=アイコン解除
Button2 =        : icon  : f.iconify ←アイコンで左=アイコン解除
Button3 =        : icon  : f.iconify ←アイコンで左=アイコン解除
Button1 =        : root  : f.menu "menu-l" ←背景で左=メニュー１
Button2 =        : root  : f.menu "menu-r" ←背景で中=メニュー２
Button3 =        : root  : f.menu "menu-r" ←背景で右=メニュー３
"r"      = s c   : all   : f.raise     ← Shift+Control+R で raise
"l"      = s c   : all   : f.lower     ← Shift+Control+L で lower
```

```
"i"         = s c    : all : f.iconify      ← Shift+Control+I で icon
"n"         = s c    : all : f.downiconmgr  ← Shift+Control+N で「次」
"p"         = s c    : all : f.upiconmgr    ← Shift+Control+N で「前」
menu "menu-1" {                   ←ここからメニュー1
"Window Control" f.title          ←メニューのタイトル
"Move"              f.move        ←移動
"Resize"            f.resize      ←サイズ変更
"Iconify"           f.iconify     ←アイコンに
"Focus"             f.focus       ←フォーカス
"Unfocus"           f.unfocus     ←フォーカス解除
"Raise"             f.raise       ←前面に
"Lower"             f.lower       ←背面に
"Refresh"           f.refresh     ←画面描き直し
"Delete"            f.delete      ←消す
"Destroy"           f.destroy     ←強制終了
"TWM Control"       f.menu "menu-t"  ←サブメニュー
}                                 ←ここまで
menu "menu-r" {                   ←ここからメニュー2
"Create Windows" f.title          ←メニューのタイトル
"Local"     !"kterm -n `hostname` -T `hostname` -e bash &"
"Smp"       !"xon smp PATH=$PATH notty kterm -n smp -T smp -e bash &"
"Smm"       !"xon smm PATH=$PATH notty kterm -n smm -T smm -e bash &"
"Utogw"     !"xon utogw PATH=$PATH notty kterm -n utogw -T utogw -e bash &"
"Emacs"         !"emacs &"        ← Emacs 起動
"Netscape4"     !"ns"             ← Netscape 4 起動
"Mozilla"       !"moz"            ← Mozilla 起動
"TWM Control"   f.menu "menu-t"   ←サブメニュー
}                                 ←ここまで
menu "menu-t" {                   ←ここからサブメニュー
"Twm Control"   f.title           ←メニューのタイトル
"Source .twmrc" f.twmrc           ←.twmrc を読む
"twm Version"   f.version         ←バージョン表示
"Exit twm"      f.quit            ← twm を終わらせる
}                                 ←ここまで
```

これを編集して (たとえば色の指定を変えて), 背景メニューの「Restart」を選ぶと, 設定ファイルが読み直されて設定が変化します.

　一番よくあるのはメニューに各種プログラムを起動するための項目を増やすことかと思いますが, メニューを経ない動作を増やすことも自由です. たとえば, 上の例では窓のタイトルバーでどのマウスボタンを押しても窓を移動する操作 (f.move) になっています. ここで

```
Button3 =           : title : f.move
```

のところを

```
Button3 =         : title : f.raise
```

とすると，タイトルバーで右ボタン(ボタン番号3)を押すと，移動する代わりにその窓が一番前に出てくるようになります．また，現在は背景でシフトキーやコントロールキーを押しながらマウスボタンを押しても何も起きないませんが

```
Button1 = s : root : !"xcalc &"
```

という行を追加しておくと，背景でシフトキーを押しながら左ボタンを押すと電卓が現れるようになります．あまり「おまじない」みたいな設定を増やすと覚えるのが大変ですが，よく使うものはこのような形にしておくと素早く操作できるという利点があります．

　Xfce や GNOME などのデスクトップ環境でもこのようなカスタマイズは原理的には可能ですが，ツール群の操作性を統一するために制約を設けている場合もありますし，変更できるとしても多数のツールがあるため GUI 経由でできる以外の変更は複雑でよくわからなかったりします．このような意味でも，X を「Unix らしく」使うにはシンプルなウィンドウマネージャをシンプルに使うのがよいと思うのですがどうでしょうか．

6.3　ウィンドウソフトウェアの構造

6.3.1　リクエストとイベント

　X サーバとクライアントはネットワーク接続を経由してやりとりする，と説明しましたが，具体的にはどんなやりとりをしているのでしょうか? クライアントから X サーバへの通信は，前にも述べたように「窓をつくれ」「どの窓のどの位置に何を描け」といった指示が中心です．これらを X の用語ではサーバへの要求 (**リクエスト**) とよびます．

　では，サーバからクライアントへはどんな内容の通信が行われるのでしょうか? 具体的には次のようなものがあります．

- 入力デバイスの情報 — キーボードのどのキーが押された，どのマウスボタンが押された，マウスカーソルがどの位置にある，など．

- 窓の状況 — 窓ができて内容が見えるようになった，窓を隠していた別の窓が動いて隠されていた部分が見えるようになった，窓の大きさが変化した，など．

これらの情報を X では総称して**イベント**とよびます．xev というプログラムを使ってみると，どのようなイベントがあるかを観察できます．これを動かすと画面上に窓が現れ，その窓に関係するイベントがサーバから送られるとその内容が標準出力に出力されます．

```
% xev
Outer window is 0x3400001, inner window is 0x3400002
(途中略)
Expose event, serial 14, synthetic NO, window 0x3400001,
    (0,0), width 178, height 10, count 3
...
Expose event, serial 14, synthetic NO, window 0x3400001,
    (0,68), width 178, height 110, count 0    ←「見えるようになった」
(途中略)
FocusIn event, serial 15, synthetic NO, window 0x3400001,
    mode NotifyNormal, detail NotifyPointer  ←「カーソルが入ってきた」
(途中略)
MotionNotify event, serial 15, synthetic NO, window 0x3400001,
    root 0x25, subw 0x0, time 2423435336, (5,99), root:(507,211),
    state 0x0, is_hint 0, same_screen YES
MotionNotify event, serial 15, synthetic NO, window 0x3400001,
    root 0x25, subw 0x0, time 2423435378, (4,98), root:(506,210),
    state 0x0, is_hint 0, same_screen YES   ←「カーソルが動いている」
...
ButtonPress event, serial 15, synthetic NO, window 0x3400001,
    root 0x25, subw 0x0, time 2423437355, (33,90), root:(535,202),
    state 0x0, button 1, same_screen YES    ←「ボタン押した」
ButtonRelease event, serial 15, synthetic NO, window 0x3400001,
    root 0x25, subw 0x0, time 2423437410, (33,90), root:(535,202),
    state 0x100, button 1, same_screen YES  ←「離した」
KeyPress event, serial 15, synthetic NO, window 0x3400001,

    root 0x25, subw 0x0, time 2423439806, (33,90), root:(535,202),
    state 0x0, keycode 85 (keysym 0x61, a), same_screen YES,
    XLookupString gives 1 characters:  "a"  ←「キー押した」
KeyRelease event, serial 17, synthetic NO, window 0x3400001,
    root 0x25, subw 0x0, time 2423439926, (33,90), root:(535,202),
    state 0x0, keycode 85 (keysym 0x61, a), same_screen YES,
    XLookupString gives 1 characters:  "a"  ←「離した」
(以下略)
^C
```

%

やってみると，理屈ではわかっていたつもりでも，実際のXクライアントではきわめて大量のイベントが次々とXサーバから送られていることに驚かれたのではないでしょうか．

6.3.2 イベントドリブンプログラム

前項に述べたように，Xのクライアントプログラムではすべてのユーザ入力は統一的にイベントとして送られてきます．そこで，クライアントプログラムの流れは一般に次のようになります．

初期設定，必要な窓をつくる；
while(1) {
　イベントを受け取る；
　イベントの種類毎に対応した処理；☆

}

つまり，普通のプログラムでは処理の必要に応じてあちこちでユーザ入力を受け取りますが，Xのプログラムではイベントを読むところは1か所だけしかなく，その後の巨大なif文(☆のところ)ですべての場合分けと処理を行うわけです．このようなプログラム構造をイベントドリブンとよびます．

お話だけだとつまらないので，簡単なプログラム例を示します．このプログラムはまず窓を1個つくり，その窓が表示されると黒丸を1個描きます．その後，マウスで窓の中をクリックするたびにそこにも黒丸を描き，どれかのキーを押すと終了します．

```
/* xdemo.c --- very simple X client */

#include <X11/Xlib.h>

main() {
  Display *disp = XOpenDisplay(NULL); /* 1 */
  Screen *scr = DefaultScreenOfDisplay(disp);
  Window root = DefaultRootWindow(disp); /* 2 */
  unsigned long black = BlackPixelOfScreen(scr);
  unsigned long white = WhitePixelOfScreen(scr);
  Window mw=XCreateSimpleWindow(disp,root,100,100,400,200,2,black,white);/*3*/
```

```
  XSelectInput(disp, mw, ButtonPressMask|KeyPressMask|ExposureMask);/* 4 */
  XMapWindow(disp, mw);        /* 5 */
  while(1) {
    XEvent ev;
    XNextEvent(disp, &ev);     /* 6 */
    if(ev.type == KeyPress)
      exit(0);                 /* 7 */
    else if(ev.type == Expose)
      draw(disp, mw, 20, 20);  /* 8 */
    else if(ev.type == ButtonPress)
      draw(disp, mw, ev.xbutton.x, ev.xbutton.y); /* 9 */
  }
}
draw(Display *disp, Window mw, int x, int y) { /* 10 */
  GC dgc = DefaultGC(disp, 0);
  XFillArc(disp, mw, dgc, x, y, 40, 40, 0, 360*64); /* 11 */
}
```

具体的な説明は次のとおりです．

1. Display, Screen は画面を現すデータ構造．
2. Window は窓に対応．ここではルートウィンドウとこのプログラムが作り出す窓 (mw) の 2 つを扱う．
3. XCreateSimpleWindow で背景の窓の中に位置 (100,100)，大きさ 400×200 の窓をつくる．縁の幅は 2 ドット，絵や字は黒，地の色は白．
4. マウスボタン押下げ，キー押下げ，窓が見えるようになった，の 3 種類のイベント通知を依頼．
5. 窓を表示させる．
6. 無限ループの中で，まずイベントを受け取り，種類によって分かれる．
7. キー押下げならこのプログラムを終了．
8. 窓が見えるようになったのなら，(20,20) の位置に黒丸を描く．
9. マウスボタン押下げなら，その時のマウスの位置に黒丸を描く．
10. 以下黒丸を描くサブルーチン．
11. 内容は，標準の描画方法で，(x,y) を起点に幅高さとも 40 ドットの円を描いて中を塗りつぶす．

これを動かすには，オプションがいくつか必要です (システムによって指定方法やディレクトリは違うかもしれません):

6.3 ウィンドウソフトウェアの構造　　147

図 6.19　xdemo.c を動かしたところ

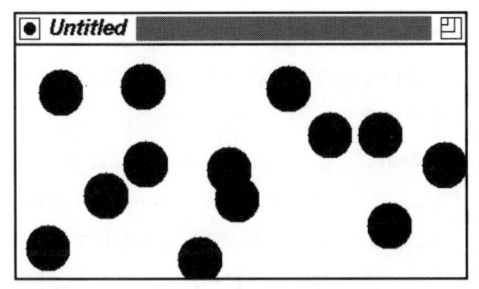

図 6.20　xdemo.c を動かしたところ (2)

```
% gcc   xdemo.c -I/usr/X11R6/include -L/usr/X11R6/lib -lX11
% a.out
```

上記のようにすると，画面に窓が現れ，その中に黒丸が 1 つ見えます (図 6.19)．これは，最初に窓が現れた時「見えるようになったよ」と Exposure イベントが送られてきて，プログラムがそれに対して黒丸を 1 個描くためです．

次に，この窓の上でマウスボタンを押すとそのたびにその位置に黒丸が増えていきます (図 6.20)．ところが，別の窓を重ねて (図 6.21) どけると，隠されていたところの黒丸は消えてしまいます (図 6.22)．しかし，最初の黒丸だけはちゃんと復活してい

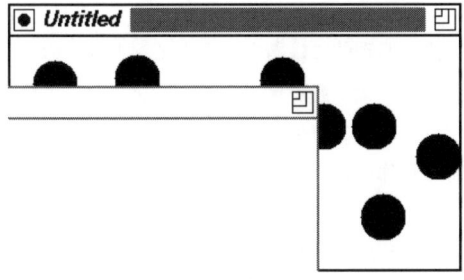

図 6.21　xdemo.c を動かしたところ (3)

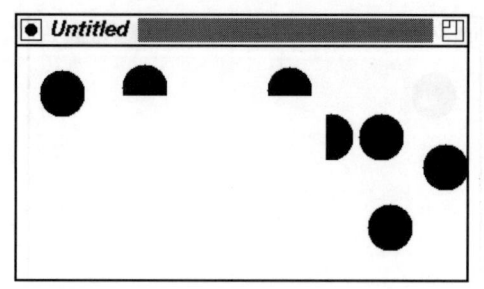

図 6.22　xdemo.c を動かしたところ (4)

す．これはつまり，プログラムが窓に描いたものは直接フレームバッファに描かれる他にはどこにも保存されていないので，その上に別の窓がきたりして壊されるとその内容は失われてしまうためです．

　上に乗っていた邪魔ものがどくと「また見えるようになったよ」と Exposure イベントが送られてきますが，このプログラムは Exposure がきた時は最初の黒丸しか描かないので，残りの黒丸は消えたままになってしまうわけです．

　そんな面倒をなくすために窓の内容をフレームバッファとは別に保存しておいた方がいいと思いますか？それはあまり得策ではありません．たとえば，非常に細密な絵を保存すると，大量のメモリを消費します．しかし見えるようになって再表示する時点では先の絵はもう古くなっていて違う絵を描く必要があるかもしれませんし，そうなら大量に消費したメモリは全くの無駄づかいになります．同じでいいかどうかは結局，表示を行うプログラムが知っているわけですから，再表示をプログラムにすべて任せるのが一番よさそうです (そのプログラムが内部で画像を保存するようにつくることもできます)．

6.3.3　オブジェクト指向，ウィジェット

　さて，上のような方式で原理的にはあらゆるウィンドウもののプログラムをつくることができます．たとえば，まず窓が見えるようになったら各種ボタンや入力欄などをそれらしく描き，マウスボタンが押されたらその位置によって，ボタンの上ならそのボタンが押された時の動作を行い，入力欄なら入力中のテキストのカーソルを表示し，… のようにするわけです．

　しかし，どう考えてもこれはうんざりするほど大変そうです．そもそも，GUI プログラムは「ボタン」「スクロールバー」「スライダー」「入力欄」「テキスト表示」など

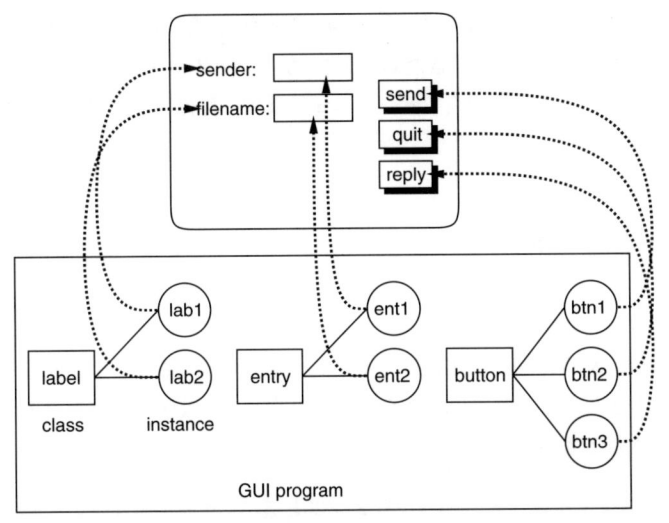

6.3 ウィンドウソフトウェアの構造

図 **6.23**　GUI 部品とウィジェット

いくつかの決まった「部品」を組み合わせて配置してつくられるのが普通なので，それをいちいち裸からつくっていたら何人プログラマがいても足りません．そこで，これらの「部品」をプログラム上でも「部品」ないし「モジュール」として用意し，同じ形態の部品をいくつでも窓の中に配置できるようにします．それには，**オブジェクト指向**プログラミング技法 (「ものの種類」を「クラス」とよばれるモジュールで定義し，具体的な「もの」ないし「インスタンス」を沢山生成できる) を適用すると素直にできるのです (図 6.23)．

GUI プログラミングの世界ではこれを「Window の Object」という意味で**ウィジェット** (Widget) とよぶことがあります．各ウィジェットは「自分が画面上のどの範囲を占めている」かをデータの一部として覚えているので，メインプログラムはマウスイベントを受け取ったら画面上にある全インスタンスに対して順に「このマウスイベントはあなたの受け持ちか?」と聞いていけばすみます．実は順番に聞くという動作も決まり切っているのであらかじめ用意しておけます．そこで，メインプログラムの主な仕事は結局，最初に初期設定をして，必要な部品を順番に配置していくだけ，ということになってくるわけです．

X の場合は C 言語の上で前述のようなオブジェクト指向機能を実現するライブラリ「X ツールキット」(Xt) が標準で提供されてきました．その後，C++言語などで書かれたもっと「高機能な」「見た目のよい」ツールキットもフリーで公開されています

(Gtk+などが代表的). ある1つのツールキットを使えば,部品の操作方法や見え方も自然と統一されます. 先に出てきたGNOMEなどのデスクトップ環境はその上に立って,各アプリケーションの画面配置,メニュー構成,操作方法まで統一したものを用意しようとするわけです.

6.4 まとめと演習

この章ではユーザインタフェースとウィンドウシステムについて一般的なことがらを説明した後,X Windowを題材にウィンドウシステムのさまざまな機能や動作原理を説明してきました. これらのことを知っておくと,普段使っているシステムをよりよく活用できると思います.

6-1. 次のカスタマイズ作業のうちから2つ以上選んでやってみなさい. やってみてわかったことを説明しなさい.

   (a) xrdb -m を使って「*foreground: 色」,「*background: 色」を設定してから新しい窓を開き,文字の色や地の色が変化していることを確認しなさい.

   (b) 「xset m 1 1」「xset m 100 1」「xset m 100 5」などを実行してみて,マウス感度の2つのパラメタの意味を確認しなさい.

   (c) kterm, xclock, oclock, puzzle, xcalc などの窓をプログラムを「-geom 幅x高さ±位置±位置」指定つき (「幅x高さ」は指定しなくてもよい) で起動し,窓の大きさや位置の指定方法を確認しなさい. 納得したら,.xinitrcに最初から開く窓の指定を追加してみなさい[12].

   (d) .twmrc を変更してよく使うプログラムを起動するメニュー項目やショートカット (キーの組合せ) を追加してみなさい.

6-2. xfm や xftree を動かして,ファイルの操作 (移動,削除など) やプログラム類の起動を試してみなさい. やってみて新たにわかったことを記しなさい.

6-3. twm を終了させて別のウィンドウマネージャを動かしてみなさい. それぞれの操作方法の特色や利点/欠点を検討してみなさい. またウィンドウマネージャが取り換わると変化すること,しないことを分類整理してみなさい.

---

[12] コマンド行末に「&」をつけるのを忘れないこと.

6-4. xdemo.c のプログラムを打ち込み，動かして窓を隠すと 1 つの丸だけが残ることを確認しなさい．次に，XNextEvent の呼び出しの直後に「sleep(1);」(1 秒時間待ち) を入れると挙動はどのように変わるか，まず予想し，次に実行して試しなさい[13]．興味があれば，窓の上に別の窓を重ねてから取り除けても全部の黒丸が復活するように直してみなさい．

6-5. 電卓 xcalc を起動して画面に出すのに，次のどの方法が速いか計測してみなさい (操作しているところを誰かに時計で計ってもらう)．ただし，どのやり方でも「最初はキーボードに手がある状態から初めて，電卓が画面に出て数字を 1 つ入れるところまで」の時間で計測し，数回やって平均を求めること．また，それぞれの方法の優劣や特徴について考察すること．

- コマンド窓で「xcalc &」を打ち込む．
- 背景メニューから電卓を起動できるようにしてそれで起動．
- 背景で右ボタンをつついたら電卓が出るようにしてそれで起動．
- カーソルがどこにあっても「Shift+Control+X」で電卓が出るようにしてそれで起動．
- xfm の電卓アイコンをダブルクリックする (xfm はすでに起動されているものとして実験してよい)．

---

[13] とくに，3 つすばやく丸を描くとどうなりますか？ それはなぜそうなるのでしょうか？

7 スクリプティング

　現在の計算機システムで重要になっている考え方の1つに「スクリプティング」があります．スクリプトとは，もともとは「簡単に書けるプログラム」くらいの意味でしたが，現在ではかなり高度なシステムでも，それに適したスクリプト言語を選ぶことで簡単に実現できます．この章ではスクリプトの基本的な考え方を学んだ後，いくつかの代表的なスクリプト言語を見ていきます．

7.1 スクリプトとは…

　スクリプト (script) とはもともと「台本」のことで，計算機の世界では「実行しなければならないことを順番に書き連ねたもの」という意味で使われてきました．しかし，動作を順に書いたもの，とはプログラムなわけであり，つまりプログラムを書くことで1つ1つ人間が指示しなくてもいいようにしましょう，というとても当り前な（しかしとても重要な）ことを意味しているわけです．

　たとえばGUIを使ったツールである操作をするのに，マウスで範囲を選択し，再度マウスでメニューを出して操作を指定し，それで完了，簡単でいいね，と思っていたとします．しかしその操作を100個のファイルについてやらなければならないとしたら，またはテキストのあちこちにある100箇所についてやらなければならないとしたら，それは苦行になってしまいます．100ならまだましで，1,000だったら，10,000だったらどうでしょう？あなたはまだその苦行を続ける気がありますか？

　もちろん，そういう苦行から人間を開放することこそ計算機の本来の存在意義なわけで，計算機のためにそんな苦行をするというのは本末転倒以外の何者でもありません．ではどうすればいいのでしょうか？同じことを繰り返すのは計算機の得意技なのですから，プログラムを書いてプログラムにやらせればよいのです．

　しかし自分はプログラマではないからプログラムなんか書けない，プログラムに頼

むとひどく時間がかかって高いわりに全然こちらの要求と違うものができるだけ、ですか？後半のソフトウェア工学的問題はさて置いて[1]，あなたに「書けない」のは単にあなたが「正しい道具」を使っていないから，かもしれません．

プログラミング初心者がCやC++など「プロがソフトウェア開発するための道具」としてつくられた言語を瞬時に使いこなせるようになるというのは難しいでしょう[2]．しかし世の中は進歩していて，そういう「プロっぽい道具」以外に，もっと楽に，ちょっと書くだけで望むことができるようなプログラムの世界，というのがかなり発達してきています．それがスクリプト（とスクリプト言語）の世界，というわけです．本当にそんな夢のような世界があるのかどうか，どれくらいが夢でありどれくらいが現実なのかについて，これから見ていきましょう．

7.2 シェルスクリプト

7.2.1 対話的シェルからシェルスクリプトへ

まず最初は，スクリプトの原点であるシェルスクリプトから始めましょう（そう，スクリプトの世界はきわめてUnix的です）．Unixではプログラムの標準入力がふだんはキーボードに接続されていますが，入力リダイレクションによってこれをファイルに切り替えたりできることはすでに学びました．ところで，シェルはふだんキーボードからコマンドを読み込んでいますが，これをファイルに切り替えたらどんなことが起こるでしょう？

```
% cat pswho      ← pswho というファイルの中身は次のとおり
ps
who
% bash <pswho    ← bash にそのファイルを入力として与える
  PID TT STAT  TIME COMMAND
29493 p0 IW   0:00 /usr/local/bin/bash
  330 p1 S    0:00 bash
  331 p1 R    0:00 ps
29510 p1 S    0:06 /usr/local/bin/bash
```

---

[1] 「ソフトウェア工学」とは，ユーザが必要とするソフトウェア（ないしシステム）を，必要な期間内に，必要なコスト以下できちんと実現する方法を探求する学問分野です（単なる「プログラムのつくり方」はソフトウェア工学には含まれません）．

[2] 本書ではここまでにC言語の例題がいくつも出ていますが，これは「計算機のしくみを学ぶ手段」として扱っているのであり，自分が望む道具をつくるとなると，質の違った努力が必要になります．

```
kuno     ttyp0    May 23 11:03    (smri02:0.0)
kuno     ttyp1    May 23 11:04    (smr03:0.0)
%                 ↑「ps」と「who」が実行された
```

つまりファイルからコマンドが読み込まれて実行されるわけです (図 7.1)。

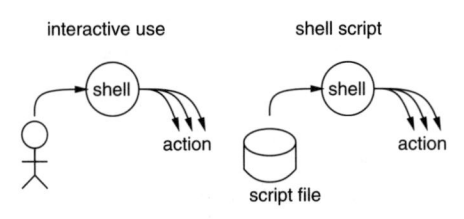

図 7.1　シェルスクリプトの概念

このように，キーボードから打ち込む代わりに，あらかじめファイルにその内容を用意しておき，それを自動的に順次実行させるようなものがシェルスクリプトであり，スクリプトの「原点」となっています．実は，シェルもほかのフィルタと同様，入力ファイルが指定されていたら標準入力の代わりにそのファイルから入力するので，リダイレクションを使う代わりに単に

```
% bash pswho
```

としても同じです．

さて，シェルスクリプトはいったい何の役に立つのでしょう？いちいちファイルに打ち込むよりは，いきなりキーボードからコマンドを入れる方が簡単だと思いますか？スクリプトにはたとえば次のような利点があります．

- 複雑なコマンド列を用意する時に，エディタを使って少しずつ試しながらつくっていくことができる．
- 何回も繰り返し使う長いコマンド列をそのつど打ち込まなくてもすむ．
- 計算機にコマンド列を生成させてそれを実行させられる．

たとえば，ログイン時や X 起動時の設定を行う.bashrc，.xinitrc などのファイルについてご記憶でしょうか？これらもシェルによって自動実行されるので，シェルスクリプトの仲間です．つまり，毎回決まった初期設定などを行うためにスクリプトを使用しているわけなのです．

7.2.2 指令としてのシェルスクリプト

さらに面白いのは，シェルスクリプトを格納したファイルを chmod によって「実行可」にしてやるとそのファイルは「シェルによって実行されるプログラム」になる，ということです：

```
% chmod +x pswho       ←ファイル pswho を「実行可能」に
% ls -l pswho
-rwxr-xr-x  1 kuno                7 May 23 13:43 pswho
% pswho                ←ファイル名を打ち込むと
   PID TT STAT  TIME COMMAND
 29493 p0 IW   0:00 /usr/local/bin/bash
   335 p1 S    0:00 /usr/local/bin/bash
   336 p1 R    0:00 ps
 29510 p1 S    0:06 /usr/local/bin/bash
 kuno     ttyp0   May 23 11:03    (smri02:0.0)
 kuno     ttyp1   May 23 11:04    (smr03:0.0)
%                      ↑さっきと同様に実行された
```

もちろん，このファイルが $PATH に指定されるコマンドディレクトリのどれかに置かれていれば，そのファイル名を打ち込むだけでどこからでも実行できます．このようにして，いちいち C 言語などでプログラムを書かなくても，自分用の新しいコマンドを増やせるわけです．

ところで，ここで疑問なのは，Unix にはシェルは多数あったということです．このようにして用意したシェルスクリプトは一体どのシェルによって実行されるのでしょうか？ とくに指定がなければ/bin/sh (Bourne シェル) が使用されますが，どれか特定のシェルを使用したい場合にはファイルの 1 行目に

　　#!シェル名 引数 …

という形のものを入れておくことで，実行用シェルを指定できます．これを**インタプリタ指定**とよびます．一般に，実行可能なファイルの先頭に「#!コマンド 引数 …」と書かれていた場合，そのファイルをコマンドとして実行すると

　　% コマンド 引数 … ファイル名 [RET]

と同じ動作が行われます．「コマンド」はとくにシェルのプログラムでなくても構いません (後でシェル以外のプログラムを指定する例が出てきます)．

7.2.3 スクリプトの引数と変数

ところで，シェルスクリプトによってコマンドがつくれるとしても，それに対してさまざまなオプションや引数を渡せなければあまり面白くはありません．実は，スクリプトをコマンドとして起動したときに，その1番目，2番目，... の引数の値は`$1`，`$2`, ... というシェル変数にあらかじめ設定されています．したがって，それらを参照したスクリプトを書くことにより，引数の値を活用できます．たとえば，次のシェルスクリプトは指定したファイルについての`ls -lg`を実行します (引数が指定されなかった場合には，`$1`, `$2`, ... はすべて空なので通常の`ls -lg`と同じになります)．

```
% cat lg
#!/bin/sh
ls -lg $1 $2 $3 $4 $5 $6 $7 $8 $9
% lg abc t.c
-rwxr-xr-x   1 kuno      faculty         14 May 23 13:47 abc
-rw-r--r--   1 kuno      faculty         31 May 14 14:16 t.c
%
```

このままだと引数の数は最大で9個までしか参照できませんが，それでは不便なので，代わりに`$*`と書くことですべての引数をそこに埋め込むことができます．

`ls -lg`ができてそんなに嬉しいのか，という声もありそうなので，もう少し本格的に役立つスクリプトとして，自分がつくったファイルの中にある英単語のトップ10を表示する，という例を示します (1行が長い場合はこの例にあるように行末に「\」を書いておけば続きは次の行に書くことができます)．

```
% cat top10words
#!/bin/sh
nkf -e $* | tr -cs A-Za-z '\012' | sort | uniq -c \
| sort +0 -nr | head -10                          ↑行末の「\」
% top10words test.txt                              は継続行
...
```

種をあかせばフィルタを組み合わせているだけですが，トップ10が見たい時に毎回これを打ち込むよりはコマンドになっていた方がずっと便利でしょう？

ここまで出てきた例はすべて，単に普通のコマンドを順番に打ち込んで実行させるのと同等でした．しかし，シェル変数を一般のプログラミング言語における変数と同様に利用することで，もっといろいろな場面で役に立つスクリプトがつくれます．たとえば次は暗算の苦手な人に役に立つ (?) スクリプトの例です．なお，シェル変数へ

の代入では，「=」の前後に空白があってはいけないので注意してください．

```
% cat add
#!/bin/sh
sum=`expr $1 + $2`        ←変数 sum への代入
echo "$1 + $2 = $sum"
% add 3 8
3 + 8 = 11
%
```

expr は加減乗除のある式を引数として与えるとその式の値を標準出力に打ち出します．

- expr 計算式 —「計算式」の値を計算して出力する

ですから単に「expr 3 + 8」として使ってもよいわけですが，多数の数の合計のときいちいち+をはさむのは面倒そうです．これに対し，上のスクリプト add は引数がいくつでも大丈夫なように改良できます：

```
% cat addn
#!/bin/sh
exp=`echo $* | sed 's/ / + /g'`
sum=`expr $exp`
echo "$exp = $sum"
% addn 3 8 12 4
3 + 8 + 12 + 4 = 27
%
```

7.3 シェルスクリプトの制御構造

7.3.1 for 文

ここまでくると，シェルスクリプトも普通のプログラム言語と同様，if 文による「枝分かれ」，while 文などによる「ループ」があってもよさそうですし，実際にそうなっています．まず最初は前にも出てきた for 文から見てみましょう：

```
for 変数名 in 値 …
do
   文 …
done
```

for 文は指定した値の並びから 1 つずつ値を取り出し，指定した変数に入れながらルー

7.3 シェルスクリプトの制御構造

プを繰り返します。たとえば次のように直接コマンド行で打ち込んで使うこともできます (前にファイルの操作をしたときも，この方法を使いました):

```
% for i in This is a pen.
> do          ←for 文の途中なの
> echo $i     ←で，継続行の入力
> done        ←プロンプトが出る
This
is
a
pen.
%
```

実際には複数行をその場で打ち込んでいるとタイプミスで失敗しやすいので，for 文はスクリプトに入れて使う方が普通です。たとえば，引数にファイルを指定するとそれらのファイルのバックアップファイルをつくるスクリプトをつくってみます:

```
% cat makebak
#!/bin/sh
for f in $*
do
  cp $f $f.bak
done
% makebak *.c
% ls
makebak         t.c             t41.c
t               t.c.bak         t41.c.bak
%
```

7.3.2　case 文

case 文は，ある値はどのようなパターンにあてはまるかに応じて N 方向に処理を分岐するような構文です。その書き方は次のとおり:

```
case 式 in
パターン) 文 …;;
パターン) 文 …;;
 ...
esac
```

ここで，各パターンの「枝」の最後が「;;」になっているのは，枝の中に複数の文を入れる時に1個の「;」を使うのと区別するためです。これを使って，先の makebak に

「-p xxx というオプションが指定されていたらバックアップファイルの末尾を .xxx にする」という機能を追加してみましょう.

```
% cat makebak1
#!/bin/sh
post='bak'
case $1 in
-p) post=$2; shift; shift;;
esac
for f in $*
do
  cp $f $f.$post
done
% makebak1 -p SAVE *.c
% ls
makebak          t              t.c.SAVE          t41.c.SAVE
makebak1         t.c            t41.c
%
```

shift というコマンドは $1 ←$2, $2 ←$3, …のように引数を順繰りに繰り上げます. つまり, 第 1 引数が -p だった場合, 第 2 引数は末尾の指定なので, 2 回 shift を実行してこれらを「なかったことに」し, 残りのパラメタをこれまで通りファイル名として扱うわけです.

7.3.3 if 文

case 文がパターンによる N 方向分岐だったのに対して, **if 文**は条件の成否による 2 方向の枝別れです. その基本形は

```
if 条件
then
   文 …
fi
```

で, ある条件が成り立った時だけ一連の文を実行します. 成り立たなかった場合の動作も指定するには

```
if 条件
then
   文 …
else
   文 …
fi
```

の形になります．さらに，複数の条件により細かく枝分かれする場合も

```
if 条件
then
   文 …
elif 条件
then
   文 …
elif 条件
then
   文 …
else
   文 …
fi
```

のように1つのif文で書くことができます．このときは，最初に成り立った「条件」に対応する文の並びだけが実行されます（どの「条件」も成り立たなかった場合は最後の文の並びが実行されます）．

　さて，ここで「条件」とは何でしょうか？ 普通のプログラミング言語であれば数値の大小比較などが条件として使われるわけですが…

　シェルの場合，その特徴は何といっても「プログラムを実行させるための言語」だということです．そこで，whileやifの条件も「任意のプログラムを実行させて，その成功/失敗に応じて分岐する」ということになっています．ふだんはほとんど意識されないのですが，たとえばfgrepは

```
fgrep 文字列 ファイル …
```

によりファイル中の「文字列」を含む行だけを抜き出すのに加え，この時「1つでも文字列を含む行が見つかったら成功，そうでなければ失敗」という結果も返してくれます．

　たとえばこれを使って「ある単語が/usr/share/dict/wordsにあるかどうか」調べてくれるスクリプトを書いてみましょう．

```
% cat word
#!/bin/sh
if fgrep "$1" /usr/share/dict/words >/dev/null
then
   echo "Sure, I know the word $1."
else
   echo "I don't know the word $1."
fi
```

```
% word programing
I don't know the word programing.
% word programming
Sure, I know the word programming.
% word program
Sure, I know the word program.
%
```

ここでは fgrep の出力 (抜き出した行) は不要なので/dev/null という仮想的な出力装置 (ただ出力を食べてしまうだけで何もしない) に送っています．

7.3.4 test コマンド

このように「一般のプログラムが条件として書ける」というのは面白いのですが，やはり「変数の値が等しいかどうか」など普通のプログラム言語で使うような条件も使いたいですね．

シェルスクリプトの場合はシェル自身にその種の機能を組み込むのではなく，代わりに文字や数値の比較をやってくれる test というコマンドを利用します．test コマンドはスクリプトで多数使われるため，[という名前ももっていて，以下ではこちらの形をおもに使います．その場合，if の条件部は

```
if [ test の扱う条件 ]
then
   ...
```

のような形になります[3]．具体的に test が扱う条件の形としては，次のようなものがあります：

```
n1 -eq n2     --- 数値 n1 と n2 が等しい (他に-ne, -lt, -le, -gt, -ge)
s1 = s2       --- 文字列 s1 と s2 が等しい
s1 != s2      --- 文字列 s1 と s2 が等しくない
-f ファイル名    --- その名前のファイルが存在する
-d ディレクトリ名  --- その名前のディレクトリが存在する
```

これを利用して，先の word のスクリプトを「単語が指定されてなければ利用者に問い合わせる」ように改良してみましょう：

---

[3] 最後に「]」がつくのは見やすくするためで，test コマンドはこれを引数として受け取り単に無視します．

```
% cat word1
#!/bin/sh
word=$1
if [ a$word = a ]
then
    echo -n 'Word? '
    read word
fi
if fgrep "$word" /usr/share/dict/words >/dev/null
then
    echo "Sure, I know the word $word."
else
    echo "I don't know the word $word."
fi
% word1 this
Sure, I know the word this.
% word1
Word? that
Sure, I know the word that.
%
```

第1引数が空ならば「a$word」はaと同じなので，その時はプロンプトを出して変数wordに語を読み込みます (echo の-nオプションはメッセージ打ち出し後改行しないためです). read コマンドは，「read 変数名」という形で用い，変数に標準入力から値を読み込ませる機能を提供します.

7.3.5 while 文

先に出てきた for 文があらかじめ決まった並びに対して実行されるループであるのに対し，より一般的なループ機能を提供するのが while 文です．その形は次のようになります:

```
while 条件
do
    文 …
done
```

ここで「条件」は if 文の場合と同様のもので，上述の test も使えます．たとえば，指定した回数だけメッセージを打ち出す例を挙げておきましょう:

```
% cat times
#!/bin/sh
```

```
count=$1
message=$2
while [ $count -gt 0 ]
do
  echo $message
  count=`expr $count - 1`
done
% times 5 hello
hello
hello
hello
hello
hello
%
```

7.3.6　シェルスクリプトとオプションの扱い

　ここで，通常のUNIXコマンドと同じようなオプションを複数受け付けるシェルスクリプトを書きたいということもよくあるので，そのような枠組みについて簡単に説明しておきましょう．実はそれには，先にやった「$1 がこういう形式だったら$2 をオプションとして取り込む」という動作を繰り返し実行させればよいのです．先のメッセージ打ち出しコマンドを変更して，標準のメッセージと回数を用意し，ただし「-c 回数」で回数，「-m メッセージ」でメッセージを指定することもできるようにしてみました：

```
% cat times1
#!/bin/sh
count=5
message="Hello."
while true
do
  case $1 in
  -m) message=$2; shift; shift;;
  -c) count=$2; shift; shift;;
  *) break;;
  esac
done
while [ $count -gt 0 ]
do
  echo $message
  count=`expr $count - 1`
done
```

```
% times1 -c 3
Hello.
Hello.
Hello.
% times1 -m 'Good-Bye!'
Good-Bye!
Good-Bye!
Good-Bye!
Good-Bye!
Good-Bye!
% times1 -c 2 -m Baka.
Baka.
Baka.
%
```

なお，trueというのは「何もしないがいつでも成功して終わる」コマンドで，無限ループを書くのに使います．またbreakというのはループを脱出するためのコマンドです．

7.4 汎用スクリプト言語 Perl

7.4.1 シェルスクリプトからスクリプト言語へ

前節までで説明してきたように，シェルスクリプトを使ってさまざまなプログラムをつくることは十分に実用的で意味のあることですが，しかしシェルスクリプトには次のような欠点がありました．

- 個々の動作はシェルが別のプログラムを呼び出すことで実現するものが多いため，呼び出し回数が多くなると遅くなりがちである．
- 文字列の操作やファイルの読み書きなど普通の言語で直接行える処理を (それらを扱うコマンドを呼び出すなどの形で) 間接的にしか記述できない．
- 配列などデータ構造の機能が弱い．

これらの弱点を取り除くため，シェルとは別の「もっとプログラミング言語らしい言語」を用意してその言語で処理を記述する，ということが行われるようになりました．たとえば AWK という言語は文字列の加工に的を絞った小規模な言語で，シェルでは直接扱えないような文字列の処理を受け持つのに適していました．ただし，AWKのような小規模な言語ではそれ単独で必要な作業すべてを記述するのは無理で，シェル

スクリプトと組み合わせて使うのが普通でした．そして，(シェルスクリプトと AWK のように) 複数の言語を組み合わせて使うのは繁雑で間違いを侵しやすいという弱点がありました．

これに対し，シェルスクリプトと AWK のような小さい言語とを組み合わせて行うような処理をすべて 1 つの言語だけで書けるようにという目的で Larry Wall が開発したのが **Perl** とよばれる言語です．Perl はそれ単独でさまざまな処理を行うプログラムが簡単につくれるということから広く普及し，**スクリプト言語**の代表となっています．現在ではオブジェクト指向の考え方を基本に取り入れた，より新しい言語として **Python，Ruby** なども普及してきています[4][5]．以下本節では Perl 言語を概観し，上に挙げたようなさまざまな機能がどのように 1 つの言語に組み込まれているかを見ていくことにしましょう．

7.4.2　Perl の基本構造

Perl は C 言語の制御構造 (if や while など) を踏襲していますが，ただし `main()` のような関数は定義しなくてもよく (もちろん必要なら定義できる)，シェルスクリプト同様に，ただ文を並べるだけでそれらの文が実行できます．変数は先頭に「$」をつけて表します．簡単な例を示しましょう．

```
#!/usr/local/bin/perl
for($i = 0; $i < $ARGV[0]; ++$i) {  print " $i"; }
print "\n";
```

1 行目はインタプリタ指定で，このスクリプトが Perl によって実行されることを示しています (筆者のサイトでは Perl の実行系は `/usr/local/bin/perl` に置かれています)．2 行目は for 文で，変数`$i` を 0 からいくつかまで順に変化させながら，その数と空白文字とを出力します．`$ARGV` はコマンド引数の並びが入る[6]ので，引数として指定した値まで繰り返しになります．シェルスクリプト同様，'…' で囲んだ場合はその文字列はそのまま扱われ，"…"で囲んだ場合は中に変数があればそこに埋め込まれて扱われるので，2 行目のような print で数が出力できるのです．3 行目は単に改行を打ち出すだけですが，これも"…"で囲んだ場合のみ「\n」に対応して改行文字が出力

---

[4] Perl 以前のシェルスクリプトなどを「第一世代」，Perl を「第二世代」，Pyhon/Ruby などを「第三世代」のスクリプト言語である，などということもあります．

[5] Perl もバージョン 5 以降ではオブジェクト指向の機能を追加しています．

[6] ただし 0 番目はプログラム名ではなく最初の引数です．

されます。実行の様子を見ましょう。

```
% cat sample1.pl

#!/usr/local/bin/perl
for($i = 0; $i < $ARGV[0]; ++$i) { print " $i"; }
print "\n";
% chmod a+x sample1.pl   ←最初に1回だけ
% sample1.pl 5
 0 1 2 3 4
%
```

上ですでに for 文が出てきましたが、文の構成も C 言語によく似ていて、ただし if などの後にくる文は必ず「{」と「}」で囲んだ形で書かなければなりません。また if-else if に対応する構文が別に用意されています。全部示すと多いので本書で使う構文だけを挙げます。

式;
while(式) { 文… }
for(式; 式; 式) { 文… }
for 変数 (式) { 文… }
if(式) { 文… } [else { 文… }]
if(式) { 文… } (elif(式) { 文… })… [else 文…]

2番目の形の for 文は C にないものですが、後で使うので示しました。また、かぎかっこ内の部分 (if の else 部) は C と同様、あってもなくても構いません。

7.4.3 ファイル入力と文字列処理

Perl でファイルから読み込むには「<名前>」という形のものを参照します。ファイル名を指定してそのファイルから読み込むこともできますが、一番簡単には「<>」と指定すれば

- コマンド行引数がない場合は標準入力から読む
- 引数がある場合はその各々をファイル名として、その各ファイルから順番に読み込む

という、普通のフィルタと同じ動作になります。たとえば、入力をすべて1行に連結するという例を見てみます。

```
#!/usr/local/bin/perl
while($line = <>) {
  chomp $line;
  $result = $result . ' ' . $line;
}
print $result, "\n";
```

while の条件部分で入力を 1 行ずつ読み込み，変数$line に入れますが，入力がすべて終わった後で実行すると undefined が返され，これは条件としては偽になるのでループを終わらせます．次の chomp という命令は行末の改行文字を削除します (削除しないと改行がくっついたままなので連結しても 1 行になりません)．次の行の「.」は文字列連結演算子で，これによってこれまでの$result の値と空白 1 文字と読み込んだ行とをくっつけて再度$result に入れます[7]．ループを抜けた後で$result と改行文字をこの順に出力します．動かしたところを見てみましょう．

```
% cat t1
This
is
% cat t2
a
pen.
% sample2.pl t1 t2
 This is a pen.
%
```

7.4.4　Perl と正規表現

Perl の大きな特徴は，**正規表現**によるパターンマッチングを取り込んでプログラムの中で使えるようにしたことです (これ以降のスクリプト言語の多くが Perl に追従しています)．具体的には，

　　　文字列　　=~　　/正規表現/

という式を書くことによって文字列と正規表現をパターンマッチさせられ，これを if の条件部分に書くことでパターンマッチが成功したかどうかで処理を枝別れさせられます．さらに，正規表現の中で「(…)」で囲まれた部分 (グループ) については，マッチが成功したときに変数$1, $2, …にその文字列が格納されます．たとえば，入力ファ

---

[7] $result の初期値を設定していませんが，初期値を設定していない変数を文字列連結に使うと空文字列として扱われるので，これで大丈夫なのです．

イルのうちで「数 + 数 =」という形をした行だけはその後ろに結果をくっつけ，それ以外の行はそのまま出力する，という例を見てみましょう．

```perl
#!/usr/local/bin/perl
while($line = <>) {
  if($line =~ /^([0-9]+) \+ ([0-9]+) =/) {
    print $1, ' + ', $2, ' = ', ($1+$2), "\n";
  } else {
    print $line;
  }
}
```

すなわち，入力を1行ずつ読み込み，各行ごとに「数字が1個以上ならび，空白があり，文字+があり，空白があり，数字が1個以上ならび，空白があり，文字=がある」パターンとマッチさせます．マッチが成功した場合は2つの数字の並びは変数$1と$2に入っているので，これらを用いて足し算の結果を出力します．マッチが成功しなければ元の行をそのまま出力します．実行させてみましょう．

```
% cat t
abc
10 + 5 =
3 + 7 =
def
% sample3.pl t
abc
10 + 5 = 15
3 + 7 = 10
def
%
```

なお，込み入った処理ではなく単に「マッチしたものを置き換えたい」場合には次のような形式のマッチ式によってsed等と同様の文字列置換もできます．

　　　　変数 =~ s/正規表現/置き換え文字列/

この場合でもグループを指定すれば置き換え文字列中で変数$1, $2, …等を使うことができます．

7.4.5 Perlのリストと配列

Perlでは基本的なデータ構造として**リスト**を使うことができます．リストはたとえば

```
(1, 2, 3, 4)
```

のように「(…)」の中に値を区切って入れることで表せます．そして…ここからがPerlの非常にわかりづらいところなのですが，リストの値をもつ変数は**配列**とよばれ，普通の変数と区別して先頭に「@」をつけます．

```
@list = (11, 12, 13, 14);
```

ですが，ここから「何番目」かの要素を取り出してくる (先に出てきた ARGV の例のように添字を指定する) 場合は，その中の「1個の」値を扱うので$をつけます．

```
... $list[2] ...   ←値「13」が参照されるはず
```

また，リストの最大の添字番号は「$#配列名」という記法で指定できます．これらを使って for 文で配列 list の要素を順番に打ち出すとすれば次のようになります．

```
for($i = 0; $i <= $#list; ++$i) { print $list[$i], "\n" }
```

しかし配列の全要素を順番に取り出す場合はもう1つの形の for 文を使う方が簡単にできます．

```
for $x (@list) { print $x, "\n" }
```

C言語などの配列と違って Perl の配列は自由に延び縮みできますから，あらかじめ決まった大きさで宣言する必要はありません．そして，配列の先頭や末尾に要素を追加したり，そこから取り除くのも簡単です．

```
push(@配列名, 値…)   --- 配列の末尾に値を追加
unshift(@配列名, 値…) --- 配列の先頭に値を追加
pop(@配列名)   --- 配列の末尾の要素を取り除いて返す
shift(@配列名) --- 配列の先頭の要素を取り除いて返す
```

たとえばファイルを「上下さかさまに」する例を見ましょう．

```
#!/usr/local/bin/perl
while($line = <>) { unshift(@list, $line); }
for $x (@list) { print $x; }
```

つまりファイルの各行を配列 list の先頭にくっつけていき，全部終ったら配列全体を順番に打ち出すだけです．最初に空っぽの配列を用意していませんが，Perl は最初に使った時に空っぽの配列を用意してくれます．

```
% cat t
This is
a
pen.
% sample4.pl t
pen.
a
This is
%
```

7.4.6　Perl の連想配列

連想配列 (associative array) とは，もともと AWK 言語で発明された概念であり，通常の配列が整数 (0, 1, ...) を添字として指定するのに対し，任意の文字列を添字として指定できるような配列をいいます[8][9]．

連想配列は全体として指定する場合は先頭に配列の@の代わりに%をつけて表し，個別の要素を指定する場合は添字を配列の [⋯] の代わりに{⋯}で囲んで表します．

たとえば，ファイルから重複した行を取り除くのには普通 sort と uniq を使いますが，並び順を変えないで重複を除く (つまり最初に現れた時だけ出力する) には次のように連想配列が使えます．

```
#!/usr/local/bin/perl
while($line = <>) {
  if(++$count{$line} == 1) { print $line; }
}
```

つまり「ある文字列が何回現れたか」数えて，1回目の時だけその文字列を出力するわけです．

```
% cat test.txt
a
bad
dog
a
good
cat
```

---

[8] 通常のメモリが番地を指定して内容を取り出すのに対し，格納されている内容を指定してそれが何番地にあるかを調べる機能をもつメモリを (内容のありかを「思い出す」ため)「連想メモリ」とよぶので，その類推でついた名前．

[9] Perl の用語ではハッシュとよばれています (実現に使うプログラミング技法の名前からきている)．

```
and
dog
% sample5.pl test.txt
a
bad
dog
good
cat
and
%
```

ところで，この方法を応用して「どの文字列が何回現れたか」を出力できます．それには keys() という関数を使って連想配列にどのような添字が含まれているかをリストとして取り出します．表のような形で打ち出すには，このリストを新しい形の for 文で1つずつ処理すればよいでしょう．

```
#!/usr/local/bin/perl
while($line = <>) { chomp($line); ++$count{$line}; }
for $key (keys(%count)) {
  print $key, ' : ', $count{$key}, "\n";
}
```

これを実行すると次のようになります．

```
% sample6.pl test.txt
cat : 1
good : 1
bad : 1
a : 2
dog : 2
and : 1
```

順番がデタラメですね．これはハッシュ表の特徴上，どうしてもそうなります．アルファベット順に並べたい場合は「keys(%count)」のところに整列機能の呼び出しを追加して「sort(keys(%count))」のようにします．

7.5 tcl/tk と GUI のためのスクリプト

7.5.1 スクリプト言語と GUI

前章で学んだように，GUI プログラミングでは C や C++ などの言語と GUI 部品を

実現するためのライブラリを組み合わせて使用します．このとき，ライブラリの機能を把握し，使いこなせるようになるまでにはかなりの労力が必要であり，そのためにGUIプログラムの開発は敷居が高いといえます．

しかし，スクリプト言語とGUI部品オブジェクト(Widget)をうまく組み合わせると，これらの苦労なしに比較的簡単にGUIプログラムを作り出すことができます．それが可能なのは，次のような理由によります：

- スクリプト言語では「使いたい部品」をあらかじめ組み合わせた状態から始めることで通常の言語で必要な初期設定類(これがGUIプログラミングではたいへん煩雑)を省ける．
- GUI部品を操作したときの動作(コールバック)を設定するのに，通常の言語では関数ポインタやオブジェクトなどの機能を使うのが煩雑だが，スクリプト言語では文字列などを「コードの断片として」部品側に設定しておきやすい．

このようなGUI向きのスクリプト言語の代表がJohn Ousterhoutによって設計された**tcl/tk**とよばれる言語です．実はこれはtcl言語にGUI部品群としてtkとよばれるライブラリを組み合わせたもので，tk自体はPerl/tkなど別の言語と組み合わせて使うこともできます．ここではtcl/tkによるGUIプログラミングがどんな感じかを簡単に見てみましょう．

7.5.2 tcl/tk入門

tcl/tkのプログラムはwishというコマンドによって解釈されます．筆者のサイトではこのコマンドは/usr/local/bin/wishにあるので，これをインタプリタ指定します．まずはごく簡単なプログラムを見ていただきましょう：

```
#!/usr/local/bin/wish
. configure -width 200 -height 100
button .b0 -text "電卓" -command "exec xcalc &"
place .b0  -x 20 -y 20 -width 100 -height 40
```

この意味は次のとおり：

- 1行目 — インタプリタ指定．
- 2行目 — 作成する窓の幅と高さを指定
- 3行目 — 押しボタンを用意．ラベルと押された時のコマンドを指定．
- 4行目 — ボタンを配置．X座標，Y座標，幅，高さを指定．

非常に短いですね．それでボタンが押されるとどうなるのでしょうか？答えは，「exec xcalc &」という文字列が (tcl/tk の) コマンドとして実行される，というものです．そして exec コマンドは，その右側を普通のシェルコマンドと同様にして実行させるので，電卓が画面に表れます．この内容をたとえば sam1 というファイルに入れておき，実行可能にしておいて実行させると図 7.2 のように押しボタンのある窓ができます．そしてボタンを押すと電卓が画面に現れるわけです．これだけでも結構いろいろな応用ができそうでしょう？

図 **7.2** 簡単な tcl/tk プログラム

7.5.3 さまざまな GUI 部品

tcl/tk では上に見たように，さまざまなコマンドにさまざまなパラメタを指定していくだけで，それなりの GUI プログラムが作成できます．一番基本的な GUI 部品はボタンですが，それ以外にもさまざまなものがあります．次の例ではチェックボタンとスライダも使ってみました (図 7.3)．

```
#!/usr/local/bin/wish
. configure -width 400 -height 200
button .b0 -text "時計" -command {
  exec xclock -geometry ${w}x${w} ${t} -update ${s} & }
place .b0 -x 20 -y 20 -width 100 -height 40
checkbutton .c0 -text "ディジタル時計" -var t \
```

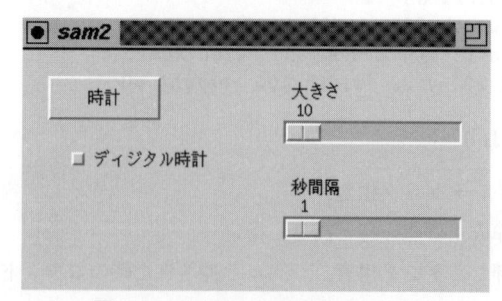

図 **7.3** チェックボタンとスライダ

```
      -onvalue "-digital" -offvalue "-analog"
place .c0 -x 20 -y 60 -width 160 -height 60
scale .s0 -orient h -label "大きさ" -from 10 -to 300 -var w
place .s0 -x 220 -y 20 -width 160 -height 80
scale .s1 -orient h -label "秒間隔" -from 1 -to 60 -var s
place .s1 -x 220 -y 100 -width 160 -height 80
```

チェックボタンやスライダでは「-var 変数名」と指定することで，現在の設定値を変数に格納させられます．また「{ ... }」で囲んだ中にコマンドを入れておくと，その部分の実行時に変数の値を (シェル変数と同様にして) 読み出してきて埋め込むことができます．これにより，スライダで設定した大きさで時計を作り出したりできるのです．

ここまでの例ではテキスト入力がありませんでしたが，テキスト入力欄を使えばメールの宛先や本文などを画面から打ち込むこともできます．そのような例も見てみましょう (図 7.4)．

図 **7.4** 1 行入力欄と複数行入力欄

```
#!/usr/local/bin/wish
. configure -width 250 -height 250
label .l0 -text "宛先"
place .l0 -x 10 -y 10 -width 50 -height 30
entry .e0 -textvar dest
place .e0 -x 60 -y 10 -width 170 -height 30
label .l1 -text "主題"
place .l1 -x 10 -y 50 -width 50 -height 30
entry .e1 -textvar subj
place .e1 -x 60 -y 50 -width 170 -height 30
text .t0
place .t0 -x 10 -y 90 -width 230 -height 100
```

```
button .b0 -text "送信" -command {
  exec mhmail -s $subj $dest <<[.t0 get 1.0 end] }
place .b0 -x 10 -y 200 -width 50 -height 40
```

1行入力欄については-textvar オプションで値を設定する変数が指定できますが，複数行入力欄については値を取り出すためには get コマンドを使用する必要があります．exec の中でこれと「<<」という指定を組み合わせることで，Unix コマンドに標準入力からテキストを与えることができます．そして，Unix のコマンドと組み合わせることでメール送信プログラムになるわけです．このように，tcl/tk で GUI の部分をつくり，必要に応じて Unix コマンドを組み合わせることで，さまざまな作業を GUI 経由で行えるようになるわけです．

7.5.4 インタフェースの評価基準

せっかく tcl/tk を学んだので，それを利用してさまざまなユーザインタフェースをつくった場合の「よしあしの評価」について考えてみましょう．あなたは結局,「よいユーザインタフェース」とはどういうものだと考えますか? 見た目がかっこいいこと? 見た目がかっこよいが，(正しく) 動かないユーザインタフェースがあったとして，あなたはそれを選びますか?

もう答えはおわかりでしょうが，ユーザインタフェースを評価する基準は非常に多くのものがあります．そして，どの基準がどれくらい重視されるべきかは，そのユーザインタフェースをどのような場面で，どのような目的で，どのようなユーザを対象として用いるか，によって全く変わってしまうわけです．

では具体的に，ユーザインタフェースを評価する基準としては，どのようなものが考えられると思いますか?

- 機能．そのインタフェースでどのようなことまでができるか．
- アピール．そのインタフェースを「見せて売る」つもりならこれはこれで重要である (しかし見かけだけで売りつけられた顧客は…)．
- 学びやすさ．はじめての人がそのインタフェースの使い方を学ぶのにかかるコスト (時間，疲労，…)．
- 効率．ある操作 (代表的な操作をいくつか選ぶべき) を実行するのにかかる所要時間．
- エラーの少なさ．ある操作を実行する際に誤りをおかす頻度．

7.5 tcl/tk と GUI のためのスクリプト

- 認知負荷．ある操作を実行するのにどれくらい集中していないとできないかといったことがら．
- 計算負荷．どれくらい「しょぼい/小規模な」マシンでちゃんと利用できるかどうか．

どの基準も，場合によっては支配的な要因になり得るわけです．たとえば携帯電話上で稼働させるソフトであれば，どんなに使いやすくても17インチ画面の必要なユーザインタフェースは問題外でしょう．

では，上記のような基準からどれをどのくらい重視するか決まったとして，それぞれの基準においてそのインタフェースが「どのくらい良い」かを測るにはどうしたらいいでしょうか？なんとなくいいと思った，ではダメダメなのは当然ですね．きちんと実験をして，それに基づいて評価する必要があります．とはいっても，実験するのはコストも手間も大変なので，もっと簡単な評価方法も併用できると嬉しいわけです．

簡単なめやすとして「ある作業(タスク)に際してユーザが行う操作を数える」「それに基づいて時間を見積もる」という方法があります[10]．たとえば，

- キー入力1文字 0.5秒
- マウスを移動してクリック1回するのに1秒
- キーとマウスの間の移動も1秒
- ユーザが考えるところでも1秒

などと決めて合計時間を計算することが考えられます．例として，「電卓」のような計算をするインタフェースを3つ，tcl/tk でつくってみました．まず，最初のはいかにも「電卓」らしいものです(図7.5)．

```
#!/usr/local/bin/wish
. configure -width 180 -height 250
entry .ent1 -relief sunken -width 20
place .ent1 -x 10 -y 10
button .b9 -text "9" -command ".ent1 insert end 9"
place .b9 -x 90 -y 50
button .b8 -text "8" -command ".ent1 insert end 8"
place .b8 -x 50 -y 50
button .b7 -text "7" -command ".ent1 insert end 7"
place .b7 -x 10 -y 50
button .b6 -text "6" -command ".ent1 insert end 6"
```

---

[10] ここで紹介するのは打鍵レベルモデルとよばれる手法を簡略化したものになっています．たとえばこういう方法でもおおざっぱな見積りはできる，という例として読んでください．

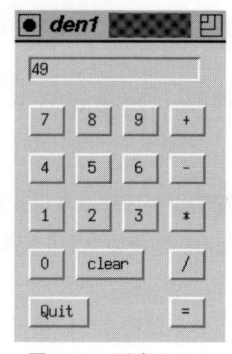

図 7.5　電卓その1

```
place .b6 -x 90 -y 90
button .b5 -text "5" -command ".ent1 insert end 5"
place .b5 -x 50 -y 90
button .b4 -text "4" -command ".ent1 insert end 4"
place .b4 -x 10 -y 90
button .b3 -text "3" -command ".ent1 insert end 3"
place .b3 -x 90 -y 130
button .b2 -text "2" -command ".ent1 insert end 2"
place .b2 -x 50 -y 130
button .b1 -text "1" -command ".ent1 insert end 1"
place .b1 -x 10 -y 130
button .b0 -text "0" -command ".ent1 insert end 0"
place .b0 -x 10 -y 170
button .b10 -text "clear" -command ".ent1 delete 0 end"
place .b10 -x 50 -y 170
button .b11 -text "+" -command {
  set a [.ent1 get]; set b "+"; .ent1 delete 0 end }
place .b11 -x 130 -y 50
button .b12 -text "-" -command {
  set a [.ent1 get]; set b "-"; .ent1 delete 0 end }
place .b12 -x 130 -y 90
button .b13 -text "*" -command {
  set a [.ent1 get]; set b "*"; .ent1 delete 0 end }
place .b13 -x 130 -y 130
button .b14 -text "/" -command {
  set a [.ent1 get]; set b "/"; .ent1 delete 0 end }
place .b14 -x 130 -y 170
button .b15 -text "=" -command {
  set c [expr $a $b [.ent1 get]]; .ent1 delete 0 end
  .ent1 insert end $c }
place .b15 -x 130 -y 210
```

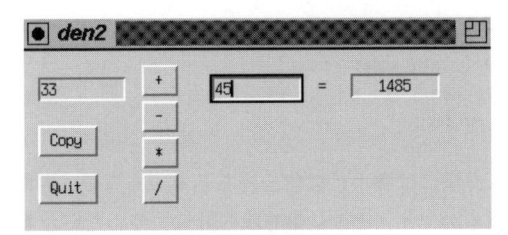

図 7.6 電卓その 2

- 数字ボタンは入力欄の末尾にその数字を追加する．
- 演算ボタンは入力欄を$a, 演算を$b に記憶．
- 「=」ボタンは覚えていたものと現在の入力欄で演算し，結果を入力欄に表示する．

さて，もっと「電卓ぽくない」ものも考えてみます (図 7.6)．

```
#!/usr/local/bin/wish
. configure -width 400 -height 150
entry .ent0 -relief sunken -width 10
place .ent0 -x 10 -y 20
entry .ent1 -relief sunken -width 10
place .ent1 -x 160 -y 20
label .lab0 -text "="
place .lab0 -x 250 -y 20
label .lab1 -relief sunken -width 10
place .lab1 -x 280 -y 20
button .b1 -text "+" -command {
  set a [expr [.ent0 get] + [.ent1 get]]
  .lab1 configure -text $a }
button .b2 -text "-" -command {
  set a [expr [.ent0 get] - [.ent1 get]]
  .lab1 configure -text $a }
button .b3 -text "*" -command {
  set a [expr [.ent0 get] * [.ent1 get]]
  .lab1 configure -text $a }
button .b4 -text "/" -command {
  set a [expr [.ent0 get] / [.ent1 get]]
  .lab1 configure -text $a }
place .b1 -x 100 -y 10
place .b2 -x 100 -y 40
place .b3 -x 100 -y 70
place .b4 -x 100 -y 100
button .b5 -text "Copy" -command {
  .ent0 delete 0 end
```

```
  .ent1 delete 0 end
  .ent0 insert 0 [.lab1 cget -text]
  .lab1 configure -text "" }
place .b5 -x 10 -y 60
```

今度は，2つの入力欄には勝手に数値を打ち込んでもらい，四則のボタンを押すと結果が現れるというものです．その結果を次の計算に使いたいときは「Copy」ボタンを押します．

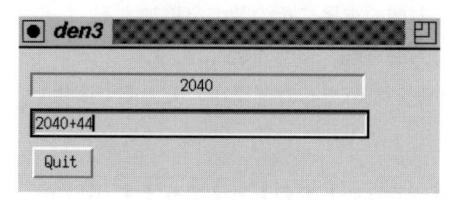

図 7.7　電卓その3

3番目のはもっと過激です(図7.7)．つまり，入力欄と表示欄しかなく，入力欄に任意の数式を打ち込んでリターンしたとたんに計算がなされるというものです．

```
#!/usr/local/bin/wish
. configure -width 360 -height 80
label .lab1 -relief sunken -width 40
place .lab1 -x 10 -y 20
entry .ent1 -relief sunken -width 40
place .ent1 -x 10 -y 50
bind .ent1 <Key-Return> {
  set a [expr [.ent1 get]]
  .lab1 configure -text $a
  .ent1 delete 0 end
  .ent1 insert 0 $a }
```

さて，これで

1234 * (567 - 89)

の計算をやるものとしよう．M→マウスクリック，H→手の移動，K→キー打鍵，とすると，第1版では操作内容は

5 6 7 - 8 9 = * 1 2 3 4 =
M M M M M M M M M M M

だいたい13秒くらいと見積もれます．第2版では「|」で移動を表すと

```
5 6 7 | c | 8 9 | = c | 1 2 3 4 | =
K K K H M H K K H M M H K K K K H M
```

なので 13.5 秒くらいでしょうか．では第 3 版ではどうでしょう？

```
1 2 3 4 * ( 5 6 7 - 8 9 ) ret
K K K K K K K K K K K K K
```

7 秒と非常に短いです．これは大まかな見積もりであり，しかもかっこの中を先に計算することを「考える時間」を見積もっていないのですが，実際にやってみてもそっけない第 3 版が一番速いはずです．

7.6 まとめと演習

この章では，スクリプトという考え方を紹介し，さまざまなスクリプトを活用することで，これまで大変だと思っていた「プログラムを用意する」という仕事がずっと手近なものにできることを，さまざまな例を挙げて見てきました．ぜひ普段の作業に活用してみてください．

- **7-1.** 例題のシェルスクリプト **times1** を改良して，メッセージについては指定がなかった場合利用者に問い合わせてくるように直しなさい．または，「**-f** ファイル名」というオプションが指定されていた場合にはそのファイルの中身をメッセージとして打ち出すように直してみなさい (ファイルがちゃんとあるかどうか調べ，なければエラーメッセージを打ち出すこと)．やってみて新たにわかったことを報告しなさい．
- **7-2.** 累計を次々に追加していけるような足し算スクリプトをつくりなさい．たとえば **$HOME/.mem** というファイルに現在の累計を保管し，「**c**」というコマンドでこれを 0 にクリアし，「**a** 数値」というコマンドで数値を足し込み，結果を表示します[11]．
- **7-3.** 例題の Perl スクリプト **sample3.pl** を改良して，ファイル中に「数値 + 数値 = 数値」という箇所が含まれていたら足し算を正しくやり直して置き換える (それ以外の箇所はすべて元のままにする) ようにしてみなさい[12]．

---

[11] ヒント：スクリプト中で累計を参照するには，コマンド置換を用いて「`cat $HOME/.mem`」とします．
[12] ヒント：行の前の部分や後の部分もパターンにマッチさせて保存する．または Perl に詳しい人に尋ねて「評価つき置換機能」を使ってもよい．

7-4. Perl で tr + sort + uniq を用いるのと同様な単語出現数カウントプログラムをつくりなさい[13]．単語の表示される順番は任意でかまいません．

7-5. tcl/tk で自分の好きな (xcalc と xclock 以外の) コマンド (複数でもよい) を呼び出すような GUI プログラムをつくって動かしてみなさい．ただし，オプションを 1 つ以上，GUI 経由で選択可能にすること．

7-6. 3 種類の電卓で同じ計算を行った場合の所要時間を実測してみなさい．本文に載っている時間見積り方法で見積もった場合との差異についても検討してみなさい．

---

[13] ヒント：1 つの文字列中にある英字の並びを順に取ってくるのはたとえば「while($s =~s/\[A-Za-z]+/){…}」というループを使えばできます (ループ内で変数$1 に英字の並びが入っています)．

8 ネットワークの原理

今日の計算機システムにおいて，ネットワークは欠かせない機能です．そのことは多くの人が経験ずみであり，いまさら取り上げるまでもないでしょう．しかし，その裏側にどのような技術的背景があるのかについては，あまり知られていません．この章ではこれらの側面にも焦点を当てながら，計算機ネットワークの機能や仕組みについて体系的に整理してみます．

8.1 計算機ネットワークの概念

8.1.1 ネットワークとその目的

まずそもそも，計算機ネットワークとは何でしょうか? 物理的には，複数の計算機システムが，互いに通信できるように接続されたものがネットワークである，といえます．しかし例によって，計算機が「何をするか」はソフトウェアによってすべて変わってきますから，そのようなハードウェア (物理的な接続) をどのように使うかが重要です．ネットワークを構成する目的としては次のようなものが挙げられます:

a. 資源の共有 — たとえばある計算機に入っているデータを，その計算機で処理を行う際だけでなく，別の計算機で処理を行う際にも利用できるようにする，ある計算機の CPU 能力が不足したらデータの一部を別の計算機で処理する，など．
b. 信頼性 — 1 台の計算機であればそれが止まってしまえば処理は停止してしまうが，複数台の計算機をネットワークで結合したものであれば，1 台が壊れても残りで処理を進めていくようにできる．
c. 経済性 — 大きな計算機 1 台で何もかもやらせるより，複数のマシンをネットワーク結合したシステムの方がコスト的に安い．
d. 段階的成長 — 1 台の計算機で能力が不足したら，より大きいマシンにリプレー

スするしかないが，ネットワークシステムなら何台かマシンを追加する形で成長して行ける．
  e. 通信媒体 — 距離的に離れたシステムどうしを接続することにより，新しいタイプの応用が可能になる．

もちろん，どの目的を主とするかによって，ネットワークの形態は大幅に異なります．たとえば，信頼性や経済性のためにネットワークシステムを構成するのなら，その各計算機間の距離は比較的近く，それらの間は高速な通信方式で結ばれることになるでしょう (**LAN** — Local Area Network, 局所ネットワーク)．一方，離れたところにあるデータの共有や個人間の通信が目的なら，そのネットワークは長い距離を結ぶものになるはずです (**WAN** — Wide Area Network, 広域ネットワーク)．

8.1.2 通信媒体とトポロジ

計算機どうしが通信するためには，互いに信号を伝達する「もの」が必要です．これを**通信媒体**とよびます．代表的な通信媒体としては次のものがあります．

- 銅線 — もっとも広く使われており，用途や通信速度に応じて**同軸ケーブル** (中心線とそれを囲む網状の線からなり，電気的干渉に強い)，**ツイストペア** (2本の信号線を一定の率でより合わせてあり，電気的干渉を相殺するようになっている) をはじめ，多くの種類がある．
- 光ファイバ — ガラスを細長く伸ばしたもので，中にレーザー光線を通すことで遠距離まで減衰なく高速に大容量の通信ができる．
- 電波 — 線を引くのが難しいか，コスト的に見合わない場合に使われる．**通信衛星**を経由した通信もこれに含まれる．
- 赤外線 — ごく近くにある機器どうしで配線をつなげずに通信できる．

次に，これらの媒体を組み合わせてネットワークを構成するとき，その「つながり方」(トポロジ) にもさまざまな基本形があります (図 8.1)．ネットワークの話をする場合は，そこにつながる各マシンのことを**ホスト**とよびます (図ではCと記してあります)．ネットワークを構成する場合は，ホスト以外に中継機器 (図では無印の箱で示してあります) も使うのが普通です[1]．

---

[1] 以前は中継機器も高価だったため，ホストに中継機能を兼ねさせたりして費用を節約することがよくありました．ネットワークが普及した結果，量産効果で中継機器も安くなったため，今ではそのような手間をかけることは減っています．

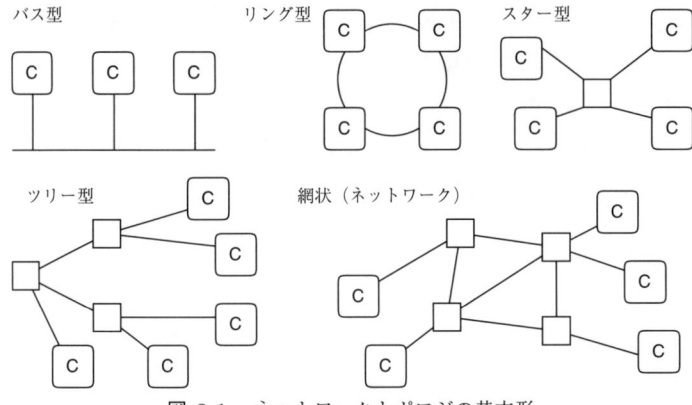

図 8.1　ネットワークトポロジの基本形

- バス型 — 1つのケーブルなり媒体に多数のホストをつなぐ．無線 LAN なども1つの電波帯域を多数のホストが共有するためこれに分類できる．
- リング型 — 環状につながったホスト間を信号が「一方向周り」に順次伝わることで通信を行う．現在ではあまり見られない．
- スター型，ツリー型 — 中継機器を中心に放射状にホストや中継機器をつなぐ．1段の場合はスター，多段の場合はツリーだが実際には混在した形になることが多い．
- 網状 — ツリーと異なり中継機器どうしが多数の経路で相互に結ばれているもの．

実際のネットワークはこれらの形がさまざまに入り混じって構成されています．一般的にいえば，バス，リング，スターは LAN の末端部分で使われ，多数の計算機を含んだネットワークではツリーや網状の構成を取るのが普通でしょう．

8.1.3　回線交換とパケット交換

　計算機ネットワーク以前から存在しているネットワークの例として，電話網やテレビ放送網などが挙げられますが，これらと計算機ネットワークとでは大きく違う点があります．それは，電話やテレビではまず通信経路が確保され (電話では最初にダイアルした時，テレビではテレビ局が電波の割り当てを受けて設備を用意した時)，通信中はその経路はずっと確保されているという点です[2]．

---

[2] もっとも，最近の電話網は計算機ネットワークの技術を利用するようになってきているので，そのような場合は計算機ネットワークと同様になります．

ですから，話し中にちょっと沈黙している間とか，夜中の放送時間外のように，その経路にデータが流れていない場合でも，それを他人が有効活用するというわけにはいかないのです．その代わり，いつでも再度話し始めたり，放送を開始することができます．このようなネットワークの接続形態を**回線交換**とよびます．

計算機間の接続を回線交換で行うことは，実はあまり得策ではありません．というのは，計算機どうしの通信は「とくに仕事がない」状態では何もやりとりするデータがなく，「座席予約」とか「ファイル転送」などの作業があるとその時だけどっと大量のデータが移動するという性質をもっているからです．

そこで，計算機の場合には通信したい内容をある範囲の大きさ(数十バイト～数千バイト程度)の「パケット」とよばれるかたまりにまとめて，そのパケットをやりとりすることで通信を行います．これを**パケット交換**とよびます．回線交換が「電話」だとすれば，パケット交換は「葉書」ないし「小包み」に例えることができるでしょう．

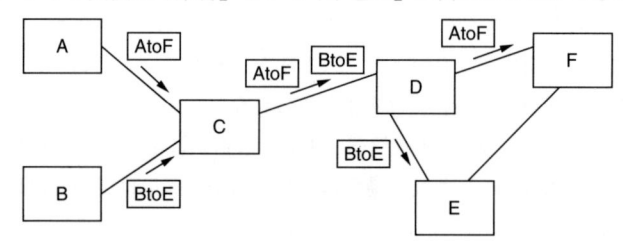

図 8.2 パケット交換の原理

たとえば，図8.2のようなネットワークで，AからFへのパケットはまずCに転送され，次にDに転送され，最後に目的地のFに着くことになります．各中継点でパケットはいったん受け取られて格納されるので，通信のノイズなどのためにたとえばD→Fの転送が失敗した場合でも，Dに格納されたパケットをもう1度送るだけですむといった利点があります．また，たとえばD→Fのリンクが壊れてしまったら，AからFへのパケットを代わりにD→E→Fと転送することもできます．

ところで，これと同時にBからEへの通信もあったとすると，両者のパケットはC→Dのところでは同じリンクに相乗りすることになります．そして，BからEへの通信がちょっと中断している間はAからFへのパケットを目一杯流すことができます．つまりパケット交換では，通信リンクが回線交換よりも柔軟に利用できます．その代わり，BからEへの通信が現れたらこのリンクを両者で公平に使うような管理作業が必要になります．

あるホストから別のホストへ大きなファイルを転送するような場合を考えると，ファ

イル全体を 1 つのパケットに入れるのは無理なので，多数の連続したパケットを用いて転送を行うことになります．このとき，あらかじめ「どこからどこへ転送を行う」という準備をしておくことで，転送効率をあげたりエラー回復に備えることができます．この方式を，転送自体はパケット交換だが「仮想的に」回線のような効果をもたせることから**仮想回線**とよびます．

パケットにせよ仮想回線にせよ，データを送る場合には「送り先」を指定する必要があります．この送り先を指定する情報をネットワークアドレス，ないし単に**アドレス**とよびます．たとえば現在広く使われているインターネット上の約束ではアドレス (IP アドレス) は 4 バイト (32 ビット) の値です．

IP アドレスを指定するときは，16 進数で指定してもいいはずなのですが，歴史的な慣習から 4 つのバイトをそれぞれ 0〜255 の十進数で表したものを「.」でつなげて書きます．たとえば 32 ビットの値が (16 進数で表して)「0a020205」であれば 4 バイトはそれぞれ「0a」「02」「02」「05」なので「10.2.2.5」のように書き表すわけです．

また，IP アドレスだけでは「どのホスト」までしか指定できないので，「どのホストのどのプログラムないしサービス」を指定するために別に 16 ビットの値を指定します．これを**ポート番号**とよびます．ポートというのは，ネットワークでの接続を行う「接続点」のことだと思えばよいでしょう．1 つのマシン上で多数のプログラムが同時に動作してネットワーク通信を行いますが，それぞれが自分用のポートをもっていて他のホストのプログラムと通信するので，ごちゃまぜになることはないわけです．ポートはファイルやプロセスなどと同様，実際には存在しないが OS によって作り出される仮想的な「もの」だといえます．

8.1.4 簡単なネットワークプログラム

お話ばかりではつまらないので，ごく簡単なネットワークプログラムを動かしてみましょう．このプログラムはあるホストから別のホストへパケットを使って文字を送るというもので，送る側と受け取る側に分かれています．まず受け取る側から見ましょう．

```
/* recv.c -- packet receiving example. */

#include <sys/types.h>
#include <sys/socket.h>
#include <netinet/in.h>

main(int argc, char *argv[]) {
```

```c
    int fd, len, fromlen;
    char buf[100];
    static struct sockaddr_in adr;
    adr.sin_family = AF_INET;
    adr.sin_addr.s_addr = INADDR_ANY;
    adr.sin_port = htons(atoi(argv[1]));
    if((fd = socket(PF_INET, SOCK_DGRAM, IPPROTO_UDP)) < 0 ||
       bind(fd, (struct sockaddr*)&adr, sizeof(adr)) < 0) {
      perror("socket: "); exit(1); }
    while(1) {
      len = recvfrom(fd, buf, 100, 0, 0, &fromlen);
      if(len < 0) {
        perror("recvfrom: "); exit(1); }
      write(1, buf, len); }
}
```

　まず，#include ... とあるのはネットワーク関係のデータ構造定義を取り込むための指示です．次に main の冒頭で必要な変数を用意しています．fd はソケット (ポート) のためのファイルディスクリプタ番号を入れる変数，len と fromlen はデータの長さを入れる変数，buf はパケットデータを格納するバッファです．次にネットワークアドレス型のレコード変数 adr を割り当て，そのホスト部は「任意」，ポート番号はコマンド引数で指定した文字列を整数に変換して，なおかつネットワークバイト順に変換したものを入れます．

　ここまでで用意ができたので，まずソケットを作成してそのディスクリプタ番号をfd に入れ，次に bind システムコールにより先につくったソケットのアドレスを上記の値にします (いずれかに失敗したらメッセージを出して終わり)．ここまでの所はこれ以上詳しく説明しても頭が痛いだけなので，「おまじない」だと思ってそのまま使ってください．要は OS に頼んでポート (ソケット) を準備している，ということです．

　ポートが準備できたらあとは recvfrom というシステムコールを呼び，パケットの到着を待つよう OS に頼みます．recvfrom が終わった時には配列 buf にパケットデータが入り，そのバイト数が recvfrom の戻り値として帰されるので，それを write により標準出力に書き出しています．

　このプログラムを動かす前に，動かすマシンの IP アドレスを調べておいてください．それには ifconfig(パスの設定によっては/sbin/ifconfig などのように絶対パスでコマンドのありかを指定する必要があるかもしれません) というコマンドを使います．

8.1 計算機ネットワークの概念

- ifconfig — ホストに備わっている**インタフェース**(ネットへの接続口)の一覧とそれぞれの情報を出力

```
% /sbin/ifconfig
fxp0: flags=8843<UP,BROADCAST,RUNNING,SIMPLEX,MULTICAST> mtu 1500
      inet 10.2.2.5 netmask 0xff000000 broadcast 10.255.255.255
      ether 00:e0:00:13:a9:3c
      media: Ethernet autoselect (100baseTX <full-duplex>)
      status: active
lp0: flags=8810<POINTOPOINT,SIMPLEX,MULTICAST> mtu 1500
lo0: flags=8049<UP,LOOPBACK,RUNNING,MULTICAST> mtu 16384
      inet 127.0.0.1 netmask 0xff000000
%
```

インタフェースが複数表示されると思いますが,その中から inet(IP アドレス)の値が表示されていて,なおかつ 127.0.0.1 ではないものを選んでください.上の例では 10.2.2.5 が IP アドレスということになります. IP アドレスがわかったら,プログラム自体は

```
% gcc -o recv recv.c    ←プログラム名を指定してコンパイル
% recv ポート番号
(受信待ちになる)
```

のようにして起動します.ここで指定するポートは 0〜65535 の数値ですが, 1024 より小さい値は指定できない (特別なポート番号として予約されている) ので,適宜大きな値を指定してください.

では次に送り側のプログラムを示しましょう.

```
/* send.c -- packet sending example. */

#include <sys/types.h>
#include <sys/socket.h>
#include <netinet/in.h>

main(int argc, char *argv[]) {
  int fd;
  char buf[20];
  int len;
  struct sockaddr_in adr;
  adr.sin_family = AF_INET;
  adr.sin_port = htons(atoi(argv[1]));
  adr.sin_addr.s_addr = INADDR_ANY;
  if((fd = socket(PF_INET, SOCK_DGRAM, IPPROTO_UDP)) < 0 ||
```

```
    bind(fd, (struct sockaddr*)&adr, sizeof(adr)) < 0) {
  perror("socket: "); exit(1); }
adr.sin_addr.s_addr = inet_addr(argv[2]);
while((len = read(0, buf, 20)) > 0) {
  if(sendto(fd, buf, len, 0, (struct sockaddr*)&adr, sizeof(adr)) < 0) {
    perror("sendto: "); exit(1); }
}
}
```

こちらもポートの準備までは先と同様です．次に，アドレス型レコードを送り先指定にも使うため，ホストアドレスの部分を相手のアドレスに書き換えます．あとは繰り返し，入力からデータを読んでは sendto でパケットとして送ります．なお，IP アドレス，ポートはプログラムの引数として指定します．ではこれを使ってメッセージを送ってみましょう．

```
% gcc -o send send.c  ←コンパイル指定は recv と同じ
% send アドレス ポート番号
hello.
this is a pen.
...
```

すると，recv を動かしている側に打ち込んだものが現れるはずです(ちなみに止める機能はないので，Ctrl-C で中止させてください)．

ところで，send でリダイレクションを使えばファイルの内容を送ることができます．ちょっとやってみましょう．

```
% more t
aaaaaaaaaaaaaaaaaaa
bbbbbbbbbbbbbbbbbbb
ccccccccccccccccccc
ddddddddddddddddddd
aaaaaaaaaaaaaaaaaaa
bbbbbbbbbbbbbbbbbbb
...
% cat t t t t t | send アドレス ポート  ←沢山送る
```

すると，データを待っていた recv が再開されます．

```
   (先の続き)
   aaaaaaaaaaaaaaaaaaa
   bbbbbbbbbbbbbbbbbbb
   ccccccccccccccccccc
   ddddddddddddddddddd
```

```
aaaaaaaaaaaaaaaaaaa
bbbbbbbbbbbbbbbbbbb
...
aaaaaaaaaaaaaaaaaaa
bbbbbbbbbbbbbbbbbbb
bbbbbbbbbbbbbbbbbbb   ←あれ?
ccccccccccccccccccc
...
```

大体よさそうですが…一部データが抜け落ちている??? これは，送り側のマシンが受け側のマシンより速いため，受け取りが間に合わなくなって取りこぼしが起きているためです[3]．

このほかにも，ノイズなどによりパケットが失われたり，転送経路の切り替えのため送ったのと違った順序でパケットが到着したりすることもあります．このような障害を乗り越えて正しくデータを送ることは容易でない，ということはおわかり頂けると思います．次節以降では，そのような容易ならざる仕事をこなすネットワークソフトウェアの機能と構造について考えてみましょう．

8.2 ネットワークとプロトコル

8.2.1 ネットワークソフトの階層構造

そもそもネットワークソフトウェアに備わっているべき機能としてはどのようなものがあると思いますか? たとえば，あなたが遠隔地のホストから手元のホストにデータを取り寄せたいとします．そのとき，具体的にどのような機能が必要になるでしょうか[4]？

- a. まず，あなたは相手ホストとデータの所在を指定して取り寄せるためのコマンドを起動します．
- a. そのコマンドは何らかの形で相手ホストの対応する(データの取り寄せのような機能を提供する)サービスに連絡をとり，指定したファイルを送ってくれるように依頼します．

---

[3] これを体験するためには速度差のあるマシンどうしで，しかも結構大きいファイル，たとえば4096文字くらいあるファイルで実験しないと再現しないのでそのつもりで．

[4] 以下にある箇条書きには同じ記号が何回も現れていますが，その理由は後でわかります．

a. 相手ホストのサービスは依頼に応じて，データをパケットに入れて順次送り出してくれます．それを手元側で順次受け取ってファイルに格納します．
b. すでに学んだように，相手側がパケットを順次送ってくれたとしても，途中でデータが欠落したり順番が入れ替わったりすることもあります．ですから，送られたとおりのものが受け取れているかチェックし，並べ直したり欠落部分を再送してもらったりすることが必要です．これを**エラー制御**といいます．
c. さらに，パケットは多くの中継機器を経由してくるので，それぞれの中継機器において正しい行き先に向けてデータを中継してもらう必要があります．これを**経路制御**といいます．
d. ホストや中継機器相互でのやりとりに当たっては，パケットを正しく伝送するための機能が必要です．とくにバス型の媒体では複数の機器が同時に送信しようとして信号が干渉するのを防ぐ制御が必要です．
e. 一番下のハードウェアレベルでは，媒体を構成する物質の上を信号が伝わって行くことで情報を運びます．

こうしてみると，ネットワークのソフトウェアというのは一番上のわれわれが利用したい操作(データを取り寄せるなど)から一番下のハードウェアまで，多数の**階層(レイヤ)**が積み重なってつくられていることがわかります．

なぜ階層が重要なのでしょう？それは，階層に分けて考えることで機能を適切な(複雑すぎない)大きさに分解して考えることができ，階層と階層の間の約束を決めておけばそれぞれを独立に用意し組み合わせられるからです．たとえば「パケットを送る」という機能さえ提供されれば，具体的な媒体は何であっても(光でも銅線でも赤外線でも)同じようにネットワークを使うことができる，というのはこのような階層構造の利点です．

8.2.2 OSI 参照モデルとプロトコル

ISO(国際標準化機構)では，ネットワークの標準規格(OSI — Open System Interconnect)を制定するに当たって，上に述べたような階層化の標準モデルを提案ました．これは 7 つの階層から成り，**OSI 参照モデル**ないし **7 層モデル**などとよばれます．その構成を図 8.3 に示しました．

7 つの層は具体的には下から順に，次のような機能に対応しています．

1. 物理層 — 信号を運ぶ媒体に対応 (前項の e)

8.2 ネットワークとプロトコル   *193*

図 8.3　OSI 参照モデル

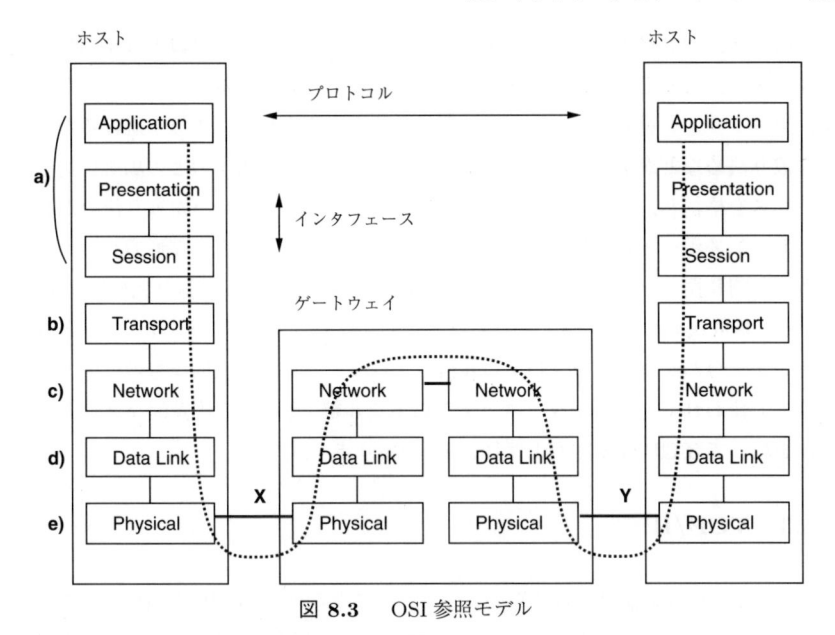

2. データリンク層 — 媒体を使った信号の送受を制御 (前項の d)
3. ネットワーク層 — 経路制御によりパケットを目的地まで中継していく (前項の c)
4. トランスポート層 — エラー制御により誤りのないデータ送受を行う (前項の b)

ここから先は前の項では区別せず a と記しましたが，OSI モデルでは次のように別れています．

5. セッション層 — 通信の開始/終了/状態記憶などの機能を提供する
6. プレゼンテーション層 — 通信に適した形にデータを変換したり，それを復元する
7. アプリケーション層 — 具体的な個々のサービス (ファイル転送，メール送信，等) に対応

データを実際に送信するときは，送り側のホストのアプリケーション層の機能がそれを下へ下へと渡して，物理層を通じて送り出します．中継点ではパケットを受け取り，経路制御を行い，次の行き先に向かって送り出しますから，ネットワーク層までが稼働していることになります．受け側のホストでは，受け取ったパケットのデータは上へ上へと渡され，最後はアプリケーション層でそれを用途にあった形で処理します．

このとき，同じ層のソフトウェアどうしが共通に従う約束を**プロトコル** (通信規約) とよびます．たとえば，物理層では使用する電圧や信号の周波数などの約束が必要です．データリンク層では，パケットの開始や終了を表す信号，干渉を避けるための信号の取り決めなどが必要です．ネットワーク層では，パケットのどの場所に送り先のアドレスを格納し，アドレスの形式はどのようなものか，といった取り決めが必要です．トランスポート層では，順番をチェックするためにどのような形でパケットに一連番号を割り振るか，パケットの正しい到着や欠落をどうやって送り元に通知するか，といった取り決めが必要です．これらはすべてプロトコルの例です．そして，各層のプロトコルを合わせた全体を**プロトコル群**とよびます．その代表的なものに，インターネットで使われている**インターネットプロトコル群** (その中の代表的なプロトコルの名前を取って **TCP/IP** ともよばれます) があります．

8.2.3　TCP/IP

さて，抽象的なお話はこれくらいにして，ここからは TCP/IP を題材としてもっと具体的に見ていくことにします．実は TCP/IP にも現在広く使われている **IPv4** と，次世代の規格としてつくられ実用化され始めている IPv6 とがありますが，以下では IPv4 について説明します．本書で述べる範囲では，アドレス表記やプロトコルやプログラムの名前が違う程度でして，両者に原理的な違いはありません．

プロトコル群とはネットワークの各層を構成するプロトコルの集まりだと先に書きましたが，TCP/IP の場合は図 8.4 のような構成になっています．

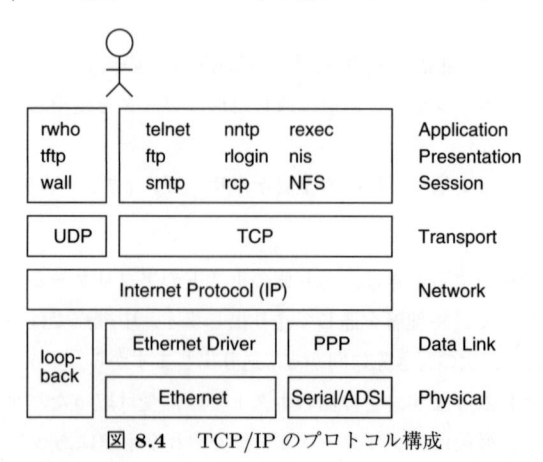

図 **8.4**　TCP/IP のプロトコル構成

ここで目につくのは，中間のネットワーク層に相当する **IP** (Internet Protocol) はすべてに共通していて，その上や下では層ごとにプロトコルが複数存在している点です．このうち，下側 (データリンク層と物理層) については，通信のための媒体が何であるかによって使い分けられます．しかし，どの媒体であっても最終的には IP のパケットをやりとりさせてくれるので，その上側では媒体が何であるかに関わらず同じように使えるわけです．ノート PC から携帯電話経由でネットに接続しているときと学校の無線 LAN 経由でネットに接続してるときとで使えるコマンドがまったく違っていたら嫌でしょう？

一方，IP より上側のプロトコルは，**UDP** (User Datagram Prtocol) に基づくものと **TCP** (Transmission Control Protocol) に基づくものとに大別されます．UDP は単独のパケットのやりとりに基づくもので，少量のデータを迅速にやりとりしたい場合に向いています．これに対し，TCP は先に述べた仮想回線の機能を提供し，遠距離でも安定してデータをやりとりできる特徴があります．

次節以降で，TCP/IP のプロトコル階層を下から順にもう少し詳しく見ていきます．

8.3 物理層とデータリンク層

8.3.1 イーサネット

前節で説明したように，物理層とデータリンク層はおもに媒体の種類によって決まってきます．まず最初に，LAN の媒体としてもっとも広く使われている**イーサネット** (Ethernet) について説明しましょう．

イーサネットは LAN のための媒体と伝送制御の方式として 1970 年代後半に Xerox 社によって開発され，その後 IEEE によって **IEEE 802.3** という番号の規格として標準化されました．その特徴は，同軸ケーブルを 1 本引くだけでそのケーブルを多数のマシンで共有してネットワークを構成できるところにありました．このため，大規模な配線工事をしなくてもケーブルを各部屋に引き回していくだけで建物中のマシンをネットワークにつなげ，全員がネットワークの恩恵に預ることができたのです．その原理を図 8.5 で説明しましょう．

全部のマシンが 1 本の同軸ケーブルにつながっているので，1 つのマシンがパケットを送出すると全部のマシンがそれを受信できます．イーサネットの機器にはすべて 48 ビットの **MAC** アドレスとよばれる固有のアドレスが割り振ってあり，特定マシン

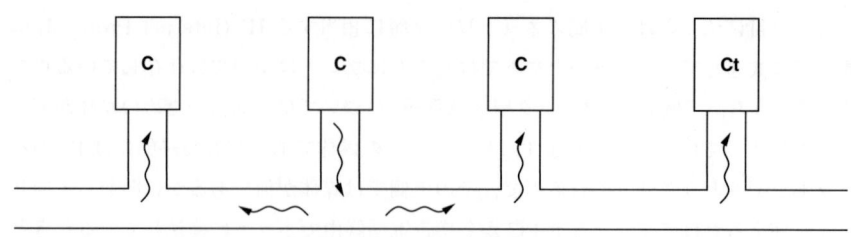

図 8.5　Ethernet の原理

宛のパケットはその宛先のマシン以外は受け取っても無視します．どのマシンがどの MAC アドレスかを調べるなどの場合は**ブロードキャスト**とよばれる「全員あて」のパケットを利用します．これらの制御はデータリンク層の機能に相当します．

　ケーブルは1本なので，同時には1つのマシンからしか送信できません．このため，各マシンは信号を観測していて，他のマシンが送信中は送信を開始せず，ケーブルが「空いて」いるときだけ送信を試みます．しかし，たまたま複数のマシンが同時に送信を始め，信号が衝突して読みとれなくなることも起こります．このため各マシンは送信中もケーブルの信号を観測していて，衝突が起きたら送信を中止し，しばらく(乱数によって決めた時間)待ってから再度送信を試みるようになっています(これもデータリンク層の機能)．この方式を **CSMA/CD** (Carrier Sense Multiple Access/Carrier Detect) 方式とよびます．CSMA/CD では伝送量が多くなってくると衝突と再送が増え，ネットワークの有効通信量はそれ以上増えなくなります[5]．

　現在では伝送技術が進歩したため，太い同軸ケーブルは使われなくなり，個々のマシンから中継装置までツイストペアケーブルや光ファイバを引くことが一般的になっています．中継装置としては**ハブ**と**スイッチ**があります．見ためはどちらも同様ですが，ハブは1つの線からきた信号を他のすべての線にそのまま送り出すので，いわば「1本のケーブル」と同じに動作します．厳密にはイーサネットではありませんが，**無線 LAN** の無線ステーションも電波を通信媒体としてハブのように動作しています．

　一方，スイッチは各パケットの MAC アドレスを見てそのパケットの受け取り先となるマシンや機器につながる線にだけ信号を中継します．この場合，関係のないマシンはその間に別の相手と通信できるので，全体としての伝送量を増やすことができます．

　なお，中継機器の中にはさらに上の IP 層の処理まで取り込んだものもあります(レ

---

[5] たとえば 10Mbit/秒の伝送能力があっても実際には 3〜4Mbit/秒くらいで伝送能力が飽和してしまうわけです．

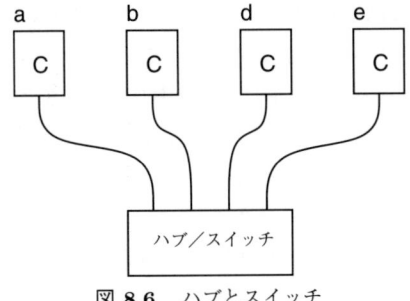

8.3 物理層とデータリンク層　　197

```
   a      b      d      e
  ┌─┐    ┌─┐    ┌─┐    ┌─┐
  │C│    │C│    │C│    │C│
  └┬┘    └┬┘    └┬┘    └┬┘
   │      │      │      │
   └──────┼──────┼──────┘
          │      │
        ┌─┴──────┴─┐
        │ハブ/スイッチ│
        └──────────┘
```

図 **8.6**　ハブとスイッチ

イヤ3スイッチ，ルータなどとよばれます) が，これについては次の節で説明します．

8.3.2　対向接続と PPP

　イーサネットは LAN を構成して多数のマシンを接続するのに適していますが，これとは違う接続方法として，たとえば自分のマシンを電話線経由でプロバイダのアクセスポイントにつなげてインターネットに接続する場合を考えましょう．

　この場合，「自分のマシン」と「アクセスポイント」という 2 つの地点の間だけでネットワークを構成するので (対向接続)，イーサネットのような制御は必要としませんが，その代わり接続した 2 点間でアドレスを調整したり，接続開始/切断などの処理が必要になります．このような機能をもったデータリンク層のプロトコルとして **PPP** (Point-to-Point Protocol) が広く使われています．PPP は，物理的な媒体からは独立していて，電話線のほかに ADSL や光ファイバや赤外線による接続などでも使われます．

8.3.3　ループバックと仮想ネットワーク

　図 8.4 の下の方には，ループバックと名付けられたデータリンク層が存在しています．実はこれは「本物の」ネットワーク媒体を扱うものではなく，あるマシンから自分のマシンに対する通信を扱う仮想的な (実質はないがあたかもネットワークのように使える) 媒体を表しています．

　なぜこういうものが必要なのでしょう？ たとえば，マシン A とマシン B で 2 つのプログラムが通信し合いながら動くようなシステムがあったとして，マシン B が不調なので一時的に両方のプログラムをマシン A で動かすように変更したいとします．このとき，プログラムを変更しなくても単に「マシン B あて」の通信を「マシン A あて」

に変更するだけですめば助かります．このような場合に「マシン A からマシン A あて」の通信を扱うデータリンクが役に立つわけです．

これと似た例として，既存のネットワーク経由して，あるマシンと他のマシン (ないしマシン群) を結ぶデータリンクをつくることもあります．なぜ，すでにネットワークプロトコル一式が動いているのに，その上でまた「ケーブルの真似」をするのでしょうか？ それは，上に載せたデータリンクによって，すでにあるネットワークをそのままでは通過できない種類のパケットを通したり，暗号機能を使って盗み見られても通信内容が知られないようにするなどの機能を追加できるからです．このようなデータリンクを，2 地点間の場合は**トンネル**，多地点間の場合は**仮想ネットワーク**，**仮想プライベートネットワーク** (VPN) などとよびます．

Unix ではデータリンク層の機能はネットワークインタフェースに付随した形で提供されています．先に出てきた **ifconfig** コマンドを使うと，自分が使っているマシンにどのようなインタフェースが備わっているかがわかりますが，併せてそれぞれのインタフェースがどのようなデータリンク機能を提供しているか，その状態がどうなっているかも見ることができます．物理的な (ケーブルのつながった) インタフェース以外に，仮想ネットワークに対応するインタフェースも，`ifconfig` コマンドでその様子を調べることができます．

また，ネットワークに関する各種情報を表示させるコマンド **netstat** にはさまざまなオプションが用意されていますが，その中の-I というオプションを指定することで，あるインタフェースを通過したパケット数を調べることができます．

- `netstat -I` インタフェース名 ── システム起動時から現時点までにそのインタフェースを通過したパケット数累計を表示する．
- `netstat -I` インタフェース名 秒数 ── 指定した秒間隔ごとに，前回表示時点以降にそのインタフェースを通過したパケット数を表示する．

たとえば 2 番目の指定を使って通過パケット数を表示させながらネットワークを使う操作 (たとえばブラウザによるページ表示など) を行うと，データの取り寄せ時に多数のパケットがインタフェースを通過することがわかります．

```
% netstat -I fxp0 1
         input         (fxp0)        output
   packets  errs  bytes   packets  errs  bytes  colls
         0     0      0         0     0      0      0
         1     0    160         0     0    226      0
```

2	0	675	3	0	2056	0	
3	0	60	2	0	66	0	
2	0	0	3	0	0	0	
1	0	941	0	0	785	0	
3	0	41961	4	0	27492	0	←データを取りよせ開始
36	0	19145	32	0	17968	0	
56	0	67193	50	0	60948	0	
33	0	38244	30	0	57064	0	←完了
118	0	0	111	0	0	0	
2	0	0	2	0	0	0	
0	0	0	0	0	0	0	

^C　← Control-C により中止
%

8.4 ネットワーク層

8.4.1 IP と IP アドレス

ネットワーク層の役割は,「〜と通信したい」といわれたら,そのデータをできる限りうまく指定の相手に向かって送ることです. TCP/IP のネットワーク層である IP では,「相手」を指定するためには,すでに学んだ 32 ビットの IP アドレスを使います.

実際には, IP アドレスはマシンに備わったインタフェースごとに割り振られます (このことは `ifconfig` コマンドで各インタフェースごとに違う IP アドレスが表示されることを見ればよくわかります). 通常ユーザが使うマシンは物理的なインタフェースは 1 つだけもつことが多いので,その IP アドレスがマシンのアドレスだと思って構わないのですが, サーバなど多数のネットワークに接続されたホストでは「複数あるうちのどのインタフェースに接続するか」を意識する場合もあります.

IP アドレスの話題に戻りますが, 32 ビットのアドレスのうち,上位の何ビットかが「ネットワーク番号」, 残りのビットが「ホスト番号」となります[6][7]. たとえば 1 つ

---

[6] かつては, 32 ビットのうち上位ビットのパターンによってネットワーク部の長さが 8 ビット, 16 ビット, 24 ビットのどれかに決まるようになっていました (それぞれ「クラス A」「クラス B」「クラス C」とよばれていました). しかしそれではアドレスを柔軟に割り当てるのが難しいため, 現在ではネットワークアドレスごとにネットワーク部の長さを指定しています.

[7] たとえば単にネットワーク番号が 192.168.0.0 といっただけでは, 何ビットがネットワーク部の長さかわからないので, その長さを併せて示す必要があります. ネットワーク部の長さを指定する方法として,「192.168.0.0/24」のように, ビット数をアドレスの後ろに「/」で区切って指定する方法と, そのビット数だけ上位に「1」が並んだ 32 ビットの値 (ネットマスク値) を書いて「192.168.0.0 netmask 0xffffff00」のように指定する方法とがあります.

のイーサネットセグメント (スイッチやハブなどで結合され通信し合える範囲) が 1 つのネットワークに対応し，そこに接続されている各ホストはネットワーク番号部分はどれも同じで，ホスト番号部分だけがそれぞれ異なる IP アドレスをもつ，というふうになります．

正式な IP アドレス (**グローバル IP アドレス**) は，世界中 (インターネット中) で重複がないように管理されていて，ある特定の IP アドレスをもつホストは世界中でただ 1 つしか存在しないようになっています (実際にはネットワーク番号を重複しないように各組織に割り当て，ホスト番号はその組織のネットワーク管理者が割り当てます)．これは，**IANA** (Internet Assigned Number Authority) とよばれる組織が元締めとなって各国/地域のアドレス管理組織 (日本の場合は **JPNIC**) にネットワーク番号の集まりを分配し，プロバイダ (接続業者) は管理組織から自社のネットワークおよび自社の顧客のためのネットワーク番号を割り当ててもらって使用する，という仕組みができているからです．

逆にいえば，自分で勝手に IP アドレスを設定してインターネットに接続することは厳禁なわけです．しかし，外部に接続しない孤立したネットワークを構成する場合にもいちいちアドレスの割り当てを受けるのは合理的でありませんから，そのような孤立したネットワークでは自由に使っていいネットワーク番号がいくつか用意されています．これらのネットワーク番号に属する IP アドレスのことを**ローカルアドレス**とよびます．

ところで，インターネットの急激な成長のため，当初 32 ビットあれば十分だろうと考えられていた IP アドレスの数が足りなくなってきました．この教訓から，新しい世代の IP(IPv6) では IP アドレスを一挙に 128 ビットに増やし，アドレス不足がまず起こり得ないようにしています．

一方，IPv4 を使っている多くの組織は，グローバル IP アドレスを少しだけ割り当ててもらい，大多数のマシンはローカルアドレスを用いて運用するという方針を採っています．というのは，組織内のマシンが直接インターネット全体と通信することはセキュリティ上の理由から避けた方がよいので，多くのマシンは外部には直接接続されないネットワークにつなぎ，外部とのやりとりするには特別な中継ノード (ないし中継マシン) を経由してのみ許すようにしているからです．その場合は，外部とやりとりしないマシンはローカルアドレスでもすみます (中継ノードは内部のマシンのパケットを外部に中継したり，その逆を行わないように設定する)．

しかしそれでも用途によっては内部のマシンと外部との接続を行いたい場合があり

ます．その場合にはパケットに埋め込まれているアドレスを系統的に書き換えることで，インターネット側の接続相手にとってはグローバルアドレスをもった中継ノードと接続しているように見せかけながら，実際には内部のマシンと接続を行うという手法が使われます．これを **NAT** (Network Address Translation) とよびます．

ただし，NAT は「見せかけ」を行って外部の相手をだましているので，グローバル IP アドレスをもつマシン相互のような自由な通信は難しいという問題があります．将来的には，IPv6 への移行によって内部のマシンまですべてが (必要なら) グローバル IP アドレスをもち，中継ノードはアドレスの書き換えは行わず，安全が確認されている接続とそうでない接続を区別して前者だけを通過させることに専念するのが筋でしょう．

8.4.2　IP と経路制御

ネットワーク層の最大の「魔法」は，行き先を指定すると与えられたパケットをその行き先にちゃんと送り届けてくれるところにあります．この機能を (パケットが通過する経路を適切に制御してくれるところから) **経路制御** とよびます．経路制御の機能をもつ中継機器を一般に **ルータ** とよびます．また，データリンク層の機器に属するスイッチも高度化してルータのような機能をもつようになったため，このような機器をとくに **レイヤ 3 スイッチ** とよぶこともあります．

指定された行き先にパケットを届けることがなぜそんなに偉いのでしょう？ たとえば，郵便物の場合を考えて見ましょう．ある郵便局に集まってきた葉書に「東京都目黒区駒場 1-1-1」という宛先が書いてあったとすると，そこが東京都以外の郵便局であれば，東京に「目黒区」という区があるかどうか知らなかったとしても，とにかく東京中央郵便に送ればすみます．東京中央郵便局では，東京都のどの区や市はどの局の受け持ちか知っていますから，「駒場」という地名を知っていてもいなくてもとにかく目黒郵便局に送ればすみます．

これが可能なのは，住所が「都道府県→区市町村→地名→番地」という **階層構造** になっているからです．アドレスが階層構造になっていると，それぞれの中継地点では「自分の受け持ち範囲でないアドレスはとにかく上位の中継地点に送る」「受け持ち範囲のアドレスはより小さい受け持ち範囲の中継地点や個々の宛先に送る」という方法で経路制御が行えます．

しかし IP ではアドレスは 32 ビットの数値であり，このような階層構造になってい

ません.いわば,「駒場」とか「八雲」とか「鷹番」とかいう名前だけが与えられて,それだけで送り先を決めなければならないのに相当します.そうなると,すべての主要な郵便局には全国のあらゆる地名の一覧表があり,その一覧表に「この地名だったらこちらの方に送れば付く」と書かれているのでそれに従って郵便物を送る,といったことが必要になるわけです.

　言うのは簡単ですが,これは非常に大変です.どう大変かというと,まず巨大な一覧表(**経路表**)をすべての中継点で保持し,パケットがくるごとにこれを検索して行き先を決める必要があります.次に,その一覧表を正しく維持し続けることも大変です.そこで,これらの手間をできるだけ少なくするために,次のような工夫をしています.

- ネットワークの末端部分(たとえば図8.7のような部分)では,インターネットの主要部分と行き来する経路は1通りであることが普通なので,その入口に当たるルータ(図のA,B,Cなど)では末端側のネットワークのみ正確な経路を表に記載しておき,「その他はすべてこちら」という「標準(default)の経路」を設定することで,大きな表をもつ必要がなくなります.

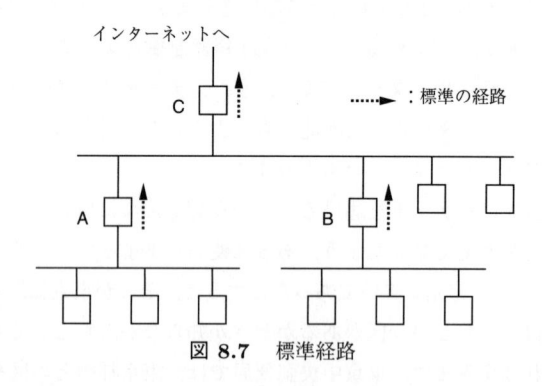

図 8.7 標準経路

- アドレス範囲が隣接したネットワークが多数まとまっている場合,それらのアドレスをネットワーク部分の長さがより短い1つのネットワークアドレスとして**集約**(aggregate)することで,外部からは1つのネットワークとして経路制御できます.たとえば10.1.0.0/24〜10.1.255.0/24という連続した範囲の256個のネットワークがあった場合,これらはまとめて10.1.0.0/16という1つのアドレスに集約できます(図8.8)[8].

---

[8] もちろん,これらのネットワークの近辺では別々のネットワークとして経路制御を行う必要がありますが,外部からは1つのネットワークに見えます.

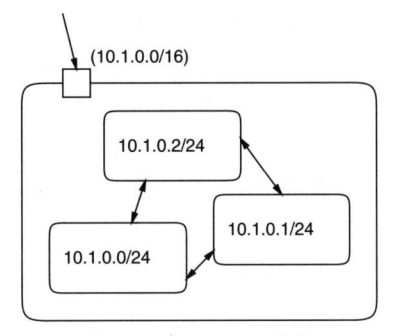

図 8.8　アドレスの集約

アドレスの集約については，そのような都合がよいことがたまたま起きるのかと思われるかもしれませんが，実際には大学やプロバイダなど多数のネットワークを抱える組織ではまとまった範囲のアドレスの割り当てを受け，各組織や客先にはこの範囲から実際にこのような集約が可能なように小分けにしたアドレスを配るわけです．

このような工夫をしてもやはり，インターネットの主要な中継点では非常に大きな経路表が必要となります．また，経路表を正しく維持するためには，ルータどうしで経路情報を交換して，常に経路表を正しい状態に保つためのプロトコル(**経路制御プロトコル**)とそれを取り扱うソフトウェアが運用されます．

8.4.3　ドメインアドレスと DNS

ここまでに述べてきたように，IP での通信はあくまでも IP アドレスを用いて行われますが，人間が見て理解するにはもっと「普通の」(意味のある) 名前を使うことが望まれます．たとえば Unix システムには/etc/hostsというファイルが存在し，そこに次のような形でホスト名と IP アドレスの対応が書かれています (他の OS の多くもこの種の対応表ファイルをもっています)．

```
127.0.0.0       localhost
192.168.0.1     piyo01
...
```

ここに書かれている名前については，ネットワーク接続を行うコマンドでその名前を宛先として指定すると，ファイルを調べて対応する IP アドレスを見つけ，その IP アドレスを使用してくれるわけです．LAN などで多数のホストがあるサイトでは，このような表を各ホストに配る代わりに後述するディレクトリサービスで名前から IP アド

レスを検索できるように設定することもあります．

ではインターネット全体ではどうでしょう？インターネットには何百万ものホストが接続されていますし，絶えず新しいホストが追加されたり古いホストが削除されたりしますから，それをすべて網羅したファイルをそのつど配ったり，またはどこかにデータベースを用意して集中管理するのはどう考えても現実的ではありません．

このため，インターネット上では**ドメインアドレス**とよばれる階層構造をもった名前を使用し，ドメインアドレスから IP アドレスを検索するためのシステムとして **DNS** (Domain Name System) とよばれるサービスが運用されています (DNS そのものは後述の TCP を使って実装されていて，プロトコル的にはアプリケーション層のサービスですが，IP アドレスの話題なのでこの節で説明します)．

ドメインアドレスは簡単にいえば，複数の名前を「．」でつなげたもの，です．そしてその複数の名前は，右側ほど広い範囲に対応するような階層構造になっています (日本の住所の表記方法とは反対ですが，英語では住所，街，州，国の順で書くのでそれに合わせたわけです)．たとえば筆者の所属する組織のサーバのドメインアドレス「www.gssm.otsuka.tsukuba.ac.jp」は次のような階層に対応しています．

```
www.gssm.otsuka.tsukuba.ac.jp
                         ↑日本
                      ↑教育組織
                  ↑筑波大学
             ↑大塚地区
       ↑専攻名
 ↑ホスト名
```

そして，DNS はこの階層構造を利用して，たとえば次のような形で検索を実現しています．

- インターネット全体について，「ルート」とよばれる数台の DNS の「元締め」マシンがある．
- そこに最右側の名前 (**TLD**, Top-Level Domain) を渡して問い合わせると，その TLD ならどこに聞いたらいいかを教えてくれる．
- .jp を管轄するサーバは「.ac.jp」「.co.jp」などそれぞれについて，どこに聞いたらいいかを教えてくれる．
- .ac.jp を管轄するサーバに．tsukuba.ac.jp を聞くと，筑波大の DNS サーバを教えてくれる．
- 筑波大のサーバに．otsuka.tsukuba.ac.jp を聞くと，大塚の DNS サーバを教

えてくれる.

このように階層を降りていくと，いつかはそのドメインアドレスに対応するホストのIPアドレスを直接知っている (またはそのようなドメインアドレスのホストはないことを知っている) サーバに到達しますから，そこから結果を返してもらえます．

TLD には.jp(日本)，.uk(英国) など各国に対応した国別 TLD と，.com(企業等)，.edu(教育機関) など国を特定せず組織種別等で分類した **gTLD** (Generic TLD，汎用 TLD) があります．IPアドレスと同様，ドメインの割り当ては IANA が元締めですが，gTLD については個別に IANA の委託を受けた組織 (たとえば.com であれば米国 VeriSign 社等)，国別 TLD については各国の組織 (日本の場合は IP アドレス同様に JPNIC) が割り当てを行っています．インターネットの発達の経緯から，gTLD の割り当てを受けている組織は米国のものが多くなっています．

DNS サーバに対する検索は多くの場合，ドメインアドレスを受け取る各プログラムが (対応する IP アドレスを調べるために) 発行しますが，コマンド **nslookup** を使ってユーザが直接 DNS サーバに検索を依頼することもできます．

- nslookup ドメインアドレス — ドメインアドレスに対応する IP アドレスを検索表示させる

これを使った様子を次に示しておきます．

```
% nslookup www.yahoo.co.jp
Server:   utogw.gssm.otsuka.tsukuba.ac.jp   ←検索の入口となるサーバ
Address:  192.50.17.2

Non-authoritative answer:          ←結果は「ヒント」であることを示す
Name:     www.yahoo.co.jp
Addresses:  202.229.198.216, 203.141.35.113, 210.81.150.5
%
```

上の例では IP アドレスが3つ返されていますが，これは大量のアクセスをさばく必要がある WWW サーバなどでは複数のマシンにアクセスを分散させるようにしているため，IP アドレスも複数もたせているためです．

8.5 伝達層

8.5.1 UDP と TCP

　伝達層のプロトコルには TCP と UDP の 2 つがあることはすでに述べました．**UDP** は IP の機能をほぼそのまま利用者に提供するものであり，パケット単位で送り先を指定してデータを送受信する機能をもちます．このようなサービスの種別を**データグラム**とよびます．この章冒頭の例題も UDP を使っていましたが，そこでもわかったように UDP では (ということは IP では) パケットを送っても状況 (回線の混雑，受信バッファの不足など) によっては途中で捨てられてしまい，到着しないことがあります．途中の各ノードでは，できる範囲でパケットを送り届けるように努力する (best effort) ことだけが求められています．その代わりに UDP ではオーバヘッドの小さな通信が行えます．

　パケットが到着しないかもしれないのでは役に立たないと思われるかもしれませんが，UDP を使うアプリケーション側の用途によってはそれでも問題ないこともありますし (たとえば音声通話などの場合は時々パケットロスがあっても雑音が入る程度で実用上問題ないかもしれません)，アプリケーション側をパケットロスに対処するようにつくることも考えられます．

　一方，**TCP** は接続元と相手先の間に仮想回線を用意し，その上で信頼のある (reliable) 通信をサポートします．その代わり，TCP には接続の開始/切断処理が必要だったり，データの送受信に関わるオーバヘッド (余分な処理の負荷) が大きいという性質があります．TCP の仮想回線が提供している機能を次に挙げておきましょう．

- フロー制御 —— 受け取り側の速度が遅くて受信が間に合わない場合，それに応じて送り側を待たせることにより，受け取り側の「とりこぼし」を防ぐ．
- エラー検出と再送 —— 一連のパケットは伝達途中で失われてしまったり，内容の一部が書き変わってしまうことがある．そのようなことが起きた場合にそれを検出し，失われたり壊れたりしたパケットを再度送り直してもらう．
- 順序の保存 —— 一連のパケットは経路の状況により送り出したのと違った順序で到着することがある．そこで受け取り側に渡す手前で順序をチェックし，正しい順序で渡す．

これらを実現するには，原理的には次のような方法を用います．

- 一連番号 — パケットには一連番号を振る．これによって，順序の入れ替わりを検出し並べ替える．
- チェックサム — パケットの内容を数値と見て一定の演算を行い，その結果をパケットの一部と照合する．照合が一致しなければパケットに誤りがあったものとして捨てる．
- 到着確認 — パケットが着くごとに，何番のパケットまで正しく着いたかを送信側に送り返す．これにより，どこまで正しく着いたかが制御できる．
- ウィンドウ制御 — まだ到着確認がなされていないパケットは最大 W 個までしか送らない．これにより，フロー制御が行える．
- タイムアウト — 到着確認が失われた場合に備えて，ある時間経っても確認が着かないパケットは再送する．

これらの技術により，TCP はエラーのない信頼できる仮想回線をユーザに提供しているわけです．

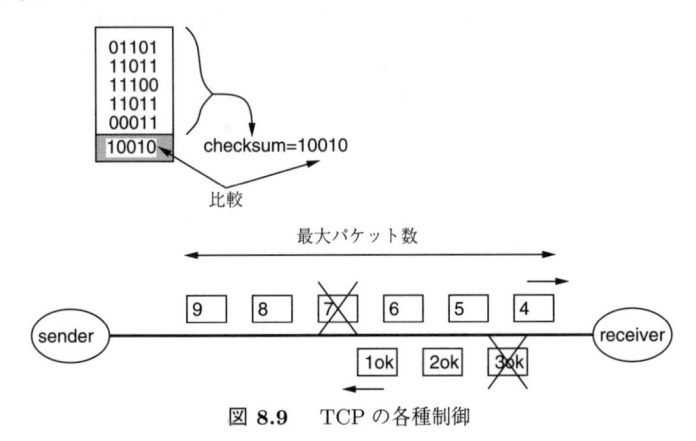

図 8.9　TCP の各種制御

8.5.2　ポート番号とサービスの同定

IP アドレスはあくまでもホスト (正確にはホストについている各ネットワークインタフェース) を識別するものです．実際には各ホストには多数のプロセスが動いていますから，ネットワーク接続に際しては「どこと接続するか」を指定する必要があります．たとえば同じホストに対してでも，「メールを送信したい」というのと「ファイルを転送したい」というのでは使用する (つまり接続相手となる) プログラムはまったく

違うわけですから．

　TCP と UDP では，この「どの相手」を指定するのに**ポート番号**とよばれる 16 ビットの数値を使用します．この章の冒頭で出てきた例題プログラムでは，実験用に適当なポート番号を選んでそのポート番号で接続を行っていました．

　普段実用に使っているネットワークソフトウェアでも，何らかの方法でポート番号を決める必要があります．このためにポート番号 0～1023 の範囲は**公知ポート番号** (well-konwn ports) として予約されており，TCP と UDP それぞれ個別に，どのサービスはポート何番を使うかが決っています (この割り当てもやはり IANA が管理しています)．Unix システムではポート番号とサービス名称の対応表が /etc/services というファイルに記述されていて，これに基づいてポート番号と名前の変換を行っています．

　プログラムが使用している TCP および UDP ポートの一覧は netstat コマンドに「-f inet」というオプションを指定することで表示させられます．

- netstat -f inet — 現在活きている TCP ポートおよび UDP ポートの一覧を表示

とあるマシンでこれを実行してみた様子を示します．

```
% netstat -f inet | less
Active Internet connections
Proto Recv-Q Send-Q  Local Address    Foreign Address   (state)
tcp4     0      0    sma.nfsd         smp.798           ESTABLISHED
tcp4     0      0    sma.nfsd         smri06.1019       ESTABLISHED
tcp4     0      0    sma.49244        smr04.x11         ESTABLISHED
tcp4     0      0    sma.canna        smm.36645         ESTABLISHED
tcp4     0      0    sma.nfsd         smr04.1017        ESTABLISHED
tcp4     0      0    sma.canna        smri21.50085      ESTABLISHED
tcp4     0      0    sma.nfsd         smri21.999        ESTABLISHED
tcp4     0      0    sma.nfsd         smri17.1011       ESTABLISHED
tcp4     0      0    sma.nfsd         smr05.987         ESTABLISHED
tcp4     0      0    sma.nfsd         utogw.788         ESTABLISHED
tcp4     0      0    localhost.smtp   *.*               LISTEN
udp4     0      0    localhost.ntp    *.*
udp4     0      0    sma.ntp          *.*
udp4     0      0    localhost.1019   localhost.1022
%
```

　tcp4, udp4 はそれぞれ IPv4 の TCP と UDP を意味します．アドレスの「.」より前はホスト名，後はポート番号ですが，/etc/services にサービス名記述されている

ポートについてはサービス名で表示されています．TCP については接続状態 (接続中，接続待ち) が表示されています．

8.6 セッション層以降の上位層

OSI の7層モデルでは，伝達層より上にセッション層，プレゼンテーション層，アプリケーション層の3つを置いていますが，TCP/IP ではこれらの層を明確に区別せず，ネットワークを利用する (ひいてはネットワークサービスの機能を提供する) 各種アプリケーションがこれらの機能を必要に応じて組み合わせて提供しています．これは次のような理由によります．

- TCP/IP の設計時点ではネットワークの各種機能についてあまりよく知られていなかったので，これらの機能を分けなかった．
- セッション層やプレゼンテーション層の機能が必要かどうかは，アプリケーションの種類によって違ってくるので，各アプリケーションに任せてしまうのが簡単だった．

このため，以下では各アプリケーションに対応するプロトコルを (セッション層，プレゼンテーション層，アプリケーション層を併せて) 単に「アプリケーションプロトコル」とよぶことにします．整理すると，TCP/IP の伝達層より上では，各種のネットワークサービスごとにそれを取り扱うためのアプリケーションプロトコルが用意されている，と考えればよいでしょう．

ネットワークを通じてデータを送受するという機能は伝達層以下がきちんと提供してくれていますから，アプリケーションプロトコルのレベルでは，「ネットワークサービスのために必要な情報をこの順序でやり取りする」という形での約束が中心になります．具体的なネットワークサービスとそのためのプロトコルについては，次章で取り上げていくことにします．

8.7 まとめと演習

この章では，コンピュータネットワークの基本的な概念や原理について学びました．普段何気なく利用しているネットワーク機能は膨大な約束ごとやソフトウェア群によって支えられていることがおわかり頂けたかと思います．

8-1. 自分のマシンの近辺のネットワーク配線を調査して，どのような機器の間でどのようにケーブルがつながっていて，最後はどうやって外部に出ていけるようになっているか図を描いてみなさい．もし可能なら，それぞれの機器のインタフェースがどのような IP アドレスをもっているかも，できる範囲で調べてみなさい．

8-2. 例題プログラム send.c/recv.c を打ち込んで動かしなさい．まず ifconfig -a で自分の使っているマシンの IP アドレスを調べ，自分のマシン上で窓を2つ開いてそれぞれで動かしてみなさい．これを実行している状態で上と同様に netstat -f inet や netstat 1 を調べてみなさい．

8-3. 例題プログラム send.c/recv.c を使って隣の人とチャットをやってみなさい．うまくいったら，3人でチャットするにはどうしたらいいか考え，プログラムを改良して動かしなさい[9]．

8-4. nslookup コマンドを使って，世界中のさまざまなマシンの IP アドレスを調べてみなさい．アドレスのつけかたにどのような規則性があるか，どのようなマシンどうしでアドレスに近さ/遠さがあるかを検討してみなさい．その他に気がついたことがあればまとめてみなさい．

8-5. 手元のマシンで netstat -f inet で現在の TCP/IP ポート接続状況を調べてみなさい．次に，そのマシンから別のマシンに telnet など何らかの方法で接続してから再度 netstat を使い，どのポートがその接続によるものかを探してみなさい．また，netstat 1 で1秒間隔でパケット数を表示させ，どのような場合にパケットが飛ぶか，パケットの大きさは何バイトくらいか，探求してみなさい．

---

[9] ヒント：recv.c は何人からでも受け取れるから変更の必要はありません．send.c は同時に2人に送る必要があるので，ホストとポートを2組指定するようにして，それぞれの宛先に同じものを送るようにすればよいでしょう．

9 ネットワークアプリケーション

前章ではネットワークの原理について学びましたが，実際に私たちが接しているのは電子メールやWWWに代表される個々のネットワークアプリケーションです．この章ではどのようなネットワークアプリケーションが存在し，それらがネットワークの基本機能を使ってどのように実現されているのかについて学んでいきましょう．

9.1 ネットワークアプリケーションの構成

ネットワークを経由して通信を行う場合，前章で見たように，最終的には2つ以上のプロセスどうしがソケットなどの機能を使ってデータをやりとりすることになります．このとき，(前章の `send.c/recv.c` でやったように) あるユーザが2つのプロセスをうまく噛み合わせて起動する，というのは現実にはありそうもないことです．なぜなら，ユーザは1つのマシンの上にいて，もう1つの遠隔地にあるマシンとやりとりするためにネットワークを使うわけだからです．ではどうしたらよいのでしょう？

この問題に対する回答は，プログラムを次の2種類に分けることです:

- サーバ ── サービスを提供するマシンで常時稼働していて，サービス要求があるまで待ち，要求があったらサービスを提供する．
- クライアント ── サーバに要求を出して，そのサービスを受ける．

このような方式を**クライアントサーバ方式**とよびます (図9.1)．クライアントサーバ方式では，上述の「噛み合わせ」の問題が自然な形で解決できますし，サービス提供のために必要な資源(データ等)はサーバのところで一括管理できるので，各種サービスの実現が比較的簡単に行えます．このため，クライアントサーバ方式はネットワークの初期から今日に至るまでネットワークアプリケーションの構成方式として広く使われています．

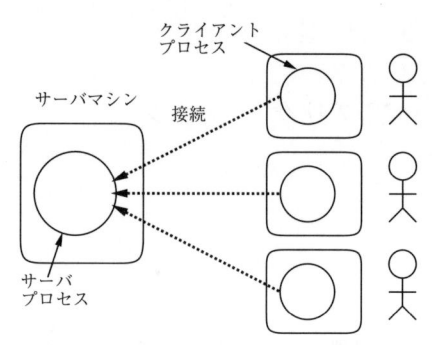

図 9.1 クライアントサーバ方式

　なお，クライアントは実際には1つではなく，そのサービスを利用するユーザの数に応じて多数動いているのが普通です．つまり，ユーザがネットワークの機能を使おうとしたときは，クライアントに相当するプログラムを起動し，このプログラムがサーバと接続してサービスのためのやりとりを行うわけです．言い換えれば，クライアトサーバ方式のシステムは，クライアントはそれぞれのユーザがいる多数のマシンで動き，サーバはサービスを提供するための専用マシンで1つだけ動く，という非対称的な構造をもちます．

　Unix では伝統的に，サーバのことを**デーモン**(daemon，守護神の意味)とよびます．3章でプロセスを観察したときに `nfds` とか `ntpd` とか最後に「`d`」のつくプロセスが多数走っていたのをご記憶でしょうか．これらが「なんとかデーモン」，つまりネットワークサービスのために待機しているサーバプロセスだったわけです．

　なお，ネットワークサービスはとても多数あるため，それぞれのサーバを常時動かしていると待機プロセスばかりが多くなりすぎることがあります．このため，Unix では **inted** (Internet Daemon) とよばれるサーバが稼働していて，専用のサーバが動いていないサービスの要求を「代理で」待ち受けてくれています．そして実際に要求が到着すると，`inetd` は「本物の」サーバを起動してサービスを行わせるわけです．

　ところで，上で述べたことにもかかわらず，クライアントサーバ方式ではない構成のネットワークアプリケーションもいくつかあります．これらは**ピアツーピア方式**とよばれ，特定のサーバはなく，各プログラムが対等な立場で通信することが特徴です．たとえば遠隔会議システムのようなものでは，「私とあなたが通信する」ことが目的ですから，互いに相手のマシンのIPアドレスがわかりさえすれば相互に音や画像をやりとりして会話ができるわけです．ただ，ピアツーピア方式であっても上に述べた「噛

み合わせ」の問題を解決するために,「どのアドレスでサービスに参加しようとするプログラムが動いているか」という情報を交換するための登録機能の部分で,クライアントサーバ方式を援用しているものが主流です.

では次節以降で,各種のネットワークアプリケーションとその構造について順次見ていくことにします.

9.2 遠隔ログイン

9.2.1 遠隔ログインの原理

計算機ネットワークがつくられたごく初期の時点から,「わざわざ遠くのマシンのところまで歩いて行かなくても手元のマシンの前に座ったままでそのマシンを利用できるようにしたい」という要望が存在し,それを可能にするソフトウェアが用意されていました.これを**遠隔ログイン**,ないし(手元のマシン上のソフトに遠隔端末の働きをさせることから)**ネットワーク仮想端末**とよびます.そのためのコマンドとして今日の Unix では次の 3 つがおもに使われています:

- **telnet** 相手先 — TELNET プロトコルで他ホストに接続
- **rlogin** 相手先 — rlogin プロトコルで他ホストに接続
- **slogin** 相手先 — ssh プロトコルで他ホストに接続

いずれも基本的には接続先ホストを指定して起動し,自分のユーザ ID とパスワードを打ち込むとログイン認証が行われ,ログインすると接続先ホストのシェルが普通に使えます:

```
% telnet smm           ←ホスト指定して接続
Connected to smm.
Escape character is '^]'.
UNIX ...
login: kuno            ←ユーザ ID を入力
Password: *******      ←パスワード入力
Welcome ...
smm%                   ←接続完了
...                    ←普通に相手ホストで作業
smm% exit              ←終る
Connection closed ...
%                      ←元ホストに戻る
```

歴史的には，telnet が最も古くから存在し，多くの機種で用意されています (TELNET プロトコルを使った PC 向けの仮想端末ソフトも多数存在します)．続いて，Unix マシン相互でもっと簡単に仕えるように，ユーザ ID を省略でき (手元のマシンを使っている時のユーザ ID を送る)，さらに特別な設定がなされていればパスワードも省略できる rlogin がつくられ使われはじめました[1]．

遠隔端末ソフトでは，クライアント側はユーザがキーボードから打ち込んだ文字をそのまま相手ホストのサーバに送り，サーバ側では 1 行分の文字が溜ったらシェル (ないしそれに対応するプログラム) にその行を渡して実行させ，その出力をネットワーク経由で送り返してくるのでクライアントがそれを受け取って表示する，という形で動作しています．サーバ側ではログインした人の権限でコマンドを実行する必要があるため，ログイン認証が終わるとサーバ側で子プロセスを生成し，その子プロセスがユーザの権限でシェルを実行しています (図 9.2)．

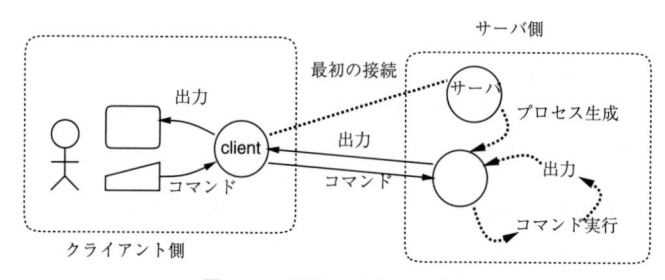

図 **9.2**　遠隔ログインの原理

9.2.2　SSH の機能

telnet と rlogin における問題は，これらのプロトコルでは往復する文字情報をそのままパケットに載せているので，(たとえばネットワーク診断用の機器やソフトを使って) パケットを傍受されるとパスワードも通信内容もすべて盗まれてしまうことです．

これでは余りに危険なので，通信路の両側で暗号化を行い，傍受があってもパスワードや通信内容が盗まれないようにしたのが **SSH** (Secure SHell) とよばれるソフト群と対応するプロトコルで，slogin はこのプロトコルを使って遠隔ログインを行います．

---

[1] rlogin および後述の rsh で相手先でのユーザ名が手元のマシンでのユーザ名と違う場合は「-l ユーザ名」というオプションを指定することで相手先のユーザ名を指定できます．また slogin と ssh では相手先の指定方法を「ユーザ名@相手先」という形にすることでもユーザ名を指定できます．

また，SSH は通常のパスワード認証の他に**公開鍵暗号**を用いた認証もサポートしていて，こちらであればパスワードが盗まれる心配をさらに減らすことができ，より安全です．

SSH が提供するもう 1 つの機能として，**ポート転送** (port forwarding) があります．これは，接続先ホスト内でしか使えないネットワークサービスを手元のマシンで使えるように接続を延長する「延長ケーブル」のようなものです (図 9.3)．たとえば，大学内の Web サーバには学内掲示が載っているため，そのサーバのコンテンツは外部には公開されていない，といった状況はよくあります．しかし大学まで行かなくても手元のマシンで学内掲示が見たいですよね？ そのとき，次のように「延長ケーブル」を使うことができます：

```
% slogin -L8080:www1:80 接続先    ← www1 のポート 80 を手元の 8080 に
password: *******
Welcome ...
>                                ←接続完了
```

つまり，学内サーバのホスト名が「www1」だとして，接続先のマシンで www1 のポート 80 番 (WWW サービスの標準ポート番号) に接続し，それを「延長」してきて手元のマシンのポート 8080 番として取り出すわけです．そこで手元のマシンでブラウザを起動し，`http://localhost:8080` のページを開くと…学内サーバのページが読み出せるわけです．ここでは WWW を例に取りましたが，この方法で任意の TCP 接続を手元に延長してくることができます．

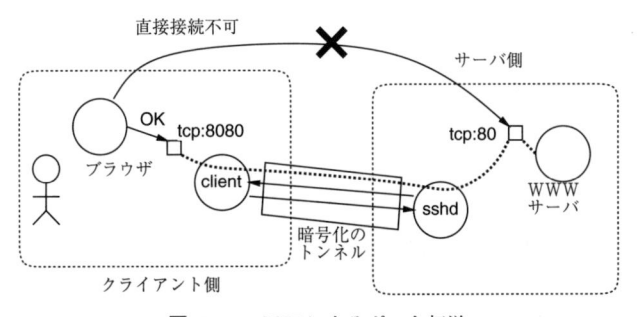

図 **9.3** SSH によるポート転送

なお，勝手に学内サーバのアクセス範囲を延長してもよいのか疑問に思う人もいるかもしれませんね．この場合は，正当な利用権をもつあなたが認証を経て接続し，SSH の暗号化された通信路を経由してあなたの使っているマシンだけに延長してくるわけ

ですから，それは構わないはずです．ただ，あなたのマシンのポート80番に他人が接続できるようだと，他人も学内サーバが見えてしまいますから，それは避けるようにしましょう (SSHはとくに指定しない限り，-Lオプションで延長してきた接続は手元のマシン内からしか接続を許さないようになっています)．

9.2.3 単一コマンドの実行

話は戻りますが，1つだけのコマンドを実行させたいとき，わざわざログインして相手シェルに向かってキーボードからコマンドを打ち込み，終ったらログアウトする，というのは繁雑ですから，rloginもsloginも「コマンドを1つだけ実行する」仕組みを用意しています．そのためにはコマンドとして rsh, ssh を使います:

- **rsh** 相手先 コマンド… — rexec プロトコルで1コマンド実行
- **ssh** 相手先 コマンド… — SSH プロトコルで1コマンド実行

これはたとえば，次のように使うことができます:

```
% ssh as301.ecc.u-tokyo.ac.jp 'ps ax' >data    ←別マシンのps記録
Password: ******           ←注: パスワード応答機能はrshにはない
%
```

つまり，相手先でのコマンド実行の出力は標準出力に出てきますから，それを出力リダイレクションで手元のファイルに保存できるわけです (逆に入力リダイレクションで手元側からデータを相手先に送り込むこともできます．

9.3 ファイル転送

9.3.1 FTP と rcp

ネットワークの機能が遠隔地間での通信である以上，それを利用してデータ (つまりファイル) をやりとりする，というのは当然あっていい使用法です．**ファイル転送**についても次の3つがあります:

- **ftp** 相手先 — **FTP** プロトコルでのファイル転送
- **rcp** 相手先:パス名 相手先:パス名 — Unix 間のファイル転送
- **scp** 相手先:パス名 相手先:パス名 — SSH によるファイル転送

FTP はネットの初期から存在していて，Unix に限定されないファイル転送プロトコルであり，PC 向けのクライアントソフトも多く存在しています．ftp コマンドでは接続後にパスワード応答による認証を行い，次のコマンド群を駆使して対話的にファイルをやりとりします：

- cd パス名 ―「向こう側で」現在位置を移動
- lcd パス名 ―「こちら側で」 〃
- type text ― テキスト転送モードにする
- type binary ― バイナリ転送モードにする
- get ファイル名 ― 向うからこちらにファイルを転送
- put ファイル名 ― こちらから向うにファイルを転送
- bye ― ftp コマンドを終わる

たとえば**匿名 FTP** [2] で接続してサーバからファイルを取り寄せる対話例は次のようになります．

```
% ftp ftp.iij.ad.jp
Connected to ftp.iij.ad.jp.
220 ftp.iij.ad.jp FTP server ready.
Name (ftp.iij.ad.jp:myname): anonymous
331 Guest login ok, send your complete e-mail address as password.
Password: myname@example.com
           ↑本当は打ち返されないので見えない
...
230 Guest login ok, access restrictions apply.
Remote system type is UNIX.
Using binary mode to transfer files.
ftp> cd pub/rfc
250 CWD command successful.
ftp> get rfc822.txt
local: rfc822.txt remote: rfc822.txt
227 Entering Passive Mode (202,232,2,54,5,69)
150 Opening BINARY mode data connection for rfc822.txt (106299 bytes).
...
226 Transfer complete.
106299 bytes received in 11.21 seconds (9.26 KB/s)
ftp> bye
221-You have transferred 106299 bytes in 1 files.
221-Total traffic for this session was 107922 bytes in 1 transfers.
```

---

[2] ユーザ名「ftp」ないし「anonymous」で接続し，パスワードとして自分のメールアドレスを打ち込むと，「誰にでも配布してよいファイル」を取り寄せるためのアカウントに接続できるという慣習をいいます．

```
221-Thank you for using the FTP service on ftp.iij.ad.jp.
221 Goodbye.
%
```

現在ではWWWの発達により，ファイルの配布にFTPを使う場面は少なくなっています．しかしPCとサーバの間でファイルを送受するのには今でもFTPプロトコルが多く使われています(クライアントソフトはPC用のさまざまなものが使われることが普通ですが)．

rcpはFTPのような繁雑さなしにUnixシステム間でファイルをコピーするために開発され，scpはそれを安全にしたもの，という経緯は遠隔ログインの場合と同様です(プロトコルもそれぞれrexecとSSHを使っています)[3]．簡単な例を示しておきます:

```
% scp myname@examle.ac.jp:\*.txt .
password: ********     ←注: パスワード応答機能はrcpにはない
t1.txt   100% |*****************************|    363KB  00:00
t2.txt   100% |*****************************|    1127   00:00
%
```

なお，「*」などのメタキャラクタは手元で展開されては意味がないので(この場合，相手先ホストの「.txt」で終るファイルすべてを取り寄せたい)，「\」をつけて指定していることに注意してください．

9.3.2　ダウンローダとファイル交換ソフト

厳密にいえば「ファイル転送」ではありませんが，ネット上のさまざまなデータを取り寄せる場合には，WWWサーバからデータを取り寄せる場合も含まれています．つまり，Webブラウザをデータの取り寄せに使うこともできるわけです．さらに，データの取り寄せのみを目的とする場合は**fetch**や**wget**など，URI(後述)を指定するとそこからデータを取り寄せてファイルに格納してくれる**ダウンロード用コマンド**も使われます:

- `fetch` *URI* — *URI*のデータを取り寄せてファイルに格納

`wget`も基本的な使い方は同じです(それぞれ固有のオプションが指定でき，その部分では違いがあります)．また，これらのプログラム(Webブラウザも含めて)はURIとしてFTP URI(後述)を使えばFTPサーバからの取り寄せにも利用できます．

---

[3] 手元のマシンと相手先でユーザ名が違う場合はrcpでもscpでも相手先の前に「ユーザ名@」をつけて指定できます．

ここまではクライアントサーバ型のデータ転送アプリケーションについて説明してきましたが，このほかにピアツーピア型の**ファイル交換ソフト**とよばれるものもあります．

これを最初に有名にしたのは **Napster** とよばれるシステムで，音楽データを交換するのに広く使われました — つまり，多くの人が手持ちの音楽 CD からデータを取り出してこのシステムで公開し，代わりに他人から自分のもっていない曲をもらったわけです (まさに「交換」ですね)．もちろんこれは**著作権法**に触れる行為であり，音楽産業各社が Napster 社を訴えました．Napster 側は「交換は各個人がやっていることであり，自社は何ら悪いことをしていない」と弁明しましたが認められず，敗訴してシステム全体を有償化して 1 曲ごとに著作権料を払うことになりましたが，そうなるとユーザは「金を払うくらいならやめる」となって一気に下火になりました[4]．

Napster ブームは終わりましたが，それが示した「ピアツーピアファイル交換」の次のような特徴は多くの人に強い印象を残しました:

- ユーザどうしが直接データを交換するので，誰が何を交換しているか追跡するのが難しい
- サーバがボトルネックにならないので，全体として大量のデータ交換が可能となる．

このため，今日では **WinMX** や **Winny** など多くのファイル交換ソフトが作成され広く利用されています．その一定割合は音楽データ，映像データ，有償ソフトの無断配布など，著作権に触れるような用途に使われている可能性があり，実際にそのような行為を行っていたユーザが逮捕されるといった事件も起きています[5]．

9.4 遠隔ファイルアクセス

ファイル転送は複数のマシンで情報を共有する有力な手段ですが，意識して「あのファイルをこちらへコピーして」などと考えるのは繁雑ですし，間違えて悲惨な目に会ったりします．そこで，LAN などで高速なやりとりが可能な環境においては，「ファイルは 1 つのサーバ上に置いておき，どれかのマシンでファイルにアクセスするとネッ

---

[4] Napster はいったん破産しましたが，2003 年現在，復活して新しい形で音楽配信に復帰しようとしています．

[5] とくに Winny は交換データを暗号化するため第 3 者が不法行為をチェックしにくいといわれていましたが，警察なども対応した技術開発を行っているようで，実際に逮捕された例があります．

トワーク経由でサーバ上のファイルを読み書きする」ことが多く行われます．これを一般に**遠隔ファイルアクセス**ないし**ファイル共有**とよびます（図9.4）．自分がよく使うファイル群をファイル共有機能を使って各マシンでアクセスするようにすれば，ファイルはあくまでもサーバだけに置かれているため，あちこちのマシンで個別にファイルを管理する繁雑さがなくなります（大学などの環境では学生が多数のマシンのどれにログインするかわからないため，最初からこのような仕組みを前提としています）．

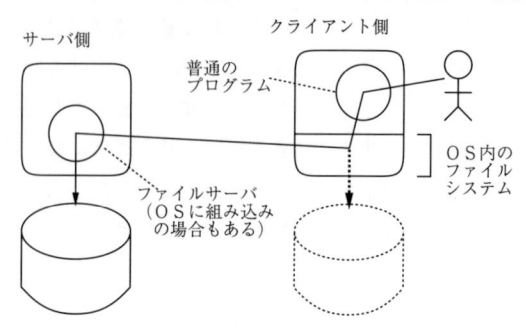

図 **9.4** 遠隔ファイルアクセス

ファイル共有機能を Unix で最初に広めたのは Sun Microsystems 社の **NFS**(Network File System) で，現在でも Unix ではこれがファイル共有機能の標準です．そのほか，Windows のファイル共有プロトコルである **SMB** のサービスを提供するサーバソフト **Samba**，Macintosh 用のファイル共有プロトコルである **AFP** のサービスを提供するサーバソフト **CAP** などを動かすことで，Windows マシンや Macintosh マシンに対するファイル共有機能も提供できます．

なぜ他のサービスと違って OS の種別ごとにプロトコルが別なのでしょう？ それは，ファイル共有の場合，OS の内部で (4 章で説明したように) ファイルシステムを通じてファイルにアクセスする時，通常はディスク上にあるデータを読み書きしますが，ネットワーク共有されたファイルの場合はその本体はディスク上にあるわけではなく，ネットワーク経由でサーバマシンにアクセスに行かなければならないからです．つまり，他のネットワークサービスと違い，OS のファイルシステムの中にファイル共有プロトコルが組み込まれてしまっているため，「よく使われるプロトコルに統一しよう」などと簡単に決めることはできないわけです．

さて，Unix では上述のように NFS が標準で使われますが，Unix ではファイルシステム全体は第 4 章で説明したようにマウント機能により張り合わせられたディレクトリの木構造として構成されています．ここで，NFS サーバになっているマシンのディ

レクトリをマウントすることで，そのディレクトリ以下のファイルがサーバと共有されるようになります．ファイル共有の状況はマウント状況を調べる **mount** コマンド[6] で表示させられます:

```
% /sbin/mount
/dev/ad0s1a on / (ufs, local)
devfs on /dev (devfs, local)
/dev/ad0s1d on /var (ufs, local)
/dev/ad0s1e on /t0 (ufs, local)
procfs on /proc (procfs, local)
smm:/fbsd50R/usr on /usr (nfs)
pid308@smr04:/vol on /vol (nfs)
linprocfs on /usr/compat/linux/proc (linprocfs, local)
sma:/u1 on /.amd_mnt/sma/u1 (nfs)
%
```

マウントされているファイルシステムのうち，「nfs」と表示されているものが NFS により共有されているディレクトリに対応します．

9.5 電子メールとネットニュース

9.5.1 メールとニュースの原理

　電子メールとネットニュースはネットワークの初期からの情報交換サービスで，インターネット以外に **USENET** とよばれる電話線や低速の通信回線により接続されたネットワーク上でも広く使われていました[7]．メールは今日でも広く使われていますが，ネットニュースについては日本では Web 上の掲示板などが主流になり利用が少なくなっています(しかし，米国などでは依然として活発に利用されています).

　メールとニュースは一緒になって発達してきたため，交換されるメッセージの形式などもよく似ていますし，システムの構造もよく似ています．すなわち，メールでもニュースでも遠隔地との情報交換は基本的に「サーバどうしで」行う設計であり，ユーザは「自分の手元の」サーバと通信してメッセージを投入したり取り出したりします(図 9.5).

---

[6] 通常，ディレクトリ /sbin, /usr/sbin などに置かれているので，実行パスに入っていない場合は /sbin/mount など絶対パスで指定する必要があります．

[7] 日本では **JUNET** とよばれるネットワークが中心となって日本各地のサイトを結び，これらのサービスを相互運用していました．

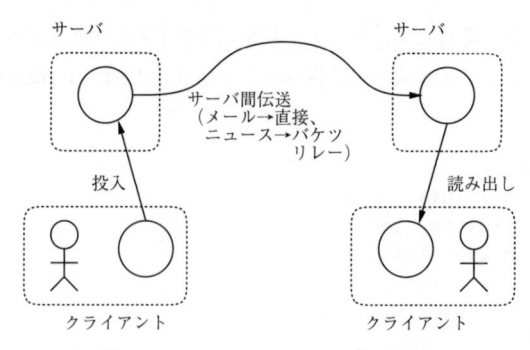

図 9.5 メール/ニュースの伝送経路

なぜそうなっているかというと，インターネット以前のネットワークでは遠隔地との通信は時間がかかり複雑な制御を必要とする操作だったので，今日のように「ユーザがクライアントを起動して遠隔地のサーバと直接やり取りする」ことは困難だったからです．このため，そのような仕事は手元のサーバに依頼し，あとはサーバどうしでゆっくり情報を伝達してもらう，という構造になったわけです．なお，手元のサーバとのやりとりについても，古いシステムではサーバとユーザは同一のマシン上でファイルを共有することでメッセージを投入したり取り出していましたが，これはさすがに LAN の発達とともに少なくなり，ネット経由で手元のサーバにアクセスする構造に変わっています[8]．

なお，これらのシステムではサーバは普通に**メールサーバ**，**ニュースサーバ**とよばれますが，ユーザがメッセージを読み書きするために使うクライアントは伝統的に**メールリーダ**，**ニュースリーダ**とよばれます．

電子メールの場合は，基本的にはユーザがメッセージを送信すると，そのメッセージは (メールリーダから直接にせよ，手元のサーバ経由にせよ) 宛先のサーバに届けられ，そこに格納されます．送信時のデータ伝達は **SMTP** (Simple Mail Transfer Protocol) とよばれるプロトコルで行われます．宛先のサーバはメールアドレスからわかるようになっています．たとえばメールアドレスは次のような形をしています:

`someone@example.com`

つまり「`@`」の後ろ側はドメインアドレス (この場合は `example.com`) になっています．

---

[8] また，現在では遠隔地のメールサーバに直接アクセスしてメッセージを送信することもできます．ただ，向こう側のメールサーバが忙しかったりすると待たされるので，手元のサーバに投入してあとはサーバに任せる方が楽だし自然ということです．

ドメインアドレスは DNS を用いて IP アドレスに変換できることは前章で説明しました[9]．IP アドレスが得られたら，そのアドレスの SMTP ポートに接続してそこに「someone さん宛ですよ」といってメッセージを送り込めばよいのです．

　メールがメールサーバに到着したら，ユーザはそのメールサーバから自分のメッセージを取り出して読むわけです．このときユーザがサーバとやりとりするのには，大きく分けて 2 通りの方法があります．

- ユーザが手元のマシンにメッセージを格納し管理する方法 ── メッセージの投入は SMTP で行い，サーバから手元のマシンにメッセージを取り寄せる時には **POP**(Post Office Protocol) を使う．
- メッセージは基本的に常時サーバ内に格納しておき，ユーザはメッセージを読み書きするつどそのメッセージだけを手元のマシンとの間でやりとりする方法 ── サーバと手元のメールリーダの間での通信に **IMAP**(Internet Message Access Protocol) を使う．

前者ではメッセージが手元のマシンにあってその場で読んだり返信したりでき，サーバと通信するのはメッセージを送受信する短時間だけですむという利点がありますが，あるマシンで読んでしまったメールはサーバから手元のマシンに移動してしまうので，後で別のマシンから同じメッセージを読もうとしてもそれはサーバにはなくなっています．ですから，マシンを 1 つだけ決めて常にそこでメールを読み書きするという使い方になり，場合によっては不便です．後者ではこのような問題がありませんが，その代わりネットワーク経由でサーバとつながっていないとメールの読み書きができません．

　ネットニュースの場合は，メールと異なり個々のメッセージ(ニュース記事)には「宛先」はなく，ニュースグループとよばれる分類単位だけが指定されています．そこで，ユーザが手元のサーバにメッセージを投入すると，そのサーバは隣接するサーバに記事を転送し，そのサーバはさらに先のサーバに記事を転送し，というふうに「バケツリレー式」に記事が転送されていきます(逆に遠方からの記事も同様にして手元へ送られてきます)．このとき，記事の伝送の「堂々めぐり」が起きると大変なので，すべての記事には固有の**メッセージ ID** とよばれる識別名を割り当て，各サーバは手元にもっている記事のメッセージ ID 一覧を常に管理して，まだもっていない記事だけを

---

[9] ただし，メール伝送の時は DNS 上で「MX(Mail Exchange)」レコードとよばれるメール専用種別のデータを検索します．これは，メールアドレスの場合，あるアドレス(つまりメールサーバ)が停止していたら代替のサーバに送るなど，メール固有の扱いをする場合があるためです．

受け取ってリレーします.

　ネットニュースではサーバに常時最新の記事群が大量に蓄積され相互に流通しているため，全部のメッセージを手元のマシンに取り寄せてから読むとういのは非現実的で，読みたいメッセージだけを選んで個別に読むことになり，メールでIMAPを使うのと似た形になります．ただしプロトコルについては，サーバどうしの通信もサーバとユーザが使うクライアントの通信も同じ **NNTP** (NetNews Transfer Protocol) を使って行います.

9.5.2　メッセージヘッダとSMTP

　メールでもニュースでも，伝達されるメッセージの冒頭部分には**メッセージヘッダ**とよばれる部分があり，ここに各種の管理情報が格納されています．その後ろにメッセージ本文がありますが，ヘッダと本文の間は1行の空白行(長さが0の行)で区切られることになっています．ヘッダ部分の情報を見ると，そのメッセージがいつどこで投入され，どのように中継されてきたかが記録されていることがわかります．メールヘッダの一例を見てみましょう.

```
Return-Path: kuno@mail.ecc.u-tokyo.ac.jp
Delivery-Date: Tue, 16 Dec 2003 18:24:48 +0900
Return-Path: kuno@mail.ecc.u-tokyo.ac.jp
Return-Path: <kuno@mail.ecc.u-tokyo.ac.jp>
Delivered-To: kuno@gssm.otsuka.tsukuba.ac.jp
Received: (qmail 38329 invoked from network); 16 Dec 2003 09:24:48 -0000
X-qmail-remote-mx: 0
Received: from ns.ecc.u-tokyo.ac.jp (133.11.171.253)
   by utogwpl.gssm.otsuka.tsukuba.ac.jp with SMTP; 16 Dec 2003 09:24:48 -0000
Received: from m.ecc.u-tokyo.ac.jp (mail.ecc.u-tokyo.ac.jp [133.11.171.196])
   by ns.ecc.u-tokyo.ac.jp (Postfix) with ESMTP id 5D84017EC82
   for <kuno@gssm.otsuka.tsukuba.ac.jp>; Tue, 16 Dec 2003 18:24:48 +0900 (JST)
Received: from mail.ecc.u-tokyo.ac.jp (as301.ecc.u-tokyo.ac.jp)
 by m.ecc.u-tokyo.ac.jp
 (Sun Internet Mail Server sims.3.5.2000.03.23.18.03.p10) with ESMTP id
 <0HPZ00E4CE5BEV@m.ecc.u-tokyo.ac.jp> for kuno@gssm.otsuka.tsukuba.ac.jp;
 Tue, 16 Dec 2003 18:24:48 +0900 (JST)
Date: Tue, 16 Dec 2003 18:24:47 +0900
From: kuno@mail.ecc.u-tokyo.ac.jp
Subject: test
To: kuno@gssm.otsuka.tsukuba.ac.jp
Message-id: <0HPZ00E4DE5BEV@m.ecc.u-tokyo.ac.jp>
```

9.5 電子メールとネットニュース

```
This is a test.
```

見てわかるように，ヘッダは「フィールド名: 値」という形をした行が並んだもので，メールの Subject: や From: などの情報もすべてヘッダフィールドとして伝達されています[10]．とくに Received:ヘッダを見ると，このメッセージがどのような経路を通って中継されてきたかを追跡することができます (途中のサーバがここに嘘を書き込んでいない限り)．

SMTP や NNTP などのプロトコルは，通常はメールリーダやニュースリーダがサーバとやり取りするために使うわけですが，通常の文字を使ったやりとりであり，簡単な構造をしているので，人間が手で打ち込んでみることもできます．たとえば，telnet クライアントでメールサーバに接続して自分あてに簡単なメッセージを送っている例を示しましょう:

```
% telnet utogw smtp    ← SMTP ポートを指定してメールサーバに接続
Trying 192.xx.xx.x...
Connected to utogw
Escape character is '^]'.
220 gssm.otsuka.tsukuba.ac.jp ESMTP
MAIL FROM:<kuno>   ←自分が誰かを示すコマンド
250 ok
RCPT TO:<kuno>    ←メール宛先を示すコマンド
250 ok
DATA         ←「以下本文」コマンド
354 go ahead
From: kuno    ←メールヘッダが最低 1 つは必要
              ←空っぽの行がヘッダ終わりを示す．
test...       ←本文も 1 行以上あった方がよい．
.             ←「.」だけの行があるとおしまいを表す．
250 ok 989909466 qp 19829
QUIT          ←「これでおしまい」コマンド
221 gssm.otsuka.tsukuba.ac.jp
Connection closed by foreign host.
%
```

なお，ここで「嘘」を打ち込めばその嘘はそのまま相手に伝えられていくことに注意してください．メールヘッダの信頼性とはある意味その程度である，ということで

---

[10] ただし，誰が送信したかの情報はこれとは別に SMTP プロトコルでも伝達しています．この情報をエンベロープ **From** とよびます．

す[11]．ネットニュースの転送や読み書きに使われる NNTP もこれと同様の簡単なプロトコルです．

9.5.3 符号化と MIME

上の通信例からわかるように，SMTP(や NNTP) ではメッセージを「生の」ままで文字として送るため，バイナリデータをそのまま送ることはできません (規格で 7 ビット文字のみと定められていますから，日本語テキストも JIS7 ビットコードで送らなければならず，SJIS や EUC も許されません)．このため，バイナリデータを送る場合はそれをいったん文字の集まりに直して (**符号化**，エンコード) 送ることが古くから行われていました (Unix では符号化形式として **UUENCODE 形式**，Macintosh では **BinHEX 形式**が一般に使われてきました)．

その後電子メールの普及とともに，さまざまなシステムで共通に符号化データを流通させることが望まれるようになり，特定プラットフォーム向けでない符号化方式として **MIME**(Multipurpose Internet Message Extension) とよばれる規格がつくられました．この規格では，1 つのメールメッセージは複数のコンテンツ(内容)を集めたものとなり，それぞれのコンテンツは「そのまま」「**base64 符号化**」「**quoted-printable 符号化**」などの選択肢からどれか 1 つの方式を選んでメッセージに組み込まれます．たとえば「あいうえお」という 1 行のファイルを 4 通りの方式で 1 つのメッセージに組み込んだ例を見てみましょう (送信前の状態なのでメールサーバによるヘッダはまだ付加されていません)：

```
To:  kuno
Subject:  test...
MIME-Version: 1.0
Content-ID: <Sun_Dec_21_14_47_29_JST_2003_0@sma>
Content-type: multipart/mixed;
    boundary="sma.52473.Sun.Dec.21.14:47:29.JST.2003"

This is  a multimedia message in MIME  format....
--sma.52473.Sun.Dec.21.14:47:29.JST.2003
Content-ID: <Sun_Dec_21_14_47_29_JST_2003_1@sma>
Content-type:text/plain
Content-Transfer-Encoding:7bit     ←そのまま
```

---

[11] しかし世界中のメールサーバを乗っ取ることは難しいでしょうから，メールヘッダを解析してやればどこまでが嘘でどこからが本当かはそれなりにわかるわけです．

```
あいうえお
--sma.52473.Sun.Dec.21.14:47:29.JST.2003
Content-ID: <Sun_Dec_21_14_47_29_JST_2003_2@sma>
Content-type:text/plain
Content-Transfer-Encoding:base64        ← Base64 符号化

GyRCJCIkJCQmJCgkKhsoQgo=
--sma.52473.Sun.Dec.21.14:47:29.JST.2003
Content-ID: <Sun_Dec_21_14_47_29_JST_2003_3@sma>
Content-type:text/plain
Content-Transfer-Encoding:quoted-printable ← quoted-pprintable 符号化

=1B$B$"$$$&$($*=1B(B
--sma.52473.Sun.Dec.21.14:47:29.JST.2003
Content-ID: <Sun_Dec_21_14_47_29_JST_2003_4@sma>
Content-type:text/plain
Content-Transfer-Encoding:x-uue         ← UUENCODE 符号化

begin 600 test.txt
1&R1")")(D)"OF)"@D*ALHO@H'
'
end
--sma.52473.Sun.Dec.21.14:47:29.JST.2003--
```

　つまり，メッセージ全体の形式は **multipart/mixed** 形式と指定され，区切り文字列が併せて指定されます．続いてその区切り文字列で区切られた内容が複数つきますが，それぞれの内容の冒頭にもヘッダがついていて，内容の種別 (この場合はプレーンテキスト) と，どの方式で符号化されているかなどが記載された後に，本体がついています．

　実際にはこのようなメッセージをユーザが手で書くわけではなく，メールリーダが生成してくれます．一般には「記事本文」に「追加のファイルをつけて送る」使い方が多いため添付ファイルとよばれていますが，実際には上の例のように，最初の本文も追加のファイルも一緒に束ねられています．

　なお，メールリーダによっては日本語の SJIS や EUC を送ろうとすると 8 ビット目の立った文字が含まれるため自動的に符号化して送ってくれてしまい (少なくともそのような設定が標準のものがあります)，受け手のメールリーダが MIME に対応していないと内容が読めないといった不都合を起こすことがあります．注意しましょう．

9.6 World Wide Web

9.6.1 ハイパーテキストと WWW

今日，最も多くの人に利用されているネットワークアプリケーションといえば電子メールと **WWW**(World Wide Web，以下 Web と略します) だといえますから，少なくともこの本を読んでいる人のなかで Web を見たことがない人はいないと思われます．しかし，その見慣れた Web 画面の裏側がどのようにできているのかを考えてみたことのある人は，それほど多くないかもしれません．まずこの点から見ていきましょう．

Web の基本的な枠組みは**ハイパーテキスト**です．ハイパーテキストとは何か説明するとすれば，次のようなものになるでしょう：

- 計算機の画面上にテキストや画像などの内容 (コンテンツ) が表示されている．
- コンテンツの中には，他のコンテンツやその特定箇所を「指し示して」いる箇所が埋め込まれている．これを**リンク**という．
- リンクの箇所を何らかの方法で選択すると，画面はそのリンク先の内容に切り替わる．
- このようなリンクで互いに結び合わされたコンテンツの集まりは，リンクを自由にたどりながら読み進んでいくことができる．

ハイパーテキストの概念そのものは WWW よりずっと前から存在しました．たとえば Macintosh で広く利用されてきたアプリケーションである**ハイパーカード**や，Windows の**ヘルプ**などはリンクで結び合わされたコンテンツの集合体ですから，ハイパーテキストの典型例だといえます．Web も複数のページとよばれる単位がリンクによって結び合わされた構造をもっているので，ハイパーテキストの一種だといえます (図 9.6)．なお，Web をみるためのプログラムを一般に **Web ブラウザ**ないし単に**ブラウザ**とよびます[12]．

ではハイパーテキストには普通の (紙の) 文書と比べてどんな利点があるといえるでしょうか？

- 最初から順番に読まなくても，必要な箇所だけ選択して読むことができる．

---

[12] 本来ブラウザというのは「いろいろなものを眺め回るためのツール」といった意味であり，Web とは関係ないブラウザもあるのですが，Web があまりにも普及したため，ブラウザといえば Web ブラウザの意味で通用するようになってしまいました．

9.6 World Wide Web

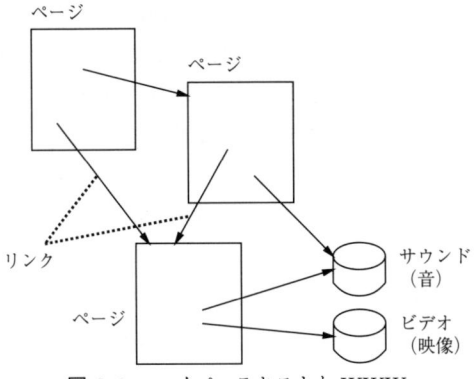

図 9.6 ハイパーテキストと WWW

- 計算機の機能を活用して，さまざまな支援ができる．
- 紙ではないので，画像や動画や音といった**マルチメディア**が取り入れられる．

最後の点に関連して，単なる文字 (テキスト) だけでないことを強調する場合には**ハイパーメディア**といういい方をすることもあります．

では，Web 独自の部分，つまりハイパーカードや Windows のヘルプにない部分というのは何でしょうか？ それは次のような点だといえます:

- Web では，リンクは「ネットワーク上の任意のページ」を指すことができ，したがって世界中の情報源を行き先とすることができる (World Wide の意味．ちなみに Web は「くもの巣」の意味で，リンクが網目状にはりめぐらされていることを表しています).
- さらに，リンクはページだけでなく,「ネットワーク上のさまざまなモノ (資源)」を指すことができる．
- それらの資源の中には，単なる受動的なデータではなく，自らが能動的に動くようなもの，さらには「読み手」から情報を受け取るものも含まれている．
- これらの情報源はリンクをたどった瞬間にネットワーク経由で取り寄せられるので，ディスクや CD-ROM の容量といった制限とは無縁であり，また常に「発信されている最新の情報」が取り出せる．
- Unix, Macitosh, Windows という主流のプラットフォームすべてにブラウザが用意されており，どのプラットフォームでもどこからきた情報でも表示できる (**クロスプラットフォーム**).

1990 年に WWW をはじめて作り出したのは，当時スイスの **CERN** (欧州粒子物理

研究所)に所属していた Tim Berners-Lee です．彼の発明以前からインターネットはずっと存在し，電子メール，ネットニュース，FTP といった手段で情報を流通することは可能だったのですが，これらは操作方法もバラバラで，どこに何があるか熟知していなければ情報にアクセスすることができませんでした．ここにハイパーテキストの考え方を取り込み，情報のありかや種別を知らなくてもページに内包されたリンクを選択するだけでその情報にアクセスできるようにした，というのが WWW の偉大な発明だったわけです．

　CERN でつくられた最初の Web ブラウザはテキストしか扱うことができませんでしたが，**NCSA**(米国アリゾナ州のスーパーコンピュータ応用センター) の学生たちが多くの Unix システムで動き，ページ中に画像を含められるブラウザ **Mosaic** を開発し公開したことで，Web は急速に普及し始めました．

　その後，Mosaic の開発者たちは Netscape Communications 社に移り，より高度で Unix 以外に Windows や Macintosh でも動く **Netscape** ブラウザを発売し，巨額の利益をあげました．しかし他の企業にインターネットという巨大市場を取られまいとした Microsoft 社が Windows にブラウザ **Internet Explorer** を無償で付属させる戦略を取ったため，Netscape 社はブラウザで儲けることができなくなり没落しました[13]．

　一方，WWW のさまざまな規約 (プロトコルや記述言語) の標準に対するニーズも急激に高まり，これを受けて **WWW コンソーシアム (W3C)** とよばれる共同体が発足し，標準の取りまとめや参照用のソフト開発を行うようになりました (Tim Berners-Lee も W3C の発足とともにここに移っています)．

　歴史の話は詳しくするときがないのでこれくらいにして，先に挙げた WWW の特徴が実際にどのような形で現れているかを，もう少し見ていくことにしましょう．

9.6.2　URI とリンク

　WWW では「さまざまなモノ (資源, resource) を指すポインタ」として **URI**(Uniform Resource Identifier) とよばれる形式を使用しています．URI は一般に次の形をとります：

　スキーム：アドレス

ここで**スキーム**部分は資源の種別を表し，**アドレス**部分はその種別のなかのどれであるかを識別します．たとえば電子メールアドレスという種別の資源であれば次の形に

---

[13] さらに Microsoft は，パソコン製造各社に Netscape を搭載しないよう働きかけるなど公正でない活動をしたとして訴えられたりもしています．

なります (メールアドレスは宛先となる人を一意的に指定できますから):

mailto:メールアドレス

これを **mailto URL** とよびます．また，FTP でファイルを取り寄せる場合には次のようになります：

ftp://FTP サーバ/ディレクトリ/.../ディレクトリ/ファイル

FTP サーバと，そこのどのファイルかを指定すればファイルが一意的に指定できるので，これでよいわけです．こちらは **FTP URL** です．そして，Web サーバからコンテンツを取り寄せるためのプロトコルである **HTTP** (HyperText Transfer Protocol) を使う場合は，上とほとんど同様ですが，次のようになります：

http://ホスト指定/ディレクトリ/.../ディレクトリ/ファイル

これが **HTTP URL** で，当然ながら Web 上ではこれがもっとも多く使われています．なお，サーバとブラウザの間で暗号化通信を行うために HTTP に暗号を入れた **HTTPS** プロトコルもあり，その場合は上の http: を https: に取り換えます．

ここまでに上げた URI の例はいずれも，資源が「どこに」あるかを含んだ情報であり **URL**(Uniform Resource Locator) とよばれる種類のものです．これ以外に，資源がどこにあるかに関係なく対象を指すものもあり，これは **URN**(Uniform Rerource Name) とよばれます．たとえば「urn:isbn:4-621-04373-0」というのは ISBN (書籍番号) を表す URN です (書籍はどこの本屋さんで購入しても ISBN が同じなら同じ本ですからこれでいいわけです)．そして URI は URN と URL を合わせたものをいいます[14]．

なぜここで URI について長々と説明しているのかというと，URI こそが WWW の「肝」だからです．後で見るように，WWW でコンテンツを伝送しているのはごく簡単なプロトコル (実質はファイル転送のようなもの) であり，ブラウザがやっていることは基本的には次の 2 点だけです：

　a. 指定された URI からコンテンツを取り寄せる．
　b. 取り寄せたコンテンツを適切な形で画面に表示する．

---

[14] Web の初期には URN という考え方はなかったため，URI という用語もなく，URL だけが使われていました．今日でも URN が使われる機会はあまりないため，依然として URN や URI という言葉を知らない人が多数います．

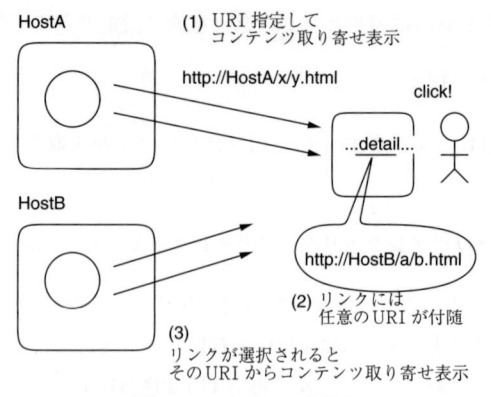

```
                    HostA        (1) URI 指定して
                                     コンテンツ取り寄せ表示
                              http://HostA/x/y.html
                                                    click!
                                              ...detail...

                    HostB
                                              http://HostB/a/b.html
                                           (2) リンクには
                                              任意の URI が付随
                              (3)
                              リンクが選択されると
                              その URI からコンテンツ取り寄せ表示
```

図 9.7 リンクの仕組み

ただ，ここでコンテンツを取り寄せたとき，それが **HTML** 形式のファイルであれば中にリンクが埋め込まれていることがあります (つまり，そこに別のコンテンツを指す URI が埋め込まれています)．そして，ユーザがそのリンクを選択すると，ブラウザはそのリンク先のコンテンツを取り寄せ，表示画面をそちらに切り替えます (つまり上記 a の動作を行います)．それにより，いつもやっているように「別のページへ飛ぶ」ことができるわけです (図 9.7)．これだけですむのは，「リンク先」が URI の形で表されていて，世界中のどのサーバのどのコンテンツであっても自由に指し示すことができるから，なのです．

9.6.3　Web サーバと CGI

Web サーバは HTTP プロトコルによる要求に対応してコンテンツを返送するサーバですが，他のネットワークアプリケーションの場合と際だって違う部分が 1 つあります．それは，他のネットワークアプリケーションではサーバの設定は管理者だけが行うものであり，一般ユーザはクライアント側からサーバを使うだけであるのに対し，Web サーバでは多くのユーザが情報発信者にもなるため，サーバ上に自分のデータを置いたり，その場所に関するサーバの動作を (設定ファイルを通じて) 調整するなど管理者的な作業を行うという点です．ここでは実際にそのさわりの部分だけでも見てみましょう．

以下で取り上げる Web サーバは **Apache** という名前のもので，フリーソフトとして公開されていますが，インターネット上で最も設置数が多いことでも知られています．

さて，ブラウザは URI に従ってサーバにアクセスしますが，HTTP URL について

その中身をさらに細かく見ると次のようになります．

(1) URLのホスト部を見て，接続すべきWebサーバを決め，HTTPプロトコルにより接続する．
(2) 接続できたら，ホスト部より先にあるパス部分をWebサーバに示して，対応するコンテンツの返送を要求する．
(3) サーバがコンテンツを返送する (ブラウザがそれを表示)．

したがって，Webサーバにとって見れば，パスを渡されて対応するコンテンツを返すのが仕事になります．ここでパスをUnixのパスに対応させ，コンテンツをファイルに入れておけば話が簡単で「パスに対応するファイルそのまま」を返せばすむことになりますね．

実際には「/etc/passwd」というパスを渡されてパスワードファイルを返送してしまったらセキュリティ上問題ですから，**ドキュメントルート**とよばれるディレクトリをサーバ管理者が設定してあり，そこ以下に返送用のファイルを格納します．たとえば，サーバ**www1**のドキュメントルートが**/etc/httpd/htdocs**というディレクトリに設定されていたとすると，

http://www1/a/b/c.html

というURIをブラウザで取り寄せると，それはサーバ上にあるファイル

/etc/httpd/htdocs/a/b/c.html

を取り寄せることになるわけです．また，サーバによっては各ユーザごとに自分用のディレクトリをもてる設定にしていることもあります．この場合，パスの先頭が「/~ユーザ名/」で始まるものは，各ユーザのホームディレクトリ直下にある「public_html」というディレクトリ以下に対応させるのが通例です (この名前はサイトによって変えることもあります)．つまりこのような設定になっている場合，

http://www1/~kuno/test.txt

というURIをブラウザで取り寄せると，それはサーバ上にあるファイル

~kuno/public_html/test.txt

を取り寄せることになります．言い換えれば，各ユーザは自分が公開したいと思うコンテンツを適切なディレクトリ構造でサーバ上に配置しさえすれば，あとはサーバが

それを返送してくれる，つまり自分のサイトが作成できるわけです[15]．

ところで，上の例ではファイル名の末尾が「.txt」である URI を挙げていましたが，返送する内容は HTML ファイルでなくてもいいのでしょうか？ もちろん答えは YES で，Web サーバは画像や音声などさまざまな種類のデータを返送しますから，その中に「ただのテキスト」もあって構いません．実はサーバはブラウザにコンテンツを返送するとき，「このコンテンツはどのようなデータか」を **MIME タイプ** とよばれる記法で知らせてきます[16]．その情報はどこからくるかというと，Unix 上のサーバの場合は普通のファイルと同様，ファイル名末尾の拡張子から取るわけです．次に代表的なデータ種別の MIME タイプと拡張子を挙げておきます：

- `text/html` — HTML テキスト (.html, .htm)
- `text/plain` — プレーンテキスト (.text, .txt)
- `image/gif` — GIF 形式イメージ (.gif)
- `image/jpeg` — JPEG 形式イメージ (.jpeg, .jpg)
- `image/png` — PNG 形式イメージ (.png)
- `audio/wav` — WAVE 形式サウンド (.wav, .wave)
- `audio/mp3` — MP3 形式サウンド (.mp3)
- `video/mpeg` — MPEG 形式ビデオ (.mpeg, .mpg)
- `video/qucktime` — Quicktime 形式ビデオ (.mov)

ところで，ここまでに説明したものではすべて，返送されるのはただのファイルで，何回ブラウザで表示し直しても同じ内容でした．毎回内容が変わるようなページはどうやってつくるのでしょうか？ それには **CGI**(Common Gateway Interface) とよばれる約束に従ったプログラムを用意します (そのようなプログラムのことも CGI とよびます)．

CGI プログラムは，必ず **HTTP 応答ヘッダ** を返す必要がありますが，一番簡単には次の 2 行を返せばすみます (残りはサーバが補ってくれます)：

```
Content-type: MIME タイプ     ←データ種別の通知
                              ←空行 (ヘッダ終りの印)
```

たとえば，サーバにログインしている人の一覧を返す CGI プログラムをシェルスクリプトでつくってみましょう：

---

[15] もちろん，ファイルやディレクトリの保護モードもサーバに読める (ということは誰にでも読める) ように設定しておく必要があります．

[16] この記法は名前通り MIME 規格で定めたものですが，それを援用しているということです．

```
#!/bin/sh                              ←インタプリタ指定
ehco 'Content-type: text/plain'        ←データ種別はだだのテキスト
echo ''                                ←空行 (ヘッダ終りの印)
who                                    ← who の実行結果を返す
```

これだけです．多くのサーバは「.cgi」という拡張子で終わるファイルを CGI プログラムとして扱ってくれます．ですから，たとえばこれを「who.cgi」という名前で保護モードを「だれにでも読み出し．実行可能」に設定し，自分の Web ディレクトリに置いてブラウザからアクセスすれば，そのマシンにログインできない人も who コマンドの表示が見られるわけです (図 9.8) [17]．このように，Web サーバと「その場で内容を生成するプログラム」を組み合わせることで，さまざまな情報をユーザの求めに応じて返すようなページをつくることができるわけです．

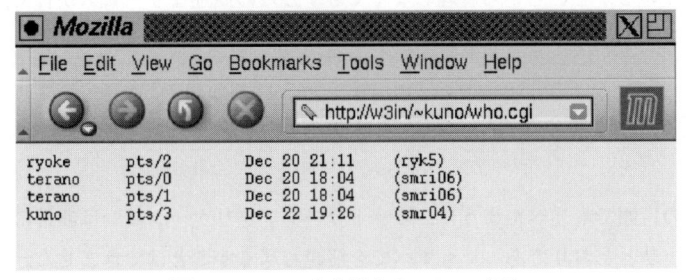

図 **9.8** who を実行する CGI の表示

では，WWW のしめくくりとして，Web サーバとブラウザがどうやって通信しているのかを見てみましょう．SMTP と同様，HTTP もごく簡単なプロトコルで，`telnet` コマンドを使って直接打ち込んで試すことができます．先に示した who.cgi を要求してみましょう：

```
% telnet w3in http                     ←HTTP ポートを指定してサーバに接続
Trying 10.1.0.1...
Connected to w3in.
Escape character is '^]'.              ←接続完了
GET /~kuno/who.cgi HTTP/1.0            ←HTTP1.0 プロトコルで who.cgi を要求
Host: w3in                             ←ホスト名を指定
                                       ←空行を打ち込む (要求ヘッダの終り)
HTTP/1.1 200 OK                        ← OK との応答，以下応答ヘッダ
Date: Mon, 22 Dec 2003 10:34:23 GMT    ← (日付)
Server: Apache/1.3.27 (Unix) PHP/4.2.2 ← (サーバ情報)
```

---

[17] サーバによっては侵入などの危険を避けるために CGI を動かさないように設定している場合も多数あります．

```
Connection: close                    ← (終ったら切断)
Content-Type: text/plain             ← (データ種別)
                          ←空行 (応答ヘッダ終り)，以下内容
ryoke      pts/2       Dec 20 21:11    (ryk5)
terano     pts/0       Dec 20 18:04    (smri06)
terano     pts/1       Dec 20 18:04    (smri06)
kuno       pts/3       Dec 22 19:26    (smr04)
Connection closed by foreign host.   ←切断
%
```

つまり，サーバにコンテンツのパス (とホスト名[18]) を打ち込むと直ちにその内容が返送され，接続が切断されます．このように簡単にしておくことで，ブラウザはあちこちのサーバのページをロードしまくれるし，サーバは現在どこのブラウザが自分につながっているかをいちいち管理しなくてもすむため高速なサービスが行え，大量のクライアントを扱えるようになるのです[19]．

9.7　その他のネットワークアプリケーション

この章の冒頭でも述べたように，ネットワークアプリケーションは非常に多様なものがあり，ひととおりであってもすべてを解説し尽くすことはできません．残ったものの中から代表的なものだけ選んで，ごく簡単に説明しておきましょう．

- チャット —— チャットとは「おしゃべり」の意味で，ネットワーク上で複数のユーザどうしが短いメッセージを交換するようなネットワークアプリケーションをいいます．インターネット上では古くから **IRC**(Internet Relay Chat) とよばれるシステムが稼働していますが，これは大量のユーザが参加できるように複数のサーバが連係してメッセージを相互に中継し，ユーザはどれかのサーバに接続して会話に参加します．一方 **ICQ** とよばれるシステムはピアツーピア型で，会話したい相手どうしのマシン間で直接メッセージを交換します．
- ストリーミング —— 音声のみ，あるいは音声と画像のデータを実時間的にクライアントに流す (つまり，クライアントはファイルを蓄積するのでなく，取り寄せつつその場で直ちに再生する) ようなサービスで，いわばネット上のラジオ

---

[18] 1つのサーバを複数のホスト名兼用で運用することがあるため，どのホスト名のサーバに対する要求かを明示する必要があります．

[19] 毎回 TCP 接続を張り直すのは無駄が大きいので，1つ取り寄せた後も次の内容を取り寄せるために接続を切らずに応答を続けるような指定も可能になっています．

やテレビです．**RealSystem** と **WindowsMedia** が双璧をなしています．

- **テレビ会議** — 音声と画像をクライアント間で双方向に流す「テレビ電話」です．**NV**，**NetMeeting** などが代表的です．
- **プリントサービス** — プリンタがつながっていないマシンからでもネットワーク経由でプリンタに印刷できるようなサービスをいいます．バークレー版 Unix に由来する **lpd** が基本的で昔からありますが，より高度な機能を提供する **CUPS** などのシステムもあります．
- **ネームサービス** — 一般に「名前」から対応するデータを検索させてくれるサービスをいいます．**DNS** も IP アドレスを中心としたネームサービスだといえます．Unix 系のサイトでは LAN 内でユーザ管理情報やホスト情報などを共有するために，Sun が開発した **NIS** とよばれるサービスを用いているところが多くあります．特定プラットフォームに依存しない，汎用的なネームサービスのプロトコルとして **LDAP**(Lightweight Directory Access Protocol) があり，このプロトコルが使えるサーバやクライアントも多くなっています．

9.8 まとめと演習

この章では，実際にネットワーク上で私達がお世話になるようなネットワークアプリケーションとその仕組みについて，代表的なものを選んで概観してきました．これらをざっと見ただけでも，ネットワークには新しいものが生まれてくる余地が無限にあることがわかると思います．

9-1. telnet や rlogin や ssh を使って別のマシンに接続してみなさい．元のマシン上での操作と別のマシン上での操作で違う結果が返るものは何があると思うか考えて試しなさい．たとえば，自分が接続しているシェルの親プロセスを順次たどっていくとどんなプロセスに到達しますか．

9-2. FTP や WWW 経由でファイルを配布しているサイトをいくつか選び，ファイルを取り寄せてみなさい．どれくらいの転送速度になりますか．手元のマシンどうしでの速度と比べるとどうですか．

9-3. 携帯や別のアドレスから自分が普段使っているメールアドレスにメールを送って(または友人に送ってもらって)，そのメッセージのヘッダを調べてみなさい．そのメッセージは，どのようなサーバを経て到着していますか．それらには，送

り元によってどのような違いがありますか．また，ファイルを添付したメールを送った場合はどうですか．

9-4. telnet コマンドを使って手元のメールサーバの SMTP ポートに接続し，手で SMTP コマンドを打ち込んで自分あて (または知合いあて) にメールを送ってみなさい．「嘘」を書いたらそれはそのまま送られるか，その他普通にメールを送るのと違うことはないかどうか，試しなさい．

9-5. 自分の Web ディレクトリに適当なテキストファイルを置き，ブラウザからアクセスしてみなさい．ディレクトリ構造を変えると (たとえばサブディレクトリをつくってそこにファイルを移すと)URI も対応して変える必要があることを確認しなさい．さらに CGI が使えるようなら，さまざまな情報を表示する CGI を動かしてみなさい．

9-6. telnet でさまざまな Web サーバに接続して，内容を取り寄せてみなさい (ブラウザで表示させながら同じ URI から取るようにすると打ち間違いを避けやすいと思います)．どのようなコンテンツに対してどのようなものが返送されてくるかまとめなさい．

10 ドキュメントの作成

計算機による情報の表現形態のうちで今日最も広く使われているのは，間違いなく文書 (ドキュメント，文字による情報表現) です．この章では，計算機による文書の扱いとはどのようなものであり，何が問題になるかについて見ていきます．そして，計算機によってテキストを扱う具体的な例として，LaTeX による文書作成と HTML+CSS による Web ページ作成を中心に取り上げます．

10.1 計算機と文書

計算機はその初期においては，文字通り数値を大量に「計算」するための装置として使われてきました．しかし，人間の知的活動のうち，数値によって表される部分は実はごく一部分であって，ほとんどの知的活動の表現は**文書** (書籍，レポート，手紙，…) によっています．ですから，計算機の適用範囲が広がり，各種の「情報」を取り扱う装置として位置付けられるようになるにつれ，計算機で文書を取り扱いたいという要求が現れてきたのは当然のことです．

たとえば，本書で私たちが題材として扱ってきた Unix システム自体も，1970 年ごろにベル研究所で「美しい文書を作成し印刷するための」ソフトをつくる土台として開発されたものです (それだけが目的だったというわけではありませんが)．現在でも，整った文書を作成するためのソフトであるワープロソフトは，計算機において最も多く使われているアプリケーションソフトの 1 つだといえるでしょう．

そういうわけで，以下では計算機で文書を扱うに際して「美しい文書とはどういうものか」「それをうまくつくるにはどのようにシステムを設計したらいいのか」について検討してみましょう．そうすることで，考えずにひたすらワープロソフトを使うだけの人よりもずっとスマートにことを運ぶことができるはずだからです．

では最初に，「美しい文書」について考えてみることにしましょう．次の問いに対し

てあなたはすぐに答えを思いつきますか?

- そもそも，美しい文書とはどういうものをいうのか?
- なぜ美しい文書が望ましいのか?

1番目の問いに対して「文字がきれいな字で打たれている」とか「多様な字形 (フォント) が使われてる」などの回答が浮かんだ人もいるかと思います．しかしそもそも，文字がきれいでもそれがでたらめな規則で並べられていたりしたら (たとえば 1 文字ごとにフォントが切り替わっているなど)，1 文字 1 文字を見て「ほう，この『あ』という文字は美しいですねえ」と鑑賞 (?) はできても，その文書を読んで理解する上ではちっとも嬉しくないはずです．

そこで 2 番目の問いが問題になります．なぜ美しい文書が望ましいのでしょう? それは (美しさを鑑賞するというあまりありそうにない回答はおいておいて)，文書が美しいとその内容を見て取る効率がよいから，ということになります．それには，文字の大きさが読みやすいなどの特性に加えて，「ここは見出し」「これは図」などの文章の構造が見てとりやすく，必要なことがらが (たとえば見出しをざっとスキャンしていって) すぐ探せる，などの点も重要になります．これを整理すると次のようにまとめられます:

- 文書の構造が読み手に適切に伝わること．

逆の面から見ると，「美しい文書」を扱うことができたとすれば，そこに含まれる情報は，その内容を表すテキスト (文字) だけではなく，その文書を美しくあらせるための**付加情報**までを含めたものになっているはずです．なぜなら，この付加情報があってはじめて，どの部分はどういうふうにする (たとえば見出しだから目立つ字体にする)，という処理が可能になるからです．同じ大きさの文字だけからなるプレーンテキストファイルと，ワープロなどで美しく仕上げた文書との違いは，この付加情報の部分にあるといえます．

10.2 見たまま方式とマークアップ方式

美しい文書を作成するためには，テキストと付加情報をともに入力したり修正するなどの必要があることまではわかりました．ではそれを具体的にどのようにして行ったらよいでしょうか? 計算機の世界では，その方法として次の 3 種類が考えられ，現

10.2 見たまま方式とマークアップ方式

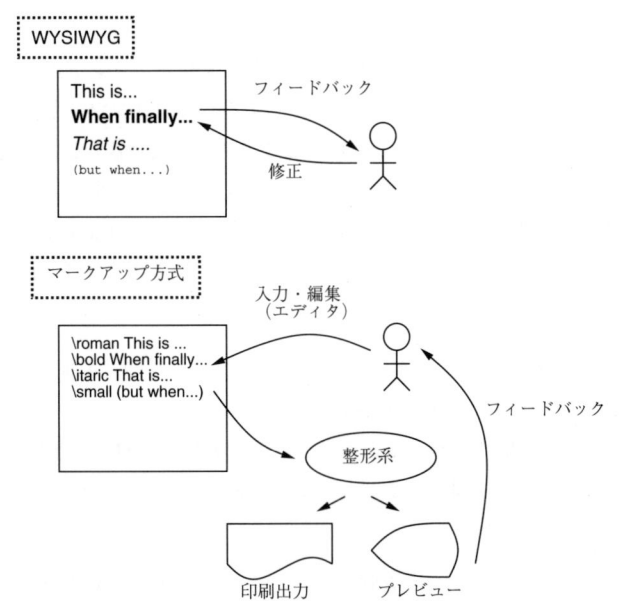

図 10.1 WYSIWYG 方式とマークアップ方式

に使用されています．

- 見たまま方式，または **WYSIWYG** (What You See Is What You Get — 「あなたが見るものがあなたの得るものである」) 方式．この方式では，実際にプリンタで印刷したイメージにできるだけ近い画像を生成し，画面で表示します．そこでマウスやメニューなどを用いて，画面上に見える文書を対象として修正を施します．配置やフォントを変更したり，文章を直したりすると，その結果は直ちに画面に反映されます．多くの人が使っている **MS Word** などもこの仲間です．

- コマンド方式 — これはエディタを用いて作成するファイルの中に，テキストに混ぜて「ここからこういうフォント」「ここで改ページ」などのコマンドを入れておき，これに従って**整形系** (**文書フォーマッタ**) が整形を実行するものです．この方式では，コマンドを使うことで非常に細かい制御まで行うことができますが，コマンドを覚えるまでに手間がかかりますし，整形系を経て紙に出すまでどういう出力になるか見えないという弱点があります (紙に出す代わりに画面で確認する**プレビューア**を使えることが普通ですが)．**troff**, **TeX** などがこ

の代表です．

- 意味づけ方式 (semantic encoding) — これも文章にコマンドのようなものを混ぜるのは同じですが，ただし「どう整形する」というコマンドを混ぜるのではなく「ここは章の切れ目」「ここからここまでは箇条書き」など，文書の**意味**を表す印を入れておくものです．コマンド方式より覚えやすく，また1通りの印つけに対して複数通りの整形方法を対応させることも可能です (たとえば2段組用，大きな文字用など)．この後でとりあげる LaTeX や HTML はともにこれに属します．

後の2つの方式は文書の中に各種の「コマンド」ないし「印」を挿入することから，**マークアップ方式**とよばれます (図 10.1)．

MS Word の隆盛を見ればわかるように，世の中のワープロソフトでは見たまま方式が主流なのに，この章ではマークアップ方式を取り上げる，その理由について説明しておきましょう．

- 見たまま方式は，コマンドを覚えなくてもよい代りに，大量の文書を扱うのは苦しいものがあります (CPU の負担，ソフトの操作性の両方から)．たとえば Word で 50 ページのレポートはかなりつらいと思いますが，LaTeX なら 500 ページの本1冊でも楽勝です[1]．
- 見たまま方式は，ある1つの体裁に合わせて文書をつくってしまうので，あとから体裁を変更するのは大変です (そのために最近はスタイルシート機能が使われますが，そうやって段々使い方が面倒になっていくともいえます)．意味づけ型のマークアップなら，整形時のスタイルを複数種類用意することで，多様な体裁に対応できます．
- 見たまま方式は，ファイル形式がある特定のツールに依存するので，ツール間でテキストを流通しにくいという弱点があります．テキストファイルにしてやればもちろん他のツールにもっていけますが，付加情報はすべて失われてしまいます．マークアップはもともと全部テキストファイルなので，(印を統一的に書き換えるなどの処理は必要になるとしても) テキストの流通が容易です[2]．
- 見たまま方式で文字飾りなどの体裁を変更するには，マウスやメニューと格闘してかなりの手間がかかり，大量にやるのは苦痛です．マークアップではテキ

---

[1] もちろん本書も，すべて LaTeX を用いて作成しています．
[2] この弱点に対しては，見たまま方式のツールでも保存したファイルが後述する XML などマークアップ型の形式であるようにする，という方法が今後普及する可能性があります．

ストと一緒に印を打ち込むだけなので，いったん書き方を覚えてしまえば負担は小さくなります．

なんだか前にも見たことがある議論のような気がしませんか．実はこの議論は第5章に出てきたコマンド入力方法の比較とよく似ています．つまり，あまり頻繁に使わないためコマンドを覚えるのが負担な人は操作速度は遅いけれどコマンドを覚えなくてよい見たまま方式やGUI，大量に仕事をこなす人はコマンドを覚えるコストをかけても効率よく作業できるマークアップ方式やコマンド打ち込み，という対比になるわけです．さて，あなた文書をたくさんつくりますか？

10.3 jLaTeX 入門

10.3.1 文書の基本構造

この節では，意味付け方式の文書整形システムの1つである **LaTeX** の日本語版 **jLaTeX** について実例中心で一通り解説することを通じて，意味付け方式 (と広義の指令方式) というのはどんなものかの感触をもっていただこうと思います．まずともかく，jLaTeX の文書に最低限必要な基本構造の例を見ていただきましょう．次のようなものは，1つの完結した LaTeX 文書です (内容も読んでみてください):

```
\documentclass{jarticle}
\begin{document}
ここに示すように，jLaTeX の文書はまずこの文書がどんなスタイルの文書である
かを宣言する部分から始まる．スタイルの例としては「記事 (jarticle)」，
「本 (jbook)」，「報告 (jreport)」などがある．ここでは一番簡便な
jarticle を例に使用している．これに加えて字の大きさ，図形の取り込み
機能などをオプションとして指定できる．

続いて「文書開始」の宣言があり，この中に文書の本体が入る．この
部分にはさまざまな記述が可能だが，一番簡単にはここに示すように段落ごとに1行
あけて次々に文章を書いて行くだけでも地の文が普通にできる．つまり，
「とくに指定がない」ならば「地の文」である．

あとは文書の本体が終わったら最後に必ず「文書終了」の宣言がある．
最低限必要なのはたったこれだけである．
\end{document}
```

これを jLaTeX にかけて打ち出すと図 10.2 のようになります．ところで，ここで少し補足しておくと，まず宣言 (指令) は

> ここに示すように，jLaTeX の文書はまずこの文書がどんなスタイルの文書であるかを宣言する部分から始まる．スタイルの例としては「記事 (jarticle)」，「本 (jbook)」，「報告 (jreport)」などがある．ここでは一番簡便な jarticle を例に使用している．これに加えて字の大きさ，図形の取り込み機能などをオプションとして指定できる．
>
> 続いて「文書開始」の宣言があり，この中に文書の本体が入る．この部分にはさまざまな記述が可能だが，一番簡単にはここに示すように段落ごとに 1 行あけて次々に文章を書いて行くだけでも地の文が普通にできる．つまり，「とくに指定がない」ならば「地の文」である．
>
> あとは文書の本体が終わったら最後に必ず「文書終了」の宣言がある．最低限必要なのはたったこれだけである．

図 **10.2** jLaTeX の出力

\指令名 [オプション指定]{パラメタ}

のような形をしています．ここでオプション指定がないときは[...] はなく，またパラメタがないときはさらに{...}も不要です．ということは\はそのままでは文書に含められないわけです．LaTeX では，このような特別な (そのままでは使えない) 記号としては次のものがあります[3]．

　　# $ % & ~ _ ^ \ { }

これらはとりあえず「そのままでは使わない」ようにしてください．

10.3.2 表題，章，節

いきなり本文が始まって延々と続くだけではあんまりですから，表題と章建てをつけましょう．その場合の例を次に示します:

```
\documentclass{jarticle}
\begin{document}

\title{あなたがつけた表題}
\author{書いた人の名前}
\maketitle

\section{表題について}
表題をつけるには title, author など必要な事項を複数指定した後最後に
maketitle というとそれらの情報をもとに表題が生成される．その際指定
```

---

[3] この他に<, >など記号自体に特別な意味はないのですが，TeX の標準フォントの関係で出力すると別の字になってしまうものがいくつかあります．

されなかった事項は出力されないかまたは適当なものが自動生成される
(たとえば日付を指定しないと整形した日付が入る．)

```
\section{章建てについて}
ここにあるように section 指令を使って各節の始まり，およびその表題を
指定する．節の中でさらに分ける場合には section というのも使え，
さらに subsection というのまで可能である．ちなみに jbook/jreport スタイル
では section の上位に chapter があるが jarticle では section からである．
ところで，節番号 etc. は自動的に番号付けされるのに注意．

\section{より細かいことは}
より細かいことは，参考書を参照してください．

\end{document}
```

これを整形すると，文書の冒頭にタイトル，著者，日付 (整形した日付) がそれなり
の形式で用意され，見出しも前後にアキを取ってそれなりのフォントで出力されます．

10.3.3 いくつかの便利な環境

表題と章建てができればこれだけで結構普通の文書は書けてしまうはずですが，し
かし全部地の文ではめりはりがつきません．それに，プログラム例など行単位ででき
ているものまできれいに詰め合わされてしまうのでは困りますね．このように，部分
的にスタイルが違う部分を指定するのには次のような形 (**環境**とよびます) を使います．

```
\begin{環境名}
 ....
 ....
\end{環境名}
```

では，よく使う環境について，説明していきましょう．まず，**verbatim 環境** (そのまま) というのは文字通り入力をそのまま整形せずに埋め込みます．たとえば

```
\begin{verbatim}
This is a pen.
That is a dog.
\end{verbatim}
```

は，次のような出力になります:

```
This is a pen.
That is a dog.
```

つまり，これはプログラム例などを入れるのに適していますし，その他よくつくり方がわからないスタイルはすべて手で整形してこれで用意してしまってもとりあえずは形になります．また，この内側では先に注意した「特殊記号」もそのまま出力されるので使うことができます．

わざわざ別の行にするのでなく，文章のなかに一部「そのまま」を埋め込みたい場合もあります．そのような時には verbatim の類似品で\verb|....|という書き方を使うことができます．これで縦棒にはさまれた部分がそのまま出力できます (中に縦棒を含めたい時は，両端に縦棒以外の適当な記号を使ってください)．これも特殊記号が含められます (ただし脚注の中には\verb|...|は入れられません)．

次に，**itemize** 環境 (箇条書き) について説明しましょう．この場合は，環境のなかに複数「\item ....」というものが並んだ格好になっていて，その1つずつが箇条書きの1項目になります．たとえば

```
\begin{itemize}
\item あるふぁはギリシャ文字の一番目です．
\item ベータはギリシャ文字の二番目です．
\item ガンマはギリシャ文字の三番目です．
\end{itemize}
```

は，次のような出力になります:

- あるふぁはギリシャ文字の一番目です．
- ベータはギリシャ文字の二番目です．
- ガンマはギリシャ文字の三番目です．

次に，この itemize を **enumerate** 環境 (数え上げ) に変更すると，出力の際に項目ごとに 1, 2, 3... と自動的に番号付けされるようになります．入力はほとんどまったく同じだから出力のみ示します:

1. あるふぁはギリシャ文字の一番目です．
2. ベータはギリシャ文字の二番目です．
3. ガンマはギリシャ文字の三番目です．

点や番号でなくタイトルをつけたい場合には **description** 環境 (記述) を使います．これは

```
\begin{description}
\item[あるふぁ] これはギリシャ文字の一番目です．
```

```
    \item[ベータ] これはギリシャ文字の二番目です．
    \item[ガンマ] これはギリシャ文字の三番目です．
    \end{description}
```

のように，各タイトルを[]の中に指定するもので，上の整形結果は次のようになります:

あるふぁ これはギリシャ文字の一番目です．

ベータ これはギリシャ文字の二番目です．

ガンマ これはギリシャ文字の三番目です．

この他にもいくつか環境がありますが，とりあえずこれくらいで十分使えると思います．

10.3.4 脚注

脚注のつくり方はとても簡単で，単に好きなところに\footnote{.....}という形で注記をはさんでおけばそれがページの下に集められて脚注になり，そこへの参照番号は自動的につけられます[4]．

10.3.5 数式

実は，TeX属のフォーマッタはもともとは**数式**を美しく打ち出したい，という目的のもとに開発されたものなので，数式機能はとても充実しています(そのため凝り出すと大変ですから，ここでは簡単に説明します)．まず，数式を文中にはさむときは$で囲みます．たとえば，

　　…と書くと`$x^2 - a_0$`のような具合になります．

と書くと $x^2 - a_0$ のような具合になります．ここで出てきたように，肩字は^，添字は_で表せます．その他，数学に出てくる記号はたとえば

```
    \equiv \partial \subseq \bigcap
```

などのように書くと $\equiv \partial \subset \bigcap$ のように出てきます．また，文中ではなく独立した行にしたければ，$の代わりに$$ではさみます．たとえば

　　…と書くと`$$f(t) = \sum_{j=1}^m a_j e^{i\lambda_j} t$$`になります．

---

[4] たとえば，こんな具合になりますね．

と書くと

$$f(t) = \sum_{j=1}^{m} a_j e^{i\lambda_j t}$$

になります．このように，肩字や添字のグループ化には{}を使います（丸かっこは数式本体のために使います）．もっと網羅的な記号一覧などはTeXの入門書などを参照してください．

10.3.6 表

表は情報を整理して提示する強力なツールです．jLaTeXでは表は**tabular 環境**で作り出します．その先頭では，

- 表のカラム数
- それぞれのカラムを左/中央/右揃えのどれにするか
- 各カラムの境界および左右に罫線を引くかどうか

を1つの文字列で指定します．すなわち，1つのカラムごとに揃え方を1/c/rのうち1文字で指定します (1/c/rの文字数がカラム数になります)．また，これらの文字の間や左右端に「|」を挿入すると，そこに縦罫線が入ります．具体例で見てみましょう (**center 環境**は表全体を中央揃えするために使っています):

```
\begin{center}          ←見ばえのため
\begin{tabular}{c|ll}
AND 演算 & 0 & 1 \\
\hline                  ←横罫線
0       & 0 & 0 \\
1       & 0 & 1 \\
\end{tabular}
\end{center}
```

のようにすると，次のように表示されます．見ればわかるとおり，表の内部では「&」がカラムの区切り，「\\」が1行終わり，「\hline」が横罫線を表します．

AND 演算	0	1
0	0	0
1	0	1

10.3.7 動かし方,その他

このほか jLaTeX にはまだまださまざまな機能がありますが,とりあえずはここまでに述べたもので十分役に立ちます.この手のものをマスターするには,最小限の使い方を身につけたら,あとは自分で文書を書きながら技のレパートリーを増やしていくのがいいでしょう.というわけで,最後になりましたが,整形や打ち出しについて説明しておきます.

jLaTeX を動かすには,まず上で述べたような形式のファイルを .tex で終わる名前のファイル名 (たとえば sample.tex) に格納し,**jlatex** コマンドで整形 (フォーマット) します[5]:

- jlatex ファイル — jLaTeX による整形

実際に動かすといろいろ細かいメッセージが出力されますが,エラー以外は当面無視して構いません.

```
% jlatex sample.tex
This is JTeX, Version 1.8, based on TeX Version 3.14159 (Web2C 7.2)
(sample.tex
LaTeX2e <1997/12/01> patch level 2
(/usr/local/tex-web2c-7.2/share/texmf/tex/jlatex/base/jarticle.cls)
(/usr/local/tex-web2c-7.2/share/texmf/tex/jlatex/base/j-article.cls)
Document Class: j-article 1997/10/10 v1.3x Standard JLaTeX document class
(/usr/local/tex-web2c-7.2/share/texmf/tex/jlatex/base/j-size10.clo)
(/usr/local/tex-web2c-7.2/share/texmf/tex/jlatex/base/jresize10.clo)))
(sample.aux)
Overfull \hbox (3.97113pt too wide) in paragraph at lines 3--8
 宣 言 す る 部 分 か ら 始 ま る .  ス タ イ ル の 例 と し て は 「記…
mr/m/n/10 (jar-ti-cle)」, 「本 (jbook)」, 「報
[1] (sample.aux) )
(see the transcript file for additional information)
Output written on sample.dvi (1 page, 1812 bytes).
Transcript written on sample.log.
%
```

エラーがあると途中で「?」というプロンプトが出て処理が止まりますが,その時はとりあえず「x[ret]」を打ち込んで実行を終わらせ,エラーメッセージをよく見て間違っているところを直し,再度走らせてください.整形が成功すると .dvi で終わる名前のファイル (**DVI 形式ファイル**,この場合だと sample.dvi) ができているはずです.

---
[5] ほかに **platex** などのコマンドを使うサイトもあります.

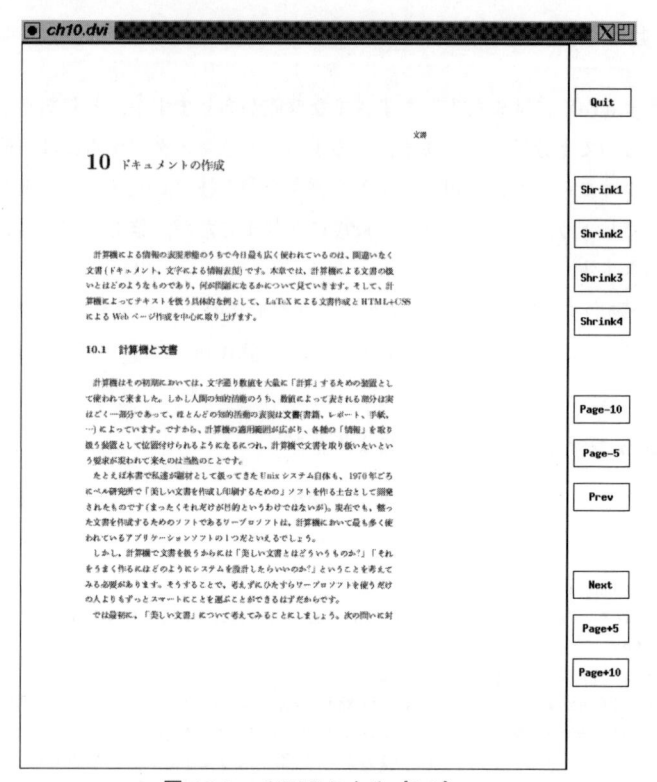

図 10.3　XDVI によるプレビュー

これをいきなり紙に出力してもよいのですが，普通はまず画面でできばえを確認します．それにはプレビューア **xdvi** を使ってください：

- `xdvi` ファイル ── DVI 形式のプレビュー

`xdvi` の画面を図 10.3 に示します．右側に縮尺やページめくりを指定するボタンが並んでいるので，これらのボタンをマウスで操作して各ページが意図どおりかどうか確認します．

プリンタに出す場合には DVI 形式から PostScript 形式に変換するために **dvi2ps** コマンドを使います[6]：

- `dvi2ps` ファイル ── DVI 形式を PostScript に変換

PostScript 形式 ファイルはそのまま PostScript プリンタに送れば印刷されるので，

---

[6] ほかに **dvips** などの変換コマンドを使うサイトもあります．

たとえば次のようにプリンタ出力コマンドと組み合わせて印刷できます：

```
% dvi2ps sam.dvi | lpr -Pmyprinter
```

そのほか，出力リダイレクションでファイルに保存しておいたり，それを PostScript ビューアで見たりすることもできます。

　大変だったでしょう？ この章冒頭でも書いたように，最初はとっつきにくいと思いますが…ではたとえば，一番最初の行を次のように直すとどういうことが起きるか試してみてください。

```
\documentclass[12pt]{jarticle}     ←フォントサイズ変更
\documentclass[twocolumn]{jarticle} ←2段組みに変更
```

このような取り換えが簡単なのが意味づけ方式の利点だということが理解して頂けるかと思います。

10.4　Web ページ記述と HTML

10.4.1　WWW とマークアップ言語

　前節を読んで，理屈はわかったけれど，やっぱり WYSIWYG で「見たまま」のものが表示される方がわかりやすいし使いやすい，と思われたかもしれません。しかし実は，WYSIWYG が使えないような場合というのも存在します。しかも，皆さんがいつも目にしているもの — Web ページがまさに「そういう場合」なのです。どうしてだかわかりますか？

　つまりワープロであれば，出力する紙のサイズが決まっていて，その紙に合わせて配置を決めて，文字の大きさなども決めて，そのとおりに打ち出せばいいので「見たまま」を自由に調整できます。しかし，Web ページはどうでしょうか？ Web ページには「紙の大きさ」は存在しませんから，「1 行何文字詰めで文書をつくる」という設計がそもそも不可能です。また，マシンによって使えるフォントも文字サイズも変ってきますから，「この表題は MS 明朝の 24 ポイント」と指定しても，そのフォントがないかもしれません。

　ではどうすればいいのでしょうか？ できることは「ここは表題」「ここは段落」「ここは箇条書き」という指定をしておいて，**ブラウザが画面に表示する瞬間に窓の幅や**

使えるフォントに合わせて整形してくれるようにお願いする，つまり意味づけ方式でマークアップするしか方法がないわけです．

「でも私はWYSIWYGツールでWebページをつくっているが」という人もいるかもしれません．しかし，実はそれは「WYSIWYGみたい」なだけで，本当のWYSIWYGではないのです．というのは，あなたが使っているマシンと表示能力や画面サイズの違うマシンに行ったら，どのみち「その通りに」表示することは不可能なのですから．

なお，WYSIWYGツールが無意味だというつもりはありません．とりあえず「自分のマシンならこんな仕上り」という様子を見ながら編集できるのはそれなりに便利だと思います．しかし，上で説明したような原理を知らないままでツールを使ってページをつくっていると，実は一部の人たちにはものすごく不便を強いている恐れがあります．そういうことがないためには，ツールは使うにしても原理はわかっておいてください．そのために，以下では実際にHTMLを直接扱う体験をしてみましょう．

10.4.2 HTMLの概要

HTML (HyperText Markup Language) は，WWWの生みの親 Tim Berners-Lee が設計した言語ですが，実はそれ以前から存在している **SGML**(Standard Generalized Markup Language) の枠組みを利用しています．SGMLというのは，troffやScribe(いずれもTeXより前から存在しているフォーマッタ)が世の中に出たころ，「このままプログラムごとに全部違ったマークアップ言語がつくられていたら世の中はバベルの塔になってしまう」と思った人たちが相談して「どのようなマークアップ言語でも共通に使えるカタチを用意した」ものであり，ISO規格およびJIS規格になっています．

HTMLそのものはSGMLを基につくられた「Webページマークアップ用の言語」であり，HTML 1.0 → HTML 2.0 → HTML 3.2 → HTML 4.0 → HTML 4.01 と変遷してきています．HTML 3.2以降では前章で述べたW3Cが標準の取りまとめを担当しています．

SGMLでは(そしてHTMLでは)マークアップの部分を**タグ**とよび，「<名前…>」のように「<」と「>」で囲んで表します．ここで「名前」はマークアップの種類(「段落」「見出し」などの区別)，「…」の部分にはそのオプションが指定できます．また，見出しや段落は「範囲」があるので，その範囲の終わりを表すのに「</名前>」という形のタグ(終了タグ)を使います．このような囲まれた範囲全体を**要素** (element) とよびます．まとめると，HTMLの要素は次のような形をしています：

```
<名前 オプション…> …内容… </名前>   ←タグが対になる要素
<名前 オプション…>   ←単独タグだけの要素
```

10.4.3 Web ページをつくる

ここからは，実際に簡単なページをつくりながら HTML の機能を見ていきましょう．さっそく，次の内容をエディタでファイルに打ち込んでください (ファイル名の末尾は「.html」で終わるようにしてください):

```
<!DOCTYPE HTML PUBLIC "-//W3C//DTD HTML 4.01//EN">
<html>
<head>
<title>practice...</title>
</head>
<body>
<h1>これはテストです．</h1>

<p>WWW では HTML というマークアップ言語を用いてページの内容を記述し
ます．HTML では「ここが段落」「ここが見出し」といった，文書の「論
理的構造」に対するマークアップを行います．</p>

</body>
</html>
```

このファイル内容の説明をしておきます:

- 1 行目は **DOCTYPE 宣言**といい，このファイルが HTML のどのバージョンで記述されているかを明示する．ここでは HTML 4.01 版を指定してある．
- `<html>…</html>` — **html 要素**は，この範囲が 1 つのページ記述であることを表す．
- `<head>…</head>` — **head 要素**は，この範囲がヘッダ情報 (このページがどんなページであるかを示す情報) の記述部分だということを表す．
- `<title>…</title>` — **title 要素**は，この範囲がページのタイトル (ブラウザのタイトルバーなどに表示されたりブックマークに現れる) であることを表す．
- `<body>…</body>` — **body 要素**は，この範囲がページ本体 (ブラウザの窓の内容として見える部分) であることを表す．
- `<h1>…</h1>` — **h1 要素**は，この範囲が第 1 レベルの見出し (大見出し) であることを表す．見出しは `<h1>…</h1>`〜`<h6>…</h6>` の 6 レベルある．

図 10.4　最初の練習ページの表示

- `<p>`…`</p>` — p 要素は，この範囲が段落であることを表す．

このように，HTML では「要素の中に別の要素が入る」という入れ子構造を多く使います．指定 (マークアップ) の内容は LaTeX とよく似ています (文書のマークアップだから当然といえば当然ですが)．

HTML では「そのままでは使えない特殊記号」は，「<」,「>」,「&」の3つです (規格上は「"」もこの仲間なのですが，実際にはこれが問題になることはないようです)．これらの文字を使いたい時は，それぞれ「<」,「>」,「&」,「"」のように打ち込んでください[7]．

ファイルができたら，ブラウザの「ファイルを開く」機能で直接開くか，または自分の Web ディレクトリに置いて Web サーバ経由で眺めてみましょう．確かに見出しは大きい文字で表示されていますし，段落はそれらしく詰め合わされています．ここで，ブラウザの窓の幅を狭くするとどうなるでしょうか? 当然，ブラウザは段落の内容を詰め直してくれます．もちろんブラウザや環境が違えば詰め合わせや見え方も変わってきますが，それぞれの環境での見え方を調整するのはブラウザの仕事なわけです．

10.4.4　基本的な HTML 要素

上で出てきたものに加えて，もう少し HTML 要素を学んでおきましょう (おおむね LaTeX の箇所で学んだものに対応しています)．まず，LaTeX の verbatim(そのまま) のようなものは，HTML では **pre** 要素になります:

---

[7] このような記法を HTML(SGML) では文字エントリとよびます．

10.4 Web ページ記述と HTML　　255

```
<pre>
ここは
  そのまま      整形されます.
</pre>
```

黒丸つきの箇条書きは全体が **ul** 要素，その中の各項目が **li** 要素になります:

```
<ul>
<li>あるふぁはギリシャ文字の一番目です．</li>
<li>ベータはギリシャ文字の二番目です．</li>
<li>ガンマはギリシャ文字の三番目です．</li>
</ul>
```

黒丸でなく番号を振るには ul 要素の代りに ol 要素を使います:

```
<ol>
<li>あるふぁはギリシャ文字の一番目です．</li>
<li>ベータはギリシャ文字の二番目です．</li>
<li>ガンマはギリシャ文字の三番目です．</li>
</ol>
```

タイトルつきの箇条書きは全体が **dl** 要素，項目タイトルが **dt** 要素，項目本文が **dd** 要素になります:

```
<dl>
<dt>あるふぁ</dt><dd>これはギリシャ文字の一番目です．</dd>
<dt>ベータ</dt><dd>これはギリシャ文字の二番目です．</dd>
<dt>ガンマ</td><dd>これはギリシャ文字の三番目です．</dd>
</dl>
```

あと，「区切りの横線」を入れるには **hr** 要素，段落などの途中で改行するには **br** 要素を使います．これらは単独のタグであり，閉じタグがありません:

```
<hr>
<p>段落の途中で行を変えることも<br>このようにできます．</p>
```

ここまでに出てきたタグをまとめておきます:

- `<pre>`…`</pre>` — 整形ずみテキスト (そのまま) を表す (preformatted text).

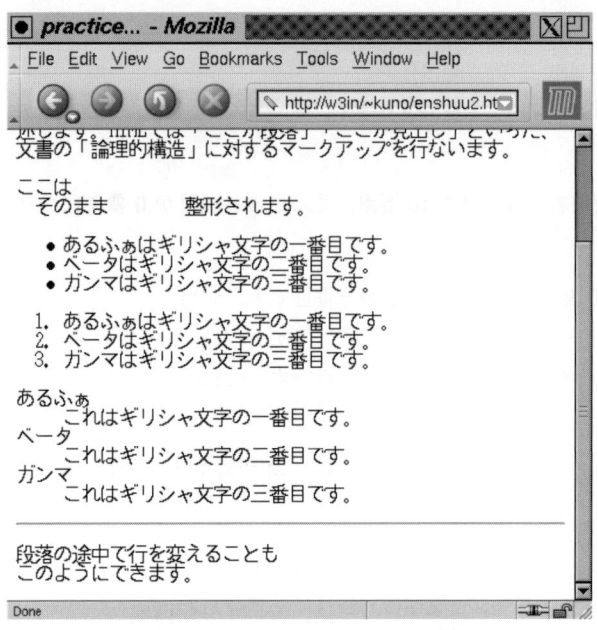

図 10.5　最初の練習ページへの追加

- `<ul>…</ul>` — 黒丸の箇条書きを表す (unordered list).
- `<ol>…</ol>` — 番号つきの箇条書きを表す (orderd list).
- `<li>…</li>` — 箇条書きの 1 項目を表す (list item).
- `<dl>…</dl>` — タイトルつき箇条書きを表す (definition list).
- `<dt>…</dt>` — タイトルつき箇条書きの項目タイトルを表す.
- `<dd>…</dd>` — タイトルつき箇条書きの項目本文を表す.
- `<hr>` — 区切りの横線を表す (horizontal rule).
- `<br>` — 行替えを表す (break).

10.4.5　表

HTML の表は，細かい機能を省略して概要だけ説明すると，**table** 要素の内側に各列を表す **tr** 要素，その中に各セル (箱) を表す **th** 要素または **td** 要素を入れるという 3 重の入れ子構造を書けばすみます．

- `<table summary="説明" border="幅">…</table>` — 1 つの表を示す．簡単な説明と罫線の幅 (指定しなければ罫線なし) を指定する．

- `<tr>…</tr>` — 表の 1 つの行を示す.
- `<th>…</th>`, `<td>…</td>` — 表の 1 つの箱 (セル) を示す. th は見出しセル, td はデータセルで, 見え方が多少違う.

これを使って先の AND 演算の表をつくってみましょう:

```
<table summary="AND 演算" border="2">
<tr><th>AND 演算</th><th>0</th><th>1</th></tr>
<tr><th>0</th><td>0</td><td>0</td></tr>
<tr><th>1</th><td>0</td><td>1</td></tr>
</table>
```

10.4.6 リンク

ここまでは LaTeX と同様の意味づけマークアップばかりを説明してきましたが, ここで Web の重要な機能であるページ中へのリンクの埋め込みを説明しましょう. リンクは次の 2 つの情報からなっています:

- リンクテキスト — ページの内容の一部として見えていて, そこを選択するとリンクがたどられるようなテキスト
- リンク先 — リンクを選択した時取り寄せて表示する情報のありかを表す URI

このため, リンクを表す HTML の **a 要素**は次のような形をしています:

`<a href="http://www.nasda.go.jp/">NASDA のページ</a>`

ここで「`http://www.nasda.go.jp/`」がリンク先 URI,「NASDA のページ」がリンクテキストになります. このように, SGML では開始タグの内側で「名前=値　名前=値 …」という形のオプションが指定できます (これを SGML 用語では**属性**とよびます). なお, ちょっと脱線ですが, リンクのつけ方で, こういうのはよくないとされています:

NASDA のページに行くには`<a href="http://www.nasda.go.jp/">`ここ`</a>`をクリックしてください.

なぜでしょうか? それは, リンクテキストとして「ここ」だけしか表示されていないと, 実際にリンクをたどって見ないと行った先がどんなページなのかわからないという問題があるからです. それよりは, 1 つ前の例のように, 行った先の内容を表す語がリンクになっていた方が読み手にとってずっと親切なわけです (この例ではもっと前

の文章を見ればわかりますが，そうやって前後を探さなければならないのも不親切のうちです)．

上の例ではスキームまで含めた長い URI(**絶対 URI**) を指定して外部のページへのリンクをつけていましたが，単にファイル名だけを指定することで自分のつくった別のページへのリンクを用意することもできます．

```
<a href="enshuu2.html">演習の 2 番目のページ</a>
```

このように，スキームから始まらない URI は**相対 URI** とよばれ，次のような操作によって絶対 URI に変換されます[8]：

- スキームがなければ，現在見ているページを取り寄せた絶対 URI のスキームがそのまま使われる．
- ディレクトリ部分が「/」で始まらなければ，現在見ているページの絶対 URI のディレクトリ部分を挿入する．

そして，ブラウザはリンクがたどられた時，リンク先の URI の内容が HTML であればそれを直接表示し，ブラウザに表示できる以外のコンテンツであれば適宜それを表示/再生するアプリケーションを起動したり，そのようなアプリケーションが不明であればファイルに保存するかどうか尋ねてくる，などの動作を行うわけです．

ここでふたたび，WYSIWYG とマークアップについて考えてみましょう．たとえば，WYSIWYG ツールでページを作成している場合，このようなリンクの情報は「見たまま」では編集できません (というのは，もともと見える情報ではありませんから)．そのため，リンク個所で何かウィンドウを開いてフィールドに打ち込むといった操作が必要になります．マークアップであれば，見える情報 (テキスト) も付加情報も一緒に編集しているわけですから，その一部としてリンク先などの情報を編集するのも何ら特別な手間は必要としないわけです．

10.5　構造と表現の分離

10.5.1　スタイルシート

ここまで「HTML は文書の構造を規定する」と説明してきましたし，実際これまでに学んだ HTML 要素はほとんどがそのような目的に沿ったものでした (少しだけ違う

---

[8] 込み入った規則なので省略して概要だけ示しています．

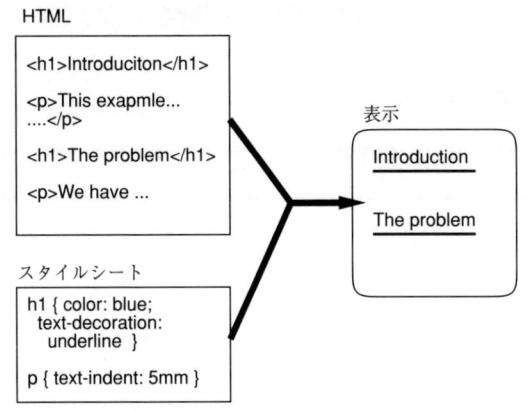

図 **10.6** スタイルシートの概念

ものがありましたが，どれだかわかりますか?) [9]．

しかし，実際に世の中の Web ページを見ていると，色や配置などの「表現」がざまざまに工夫されていて楽しいものが多数あります．自分のページにもこれらの表現を行うにはどうしたらいいのでしょうか? 実は HTML にも「色をつける」「フォントを変える」「中央そろえ」など表現を指定する要素がいくつか用意されています．しかし，HTML 4.0 からはこの種の機能はすべて「非推奨」になり，代りに「スタイルシート」とよばれる指定方法でさまざまな表現を指定することになりました．

なぜでしょうか? たとえば HTML では「大見出しを全部集めてきて一覧をつくる」といった作業は (grep などのツールを使って) 簡単に行えますが，そのとき見出しの中に「ここは青い色」といった別のタグが混ざっているとうまく取り出せなかったり，または取り出したものにタグが混ざっているなど，面倒なことが起きます．

それに，大見出しを青い色にするとしたら，全部の大見出しをそのように統一したいわけですが，すべての大見出しの所に余分に「ここからここまで青」というタグをつけて行くのも無駄な話です．計算機で処理するのだから，「すべての大見出しは青」と「ひとこと」いえばすむようであるべきではないでしょうか? (図 10.6)．スタイルシートとはちょうどそのように，つまり文書の構造のそれぞれについて「このような部分はこのような表現」という形で表現を指定する機能なわけです[10]．

---

[9] br 要素は「ここで行を変える」という指示なので意味の指定というよりは見え方を制御する要素です．
[10] ちなみに LaTeX でも同様のものはあるわけですが，そちらの調整はかなり難しいので，すでにあるものを選択して使うものとして説明しました．

図 10.7 スタイルシートを使ったページ

10.5.2 HTML に CSS 記述を追加する

今のところ，HTML と組み合わせるスタイルシート指定言語としては CSS (Cascading Style Sheet) が使われています．HTML に CSS の指定を追加する方法としては，次の 3 通りがあります:

(1) CSS 指定を別のファイルに入れ，HTML のヘッダ部分 (<head>…</head>の内側) に次のような **link** 要素を入れる (ここでは CSS 指定が mystyle.css というファイルに入っているものとしました)．

    <link rel="stylesheet" href="mystyle.css" type="text/css">

(2) CSS 指定を次のような **style** 要素の内側に書く．style 要素はヘッダ部分に入れる必要がある．

    <style type="text/css">
    CSS 指定…
    …
    <style>

(3) HTML の各要素に **style** 属性を指定し，その値として CSS 指定の本体部分を書く．たとえば次のようになる．

    この段落は青い．

ここでは (2) と (3) の方法を両方使ってみます (図 10.7)．

```
<!DOCTYPE HTML PUBLIC "-//W3C//DTD HTML 4.01//EN">
<html>
<head>
<title>practice...</title>
<style type="text/css">
h1 { color: blue; text-align: center; border-width: 8px;
     border-style: ridge; border-color: blue }
p  { margin-left: 1cm; text-indent: 2ex }
a  { text-decoration: none }
</style>
</head>
<body>
<h1>これはテストです．</h1>

<p>WWWではHTMLというマークアップ言語を用いてページの内容を記述
します．HTMLでは「ここが段落」「ここが見出し」といった，文書の
「論理的構造」に対するマークアップを行います．</p>

<p>たとえば，<a href="http://www.nasda.go.jp/">NASDAのページ</a>
へのリンクもあります．</p>

<p style="text-align: right">右よせ</p>

</body>
</html>
```

10.5.3 CSSの指定方法

順序が逆になりましたが，CSSの指定方法について説明しましょう．まず，CSSの指定は「規則」の集まりで，1つの規則は次の形をしています：

セレクタ { プロパティ: 値; プロパティ: 値; … }

「セレクタ」としてはとりあえずHTMLのタグを考えればよいでしょう．つまり「この要素はこういうふうに表現する」という指定だということになります．プロパティについては上で出てきたように，色や字下げなどさまざまなものがあります(すぐ後で説明します)．そして，それに対する値を指定します．指定方法については次のとおり：

- 文字サイズの指定方法: 12pt (ポイント数)，x-small, small, medium, large, x-large など
- 長さの指定方法: 1px(画面上の点)，1cm(センチ) など．

- 百分率: %をつけた数値. ページ全体の幅に対する割合や，本来のフォントサイズに対する割合が指定できる.
- 色の指定方法: black, blue, gray, green, maroon, navy, olive, purple, red, silver, white, yellow, rgb(赤, 緑, 青) ただし「赤」「緑」「青」は3原色の強さを 0〜255 の数値で表す
- ファイルや URL: url(ファイル名), url(URL)

CSS プロパティの代表的なものとしては次のものがあります:

- border-width: 枠の幅
- border-style: 枠の形状. solid(均一), ridge(土手), inset(くぼみ), outset(出っぱり) 等.
- border-color: 枠の色
- margin-top, margin-bottom, margin-right, margin-left: マージン (余白) の幅
- padding-top, padding-bottom, padding-right, padding-left: パディング (詰めもの) の幅
- width: この要素を整形する幅を指定できる.
- font-size: 文字の大きさ
- color: 文字の色
- background-color: 背景の色
- background-image: 背景のイメージ
- text-decoration: 文字飾り. underline(下線), blink(点滅) 等.
- text-align: 揃え型. left, right, center のいずれか.
- text-indent: 段落先頭の字下げ

10.5.4 ID 属性と class 属性による指定

ここまで説明してきた方法では,「すべての段落をこうする」「すべての見出しをこうする」といった指定しかできませんでした. しかし, 場合によっては「この段落だけこうしたい」ということもあるはずです. その場合は次の 2 通りの方法が使えます:

(1) 「<p id="p01">...</p>」のように要素の開始タグに **ID 属性** を指定し, スタイル指定で

```
#p01 { color: red }
```
という形で「このIDが指定されている要素について」指定する．

(2) 「`<p class="important">...</p>`」のように要素の開始タグにclass属性を指定し，スタイル指定で

```
p.important { color: red }
```
という形で「このクラスが指定されている要素について」指定する．

両者の違いですが，ID属性は「すべての要素について異なる値を指定する」ことになっているので「特定のこれ」という形での指定に使い，class属性は複数の要素に同じものを指定できるので「このクラスを指定したものすべてに適用」という指定に向いています．上の例では「important指定の段落(p)は赤」でしたが，

```
.important { color: red }
```
のように要素名の指定をなくせば「classがimportantのものは何であれすべて」という形でも使うことができます．

10.5.5 div と span: 範囲指定のためのタグ

前項で述べた方法でもまだ，「段落の中のこのフレーズだけ色を変える」とか「見出しと段落をまとめて囲む」という目的には不十分です．このような，新しい範囲を指定するためには，HTML 4.0で追加された**span要素**と**div要素**を使います:

- `<span>...</span>` — 段落内部などに含まれる範囲を指定する．
- `<div>...</div>` — 見出しや段落などをを含む範囲を指定する．

これらを使うことで，次のようにして部分強調やカコミなどがつくれます:

```
<div class="box">
<h1>おまけ</h1>

<p>div要素やspan要素を活用することで，HTML要素
では対応していない<span class="important">新し
い</span>マークアップが追加できたとも考えられる．</p>
</div>
```

div要素を使ってページの一部を囲んだ場合，それを本文とは分けて独立配置したり，雑誌のカコミ記事のように左右に本文を流し込んだりするのに使うこともできます．そ

10 ドキュメントの作成

のための CSS 指定も追加しておきましょう[11]：

- `float`: 流し込みの指定．`left`(左に寄せて右に流し込む)，`right`(右に寄せて左に流し込む)，`none` が指定できる．
- `position`: 位置指定．`absolute`(絶対位置を指定)，`fixed`(画面上での絶対位置を指定)，`relative`(本来あてはまる位置からのズレを指定) のいずれかが指定できる．
- `top:`, `left:`, `bottom:`, `right`: 要素の上端，左端，下端，右端の位置を指定．

10.5.6 代替スタイルシート

先にスタイルシートの指定方法として (1)～(3) の方法を挙げ，ここまでの例では (2) と (3) だけ使ってみました．しかし実は (1) の方法は次のようなメリットがあります：

- (1A) 1つスタイル指定をつくったら，複数のページにそれを共通に適用させられ，スタイルが統一できるし，手直しも 1 個所ですむ．つまり本節冒頭で説明したような利点．
- (1B) 1つのページに複数のスタイル指定をつけておいて，読み手に選ばせることができる．

この (1B) の機能を**代替スタイルシート**とよびます．この機能を使う場合は，`<head>`…`</head>`の内側に入れる link 要素をたとえば次のようにしてください：

```
<link rel="stylesheet" title="説明 1" href="style1.css">
<link rel="alternate stylesheet" title="説明 2" href="style2.css">
<link rel="alternate stylesheet" title="説明 3" href="style3.css">
 ...
```

このようにしておくと，最初は 1 行目のスタイルが適用された状態で表示されますが，ブラウザがこの機能をサポートしていればブラウザのメニューで選択することにより，2 行目，3 行目で指定したスタイルに切り替えることができます．たとえば Mozilla や Netscape 6/7 は代替スタイルシート機能をサポートしているので，ぜひ試してみてください．

---

[11] これらの指定を div 以外の要素と組み合わせることも，もちろん可能です．ただ，div と組み合わせることが多いので，ここでまとめて紹介しました．

10.6 XML と XHTML

　HTML は WWW の普及とともに段階を経て発展してきましたが，その歴史は「もっといろいろな機能を増やしたい」人たちと「どのソフトでも扱える標準を守りたい」人たちとの綱引きでした．そして，いかにブラウザですぐ表示できて便利だからとはいえ，「Web ページをマークアップする」というだけの目的でつくられている HTML をたとえば特許データベースの抄録データ用だとか企業の人事データ用だとかに使おうというのは無理がありすぎる，という問題もありました．
　そこで W3C では，HTML とは別に SGML を土台とする新たな言語 (の枠組み) として，**XML** (eXtensible Markup Language) を制定しました．XML では HTML と異なり，最低限守らなければならない約束として次の 2 点だけがあります：

- 各要素は「<名前 …>…</名前>」という形 (対のタグ) か「<名前…/>」という形 (単独タグ) のどちらかを取らなければならず，タグの省略は許されない．
- タグ名や属性名は小文字だけからなり，属性の値は"…" で囲まなければならない．

この点さえ守れば，あとは利用者が自由にタグを定義して使うことができます (DTDとよばれる規則を書くことでツールによるチェックも可能になりますが，必須ではありません)．
　これにより，各種の情報システムが取り扱うデータをそのシステムにとって適したタグ群を定めて記述できるようになり，しかも XML という共通の枠組みによることでデータの相互流通や既存ツール，ライブラリの利用が容易にできるようになりました．また，XML では「名前空間」とよばれる機能を使うことにより，あるタグ群の中に別のタグ群を埋め込んで混ぜて使うといった自由度も増大しています．
　XML に基づく言語としてはすでに **MathML** (数式記述マークアップ)，**SVG**(ベクターグラフィクス図形記述マークアップ) などいくつもの言語が定義され使われ初めています．W3C では HTML についても今後は XML の枠組みに移行することにして，**XHTML** とよばれる標準を定めています．XHTML を使えば，たとえばページの中に一部 MathML を用いた数式や SVG を用いた図を混ぜるといったことが可能になります．

10.7 動的ドキュメント

ここまででは，文書はさまざまな機能を駆使したとしても，あくまでも作成者が用意したものであり，読み手はその結果を見るだであって書かれた内容を変更することはできませんでした．しかし，文書を計算機で取り扱っている以上，そこに「ユーザとのやりとり」や「内容の変化」を盛り込むことも十分に可能です．このような，状況に応じて内容が変化する文書を**動的ドキュメント**といいます．

前章に出てきた「誰がログインしているか」を表示するページも実は動的ドキュメントの一種だったわけですが，その情報の流れは出力の方向だけで，ユーザからの入力がありませんでした．Webページでユーザから情報を受け取る場合には，**form 要素**によって**フォーム**を定義します．form 要素の内側に，**input 要素**や **textarea 要素**などの入力部品を配置しておくことで，これらの部品に入力された文字列をサーバに送らせることができます：

- `<form method="メソッド" aciton="`*URI*`">…</form>` — フォームを定義する．メソッドはサーバにデータを送る方法を指定するもので，`get` か `post` のいずれかを指定する (`post` の方がデータ量に制約がないため通常はこちらを使う)．URI はデータを受け取る CGI プログラムの URI を指定するが，省略した場合は現在のページの URI が使われる．
- `<input type="text" name="名前">` — テキスト入力欄．
- `<input type="submit" value="ラベル">` — データ送信を指示するボタン．
- `<textarea name="名前" cols="列数" rows="行数">…</textarea>` —複数行が入力できる入力欄 (内側に書いたものが初期値となる)．

入力部品の **name 属性**は，サーバ側で入力された値を参照するときに使います．では，フォーム機能を使ったごく簡単な掲示板を Perl で書いてみます：

```
#!/usr/local/bin/perl
use CGI;            ← CGI モジュールを使う
$cgi = new CGI;     ←変数 cgi に CGI オブジェクトを格納
print <<EOF;        ←以下 EOF までそのまま出力
Content-type: text/html; charset=euc-jp   ← HTML の文字コードは EUC
                                          ←ヘッダの終りの空行
<!DOCTYPE HTML PUBLIC "-//W3C//DTD HTML 4.01//EN">  ←以下 HTML
<html><title>sample bbs</title></html><body>
<h1>簡単な BBS</h1>
```

10.7 動的ドキュメント

```
<form method="post">              ←フォーム開始
お名前:<input type="text" name="who">  ←名前入力欄
<input type="submit" value="書き込み"><br>  ←送信ボタン
<textarea name="cont" cols="45" rows="5"></textarea>  ←本文欄
</form><hr>                       ←フォーム終了
EOF                               ←ここまでそのまま出力
if(defined $cgi->param('who')) {  ←入力データがあれば
  open(FD, ">>bbs.data");         ←ファイル bbs.data に追記開始
  print FD "<p>名前: ", $cgi->param('who'), ", 日時: ", 'date', "</p>\n";
  print FD "<p>", $cgi->param('cont'), "</p><hr>\n";
  close(FD);                      ←書き込み終り
}
open(FD, "<bbs.data");            ← bbs.data を読み込み開始
while($line = <FD>) { print $line; }  ←内容をそのまま出力
close FD;                         ←読み込み終了
print "</body></html>\n";         ← HTML ファイルの最後を出力
```

Perl で CGI を書く場合，標準の **CGI オブジェクト**を生成して変数に入れておけば (たとえば$cgi に入れたとします)，そのオブジェクトを指定して「$cgi->param(' 名前')」という式を書くことでその名前の部品に入っていた文字列が受け取れます．

このプログラムでは冒頭で HTML ファイルの内容を出力後，名前欄のデータがあるかどうか見て，もしなければ (普通のリンク等でこの CGI が参照された場合そうなります)，データ提出ではないものとして単にファイル bbs.data の内容を読み込み，そのまま出力してページを終わります．これにより，フォームに続いて掲示板の内容が表示されます．ここでフォームに書き込んでから送信すると，名前欄のデータがあるので if 文の内側を実行しますが，ここではファイル bbs.data を追記モードで開き，名前欄 (に日付を加えたもの) と書き込み本文とをそれぞれ 1 つの段落として出力した後，区切りの横線を出力しておきます．つまり書き込みがあるごとにその内容が bbs.data に追記されていくわけです．この CGI による掲示板に書き込みを行った様子を図 10.8 に示します．

この例題を実行する場合には，とりあえず空っぽのファイル bbs.data を CGI を置くのと同じ場所に起き，「誰でも読み書き可能」な保護モードに設定しておいてください．なぜ「誰でも」なのかというと，CGI は通常 Web サーバ用の専用ユーザとして実行されるので，それはあなたのユーザ ID とは違っているはずだからです[12]．

このように，サーバ側のスクリプトを用いた動的ドキュメントを活用することで，ブラウザ経由でページを見ているすべてのユーザからさまざまな情報を書き込んでもら

---

[12] サイトによっては CGI をそれぞれのユーザのユーザ ID で実行する設定にしている場合もあります．

図 10.8 簡単な掲示板

う動的ページをつくることができます．今日広く使われているネットショップや掲示板などもすべて，(構築や更新を楽にしたり性能を向上させるためにさまざまな技術が採り入れられてはいますが) このような動的ドキュメント技術が基本となっているのです．

10.8 まとめと演習

この章では計算機でドキュメントを作成する際，付加情報を含めて扱う方法としてWYSIWYGとマークアップの2つの方式があることを学び，意味づけ方式のマークアップの例としてLaTeXとHTMLを具体的に見てみました．また，HTMLではCSSを使って1つのドキュメントにさまざまなスタイルをつけられることも学びました．最後に，サーバ側のプログラムによって実行時に変化し得る動的ドキュメントがつくれることも見物しました．

10-1. LaTeX を使って「自己紹介」のドキュメントをつくってみなさい．ただし，見出し，脚注，verbatim 環境，箇条書き，数式のうちから3つ以上使ってみること．

10-2. HTML で「自己紹介」のページをつくってみなさい．ただし，見出し，pre 要

素，箇条書き，表，リンクのうちから3つ以上使ってみること．

10-3. 10-2 で作成したページに対してスタイルシートによる指定をつけてみなさい．HTML 部分はいじらないで，スタイルだけ変えることでどれくらい違った雰囲気にできるか試してみなさい．

10-4. `bbs.cgi` を打ち込んで動かしてみなさい．うまく動いたら，書き込みに「主題」も別途つけられるように改造してみなさい[13]．

10-5. その他，CGI を使って何か面白い動的ドキュメントをつくってみなさい．

---

[13] ヒント：主題用の入力欄を増やし，その情報も一緒にファイルに書き込むようにするだけです．

11 グラフィクスとサウンド

前章で，計算機が取り扱う情報は今日では文書が中心だと説明しました．しかし，計算機や周辺機器の進歩につれて，画像，音，動画などの利用も，かつては考えられなかったほどに一般化しています．この章では，これらの情報を計算機で取り扱うことに関わる原理や技術について，デジタル情報とは何かという点にまで立ち返ってあらためて整理してみます．

11.1 アナログとデジタル再訪

11.1.1 デジタル化とマルチメディア

アナログとは値が連続的に変化するもの，デジタルとは値が有限個の場合のうちの1つという形で表されるもの，という説明は本書の冒頭でしました．ではあらためて考えてみて，われわれの身の回りにある情報は，アナログとデジタルのどちらが多いでしょうか？

答えは「アナログ情報」であるはずです．私たちが見たり聞いたり感じたりするものの大きさ，形状，色合い，音色や音の強さ，重さ，手ざわり，他人の表情や見ぶりや口調などは，すべてアナログ情報なのですから．

ただし，文字で表された情報だけはデジタル情報です．なぜなら文字とは，かなであれば50通り，漢字を含めても数千通りの場合のうちどれであるかを表すものであり，たとえば「あ」という文字がここに書かれていたとして，それが「あ」と読みとれる限り，どんな形や色であるかということは問題にされないからです[1]．

デジタル情報には，コピー，保管，伝送などにおいて劣化しにくいという特徴があります．たとえばコピー機などない昔においては，情報をコピーするのには手で写し

---

[1] 書道や字体デザインのように，個々の文字の形状を鑑賞したり評価する場合はこの限りではありません．

取るしかありませんでしたが，文字で書かれた情報 (デジタル情報) であれば文字を書き間違えない限りは写し取ったものも文書としては同じ内容なわけですし，何回書き写しても同様です．これが絵などのアナログ情報では，いかにうまく模写してもオリジナルとは微妙に違うわけですし，模写の模写の模写は本物とはかなり違ってしまうことでしょう．

　保管についても，年を経た古文書であっても，文書ならば文字が何であるか読みとれる限りにおいては同じ文書が復元できますが，色褪せた絵の場合は元がどんな色だったかは推測するしかありません．伝送については，たとえば「手元の鉛筆の長さ」を電話で相手に伝えることを考えてください．数字を使ってよければ (つまりデジタル情報にしてよければ)，物差しで計ってその数字を読み上げれば簡単です．しかし，もし数字を使わないとすれば，何か手近なものになぞらえる等の方法で伝達したとしても，正確というのは難しいはずです．

　今日デジタル情報がもてはやされているもう1つの理由として，計算機で扱えることが挙げられます．従来のアナログ情報であれば，画像ならカメラ，音ならテープレコーダというふうに，記録や保管にはそれぞれ専用の機器が必要でした．しかし計算機は任意のデジタル情報を扱う装置ですから，デジタル化して計算機に入れればどのような情報でもまとめて扱えます．一般に，従来からのデジタル情報である文字情報に加えて，画像，動画，音声など複数の種類の情報を一緒に扱うことを**マルチメディア**とよびます．そして，計算機は単にこれらの情報を記録/再生するだけではなく，プログラムを使ってさまざまに加工したり，ネットワーク経由であちこちに送ったりもできるわけです．計算機は見方を変えれば，マルチメディアのための土台 (プラットフォーム) だともいえるわけです．

11.1.2　AD 変換と DA 変換

　画像や音など，もとがアナログの情報であれば，これらを計算機で扱うためにはデジタル情報に直さなければなりません．これを **AD 変換** (アナログ=デジタル変換) といいます．そして，これらの情報を人間が鑑賞 (?) するためには，元の形すなわちアナログ情報に戻す必要があります．これを **DA 変換** (デジタル=アナログ変換) といいます．そして AD/DA 変換にはそれ固有の限界があることには注意が必要です．

　たとえば，先の「電話で鉛筆の長さを伝える」例を再考してみましょう．鉛筆の長さをものさしで計って「165mm」と読み上げたとします．しかし，実際に鉛筆の長さ

11.1 アナログとデジタル再訪

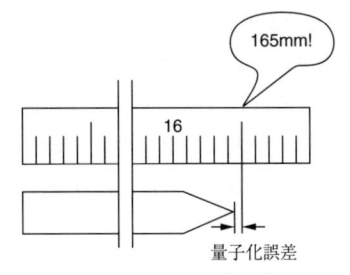

図 11.1 量子化誤差

がちょうどミリ単位でぴったり，ということはないでしょう．ですから，実際の長さは 164.5mm〜165.5mm の間のどこかあたり，というくらいしかわかりません．ではノギスで 0.1mm まで計ったら？ またはマイクロメータで 0.01mm まで計ったら？ そのようにしていくら「単位」を細かくしても，その単位いくつ分，という形で表す以上,「単位未満」の部分は数値として現れてこないで無視され，得られた情報が「階段状」になることに変わりはありません．これを**量子化誤差**とよびます．AD 変換において，量子化誤差は本質的に避けられないものです (図 11.1)．

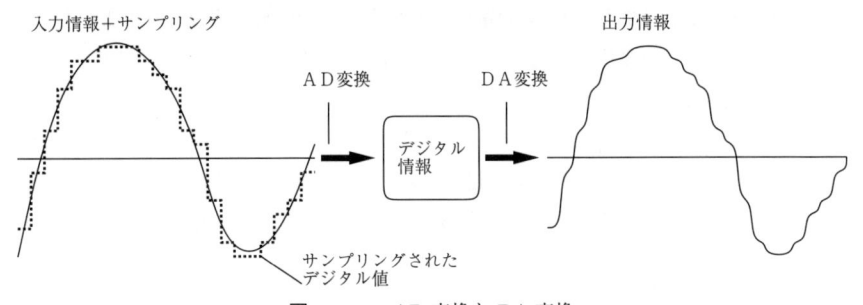

図 11.2 AD 変換と DA 変換

また,「いつ」計測を行うかという問題もあります．たとえば音のように連続的に変化する信号をデジタル化する場合は，図 11.2 左のように，連続的に変化するアナログ値に対して一定時間ごとに「測定」を行って値を取得することになります．この「測定」のことを**サンプリング**，取得した値のことを**サンプル値**ともよびます．とびとびのサンプル値の連なりで変化の様子を表すわけですから，サンプル値を取得する時点と時点の間の様子は無視され記録されていません．

逆に DA 変換においては,「単位いくつ分」で表されたデジタル情報から元のアナログ情報を復元するので，その「階段」のすき間は適当に埋めることになりますが，図 11.2 右のように「ギザギザ」が残ってノイズとして知覚されたりすることもあります

(デジタル処理された画像などでよく見掛けます). もちろん,「きざみ」を十分細かくすることで元の情報により忠実にすることはできるのですが, 無限に細かくすることはできません. また, 細かくするほど AD/DA の機器も高価になりますし, 得られるデジタル情報も大量になって扱いが大変になるので, その面からもおのずと限界があります. デジタル化にこのような側面があることは理解しておいてください.

11.2 サウンド

11.2.1 サンプル形式のサウンド

マルチメディア情報の具体例として, まずは音 (サウンド) を取り上げることにしましょう. そもそも音とは何でしょうか? 小学校の理科で習ったはずですが, 音とは「空気の振動」であり, 空気の圧力の変化が連続的に伝わって行くものです. したがって, 音の情報を記録しようと思えば, たとえば空気の圧力を電圧などに変換して (これは**マイクロフォン**が行うお仕事), その電圧の変化を何らかの形で記録すればよいわけです. 逆に, その電圧の変化を空気の圧力に変換すれば, 同じ音になって聞こえます (これはもちろん**スピーカ**のお仕事です).

ここまでは空気の圧力に比例する信号, すなわちアナログ信号を考えていましたが, 計算機で扱うためにはこれをデジタル化する必要があります. その原理については前節で説明しましたが, 用語定義も含めてあらためて整理して示すと次のようになります:

- アナログ信号から, 非常に短い一定の時間間隔でサンプルを採取する.
- 各サンプルは通常, 8 ビットないし 16 ビットの 2 進数として記録する.

この処理を **PCM**(パルス符号変調), このような形で記録/表現されている音のことを, **サンプル形式**のサウンドとよびます. ここで, サンプルを取得する間隔のことを**サンプリングレート** (ないし**サンプリング周波数**) といいます. たとえば音楽用 CD は 44KHz(1 秒間に 44,000 回) のサンプリングレートを用いています[2]. 実際にどれくらいのサンプリングレートやビット数が可能かどうか, またその「音質」がどうかということは, 計算機に接続されている**サウンドカード**によって決まってきます. 今日の

---

[2] 理論的には, XKHz の音を記録するには $2X$KHz のサンプリング周波数があれば十分です. 人間の耳に聞こえるもっとも高い音は 20KHz といわれているので, それよりやや高い 22KHz まで記録するために 44KHz というサンプリングレートが選ばれたそうです.

できあいの PC などでは，最初からそれなりの音質のサウンドカードが付属していることが多いでしょう．

なお，サンプルのビット数が 8 とか 16 なのは，計算機の方でデータがバイト単位だと扱いやすいためです (12 ビットを使う場合もあります)．ここで 8 ビットなら 256 段階，16 ビットなら 65,536 段階の信号の強さが識別できるので，当然ながら 16 ビットの方が高音質になります (CD も 16 ビットを採用しています)．そして，ステレオであれば左右チャネルごとにサンプルを採取します．

たとえば，5 分間 (300 秒) の音声を 44KHz，16 ビットステレオでデジタル化するとどれくらいのデータ量になるでしょうか？

$$300 \times 44,000 \times 16 \times 2 = 422,400,000 \text{bits}$$

ですから，バイト (8 ビット) 単位に直すと 53 メガバイトくらいになります．サンプリングレートやビット数を減らせばこれを少なくできますが，当然ながら音質は悪くなります．

整理すると，サンプル形式サウンドの場合は，その原理から「きめ細かさ」を次のパラメタによって調節できます:

- サンプリングレート (8KHz～64KHz くらい)
- サンプルのビット数 (8 ビット，12 ビット，16 ビット)
- リニア，ノンリニア (目盛りのつけ方を対数的にする)
- チャネル数 (モノラル/ステレオ)

以上が基本的なパラメタですが，これを格納するファイル形式として代表的なものに次のものがあります:

- 生の PCM 形式 — 上記のデータを「そのまま」記録したもの
- **WAV** 形式 — 同上だが，ファイルの先頭にサンプリングレート等の情報を記録した部分がついている
- **QuickTime** 形式 — WAV の Apple 版と思えばよい
- **MP3** 形式 — MPEG Layer 3 が正式名称．圧縮を行うことで，生のデータに比べて大きさが 10 分の 1 くらいにできる．

とくに最後の MP3 形式は，これを使えば CD1 枚が 50 メガバイトくらいにできるため，音楽データの配布に広く使われるようになりました．これは便利なことではありますが，その反面，**著作権**を無視した音楽データの配布にもつながっていて，その影

響によるCDの売上減少は音楽産業やそこから収入を得ているアーティストにとって看過できない状態であるといわれています[3].

11.2.2　MIDI形式のサウンド

　世の中で扱われているサウンドデータとしては，前節で説明したサンプル形式のサウンドが主流になっていますが，これはいわば「テープレコーダなどで録音した音」に当たります．世の中における音の表現形式には録音した音以外にもう1種類あるのですが，何だがおわかりになるでしょうか? それは**楽譜**です．楽譜は，「どの楽器で，どの階調の音をどの長さだけ演奏する」という情報の集まりで音楽を表現しています．

　計算機においても，これと類似した形で音楽の情報を記録する形式が存在していて，**MIDI形式**のサウンドデータとよばれています．MIDI は Musical Instrument Digital Interface の頭文字を取ったもので，もともとは電子楽器(電子ピアノやシンセサイザーなど)を制御するための信号線の規格であり，その信号線を流れる信号の情報を記録し保管するためのファイル形式がMIDI形式です．

　今日でも，本格的にコンピュータミュージックを楽しむユーザはMIDIキーボード(鍵盤)や計算機のMIDIインタフェースからのMIDI信号をシンセサイザー(MIDI信号から「さまざまな楽器の音」を合成する装置)に入力して音を出します(音を出す所から先は音楽趣味の世界ですから，楽器メーカがそれぞれ特徴ある音の出方をするシンセサイザーを発売しているわけです)．しかしそれほどでもないユーザの場合は，MIDI形式のデータからさまざまな楽器のさまざまな高さの音の波形を計算により合成し，サンプル形式のサウンドに変換するプログラムを利用することの方が多いでしょう．これを**ソフトウェアシンセサイザー**といいます．

　サンプル形式のデータが主に「録音」(そして一部はソフトウェアシンセサイザー)によってつくられるのに対し，MIDI形式のデータは電子楽器やMIDIキーボードからの「録音」のほか，**打ち込みソフト**によってつくることもできます．打ち込みソフトは，画面に五線譜ないしそれに代わるタイムチャートが現れ，そこに音や楽器の情報を1音ずつ入力していくことで音楽を組み立てさせてくれる，いわば「音楽エディタ」となっています．

---

[3] このため，著作権管理のための制御機能を追加したファイル形式なども提案され使われるようになっています．

11.2.3 プログラムで音を生成する

お話ばかりでは面白くないので，音の話の締めくくりとして，簡単な C プログラムで音を合成して聴いてみることにしましょう．ここではプログラムからは 16 ビット 2 チャンネル 44KHz のデータを生のまま (PCM 形式) で送り出し，これを lame というプログラムで MP3 形式に変換し，続いて mpg123 という MP3 再生プログラムで再生して聴くことにします．

とりあえず生成プログラムを示しましょう．配列 a は要素数 2，各要素が 16 ビットの配列で，0 番目が左チャネル，1 番目が右チャネルの音の出力値を保持するのに使います:

```
/* gensound.c --- generate sound wave */
#include <math.h>
#include <stdio.h>
#define SEC 44000
#define D   1.05945309
double t[100];
unsigned short a[2];

/* n --- 配列 t の何番目を使うか
   hz --- 何 Hz の音を出すか
   vol --- 大きさ，全部の音を合計して最大 15000 に
   pos --- 左右のバランス，0.5 が中央 */
wave(int n, double hz, double vol, double pos) {
  double x = sin(t[n] += 2*3.1416*hz/SEC);
  a[0] += (int)(vol*pos*x); a[1] += (int)(vol*(1-pos)*x);
}

main() {
  int i;
  for(i = 0; i < 10*SEC; ++i) { /* 10 秒間 */
    a[0] = a[1] = 15000;        /* 出力配列の初期化 */
    wave(0, 440, 3000, 0.5);
    if(i > 2*SEC) wave(1, 440*D*D*D*D, 3000, 0.2);
    if(i > 4*SEC) wave(2, 440*D*D*D*D*D*D*D, 3000, 0.8);
    if(i > 6*SEC) wave(3, 880, 5000, 0.5);
    fwrite(a, sizeof(a), 1, stdout);   /* 出力 */
  }
}
```

このプログラムは sin 曲線をもつ音 (正弦波) を同時に 100 音まで重ねて出力できま

す．それぞれの波は

$$l = v \times p \times sin\theta, r = v \times (1-p) \times sin\theta$$

により表されます．l, r はステレオの左と右の音量，v は音の大きさ，p は音の左右のバランス (0.5 だと左右が同じ音量) を表します．

ここで角度 θ(単位はラジアンとする) は時間の関数であり，たとえば 440Hz の音 (中央のラ) であれば $\frac{1}{440}$ 秒につき 2π の割合で変化させる必要があります．このプログラムでは変数 i を 0, 1, …と変化させながら，各時点での数値を出力して行きます．i が 1 進む間の時間を 1tick(「きざみ」の意味) とよぶことにすると，サンプリング周波数を 44KHz とした場合，44,000 は 440 の 100 倍なので θ の変化は 100tick につき 2π，1tick につき $\frac{2\pi}{100}$ ということになります．

ラの音はそれでいいとして，それ以外の音はどうすればいいのでしょうか？実は (といっても，ご存じの方が多いと思いますが)，音というのは周波数が 2 倍になると 1 オクターブあがって聴こえます．ですから 440 に 2 をかければ，1 オクターブ上のラになります．でもその途中の音は…？それは，1 オクターブの間は半音が 12 個に分けられ，その 1 半音ごとに同じ比率で周波数が上がっていくわけですから[4]，

$$D \times D \times D \times D \times D \times D \times D \times D \times D \times D \times D \times D = 2$$

になるような D を計算してやれば，440 に D を 1 回かければ半音あがってラ♯，2 回かければ 1 音上がってシの音がつくれます．実際，そのような D を計算してこのプログラムの冒頭に定義してあります[5]．

さてプログラムに戻って，1 つの波につき配列 t の 1 つの箱を使って上記 θ を覚えておき，音の周波数に応じて上の公式を使って θ を増加させて行くことで複数の波を並行して発生させます．

関数 wave は箱の番号，周波数，音量，バランスを受け取って左右チャネルの波の大きさを計算し，a[0] と a[1] に足し込みます (なぜ足し込むかというと，複数の波つまり音を重ね合わせるには足して行く必要があるからです)．

次に main を見てください．ここでは変数 i を 0 から 440,000 まで順に増やしながら (つまり 440,000tick で 10 秒間)，各 tick ごとの音を生成しています．各 tick ごとに a[0] と a[1] は 15,000(中くらいの値) で初期化し，これに wave を使って音の値を重ね合わせていきます．まず，常に 440Hz の音を出し，2 秒後からはその 3 度上，4 秒

---

[4] ただし平均率の場合．ピアノなどは平均率でチューニングします．

[5] ちなみに $D = e^{\frac{\ln 2}{12}}$ となります．

後からは 5 度上，6 秒後からはオクターブ上の音を増やすことで和音をつくり出しています．もちろん，ある秒からある秒までの間だけ音を出したければ

```
if(i > 2*SEC && i < 3*SEC) wave(...)
```

のようにすればよいわけですが．

最後に，このプログラムの音を聞く手順を説明しておきましょう：

```
% gcc gensound.c -lm     ← sin 関数を使う場合は「-lm」指定必要
% a.out | lame -rx - - | mpg123 -
```

lame や mpg123 でなくても，同様のソフトがあれば同じようにして音を聴いてみることができるはずです．

11.3 グラフィクス

11.3.1 画像の表現

音に引き続いて，今度は**画像** (イメージ) を取り上げましょう．画像を入力する装置の代表はデジタルカメラやスキャナ，画像を出力する装置の代表は**ディスプレイ** (液晶ディスプレイや CRT ディスプレイ) と**プリンタ**ということになるでしょう．ではデジタルカメラやスキャナはどのような形で画像を取り込み，ディスプレイやプリンタはそれをどのようにして復元しているのでしょうか．

まず**モノクロ**画像から考えてみましょう．音が時間的に連続したものであったのに対し，画像は平面的な広がりをもつ，つまり空間的に連続したものです．これをデジタル化して取り込むためには，まず平面を縦横のます目に十分細かく区切ります．続いて，それぞれのます目の明るさを電圧や電流に変換する素子を使って取り込み，AD 変換してデジタル値とします．つまり，画像は縦横に並んだ多数の点の集まりであり，それぞれの点ごとに，ます目の範囲内の元画像の明るさをサンプルした値をもつわけです．なお，この「点」のことを**ピクセル** (pixel) とよびます．ディスプレイはこの点の集まりを画面に表示し，それぞれのピクセルごとにその値に応じた明るさ/暗さで光らせます．また，プリンタは紙の上にそれぞれの点の集まりを色素を使って定着させますが，ピクセルごとにその値に応じた量の色素を定着させます．そこで，人間がこれらを見ると元の画像 (をデジタル化して復元したもの) が見られるわけです．

カラー画像の場合も画像がピクセルの集まりであることは同じですが，色の情報を

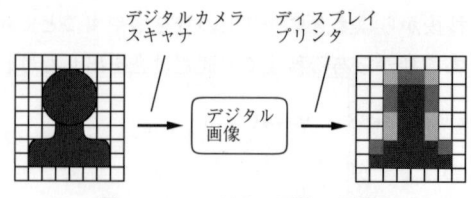

図 11.3　デジタル画像の原理

取り込むために，各ピクセルごとに赤 (Red)，緑 (Green)，青 (Blue) の光の3原色のフィルタを通して3つのサンプル値を取り込みます．つまり，各ピクセルは3つの値の組 (**RGB 値**) として表現されます．広く使われているのは，RGB 値として各色ごとに8ビット (つまり 0〜255 の値) を使い，1ピクセルあたり24ビット (3バイト) でカラー画像を表す方法です．これを **24 ビットカラー** といいます[6]．カラーディスプレイは各ピクセルごとに RGB の3つの光る点を制御し，それぞれを RGB 値に応じた明るさで光らせますし，プリンタは各ピクセルごとに3色[7]の色素を配合して各ピクセルが RGB 値に対応する色になるよう制御します．

11.3.2　ピクセルグラフィクス

画像は多数のピクセルの集まりですから，画像を加工することは，個々のピクセルごとにその RGB 値を変化させてやることで行えます．また，マウスやタブレットペンなどを使って「お絵描き」をする場合も，描画範囲上でマウスポインタがなぞった部分のピクセルの色を変化させることで「インク」のようにそこの部分の色を変えることができます．

このように，画像を構成するピクセルを直接取り扱うようなグラフィクスの方式を一般に **ピクセルグラフィクス** とよびます．ピクセルグラフィクスに基づく作画ソフトのことを **ペイントソフト** (比較的簡単な絵を描く場合に使う) や **フォトレタッチソフト** (写真などの細密な絵を加工するような場合に使う) とよびます．Unix 上の代表的なペイントソフトとしては **xpaint** (図 11.4)，フォトレタッチソフトとしては **gimp** などがあります．また，おもに画像表示に使われるコマンド **xv** にも簡単な画像加工の機能が備わっています．**ImageMagick** とよばれる画像処理コマンド群も画像加工に使え

---

[6] 前章の CSS のところで，色の指定に「**rgb**(赤, 緑, 青)」という指定を使ったことをご記憶かと思いますが，これも RGB 値を指定していたわけです．

[7] 正確には，印刷の場合は「真っ黒」を表現するため4色目として黒の色素をもたせます．また3色も印刷の性質上，赤/青/緑ではなくシアン，マゼンタ，イエロー (色の3原色) の組合せを使います．

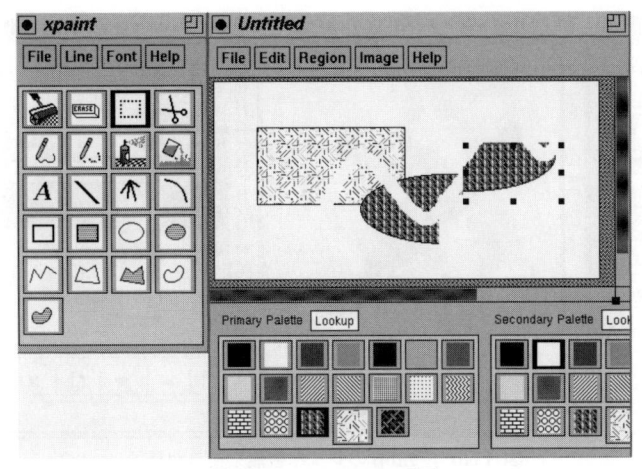

図 **11.4** xpaint の画面

るコマンドを含んでいます．

ピクセルグラフィクスに基づく処理には，次のような利点があります：

○ たとえば画面の表示能力目一杯の細かさと色数のデータをつくれば，その画面で表せるどんな画面でも表現できる．
○ 「ぼかし」や「にじみ」などの効果を使って中間的な色合いをもった絵や独特のタッチをもった絵がつくれる．

その一方で，次のような弱点もあります：

△ ピクセル数を大きくすると (これは絵を大きくする場合だけでなく，点の取り方を細かくする場合も含まれる)，ファイルも巨大になりやすい．
△ 描いた絵を拡大したり回転するなどの加工に弱く，大きくするとぎざぎざが目立ったりする．
△ ある場所に絵を「描いてしまう」と，そこのピクセルの色を設定してしまうので，後から動かせない．

いちばん最後の弱点に対しては，画像を複数の**レイヤ** (層) に分けて扱うことである程度対処可能です．レイヤ機能をもつソフトでは，透明なシート (レイヤ) を複数使ってそれぞれに絵を描き，それを全部重ねて眺めたものが最終的な絵になります．重ねる順番や位置などは描いた後でも変更できますし，描き損なった場合はそのレイヤだけ消してやり直せばすむわけです (図 11.5)．

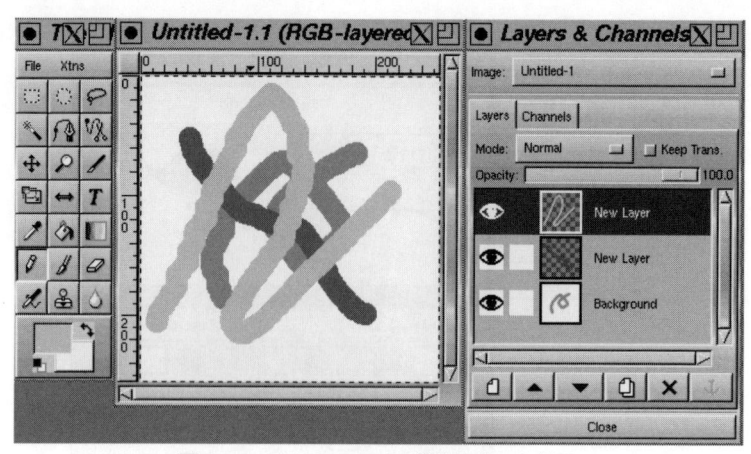

図 11.5　gimp のレイヤ機能を使った様子

ピクセルグラフィクス　　ベクターグラフィクス
＝点の集まり　　　　　　＝数式的に表す

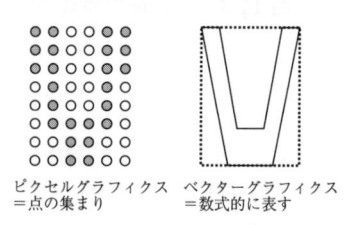

図 11.6　ベクターグラフィクスとピクセルグラフィクス

11.3.3　ベクターグラフィクス

　ピクセルグラフィクスとは全く違う絵の表し方として，図形などの位置や輪郭を数値的/数式的に覚えておき，絵が必要になる瞬間にその式に応じて絵を生成して表示するという方式があります．このようなモデルを (位置，方向などの「ベクトル」を用いて絵を表すことから) **ベクターグラフィクス**とよびます (図 11.6)．ベクターグラフィクスでは，絵は円，直線，矩形などの比較的単純な図形の集まりで表すのが普通ですが，高度なソフトになると 3 次曲線，ベジエ曲線などの数式に基づく曲線を活用してもっと柔軟な形を取り扱うこともできます．

　ベクターグラフィクスに基づく作画ソフトは**ドローソフト**とよばれることが多いようです．Unix で多く使われているドローソフトとしては，**tgif** や **kdraw** (図 11.7) などがあります．ドローソフトで絵を描くのは,「無限に伸び縮み可能な針金でつくった図形にスクリーントーンを貼って好きな順に重ねていく」ようなものだと思えばよいでしょう．針金ですから，あとで自由に置き場所や大きさを調整することができるわ

11.3 グラフィクス

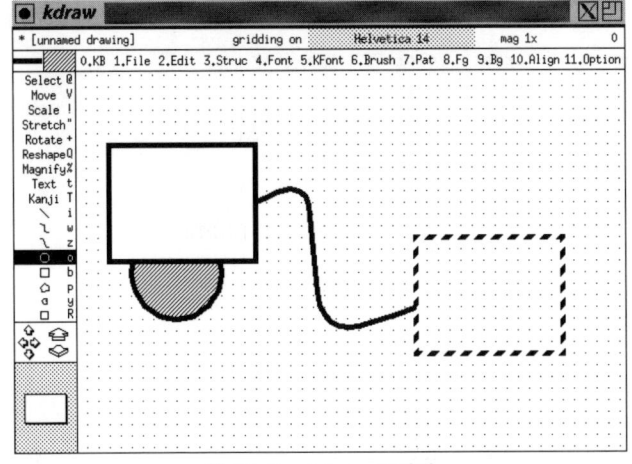

図 11.7　kdraw の画面

けです．

ベクターグラフィクスの得失はだいたいピクセルグラフィクスの裏返しと考えればよいでしょう：

- ○ 図形の拡大・縮小・回転・重なり順の変更などは単にその変更に基づいて絵を表示し直すだけなのでいくらでも自由に行える．
- ○ 絵は数式的に表されているので，拡大してもぎざぎざになることはない．
- ○ 絵の情報は座標や形などの情報なので，ファイルの大きさは小さくてすむし，拡大/縮小してもファイルサイズは変わらない．
- △ 絵の細かさはソフトに用意されている階調機能や模様機能などで決まってしまい，細かい色合いは使いにくい．
- △ ぼかし，にじみなどの効果は使えない[8] ．

11.3.4　RGB 画像を生成する

そろそろお話ばかりだとつまらないでしょうから，今度はプログラムで画像を生成してみましょう．以下に示すのは「300 × 200 の緑の背景に赤い斜め線が入っている」画像を生成するプログラムです．生成した画像はファイルに書き出す必要がありますが，ここではなるべくプログラムを簡単にするため，**PPM 形式**の画像ファイルを出

---

[8] 図形を塗りつぶすときに，階調 (グラデーション) や模様 (テクスチャ) などを使うことはできます．

力しています:

```
/* genimage.c --- create color PPM image */

#include <stdio.h>

#define WIDTH 300
#define HEIGHT 200
struct { unsigned char r,g,b; } img[HEIGHT][WIDTH];

main() {
  makeimage();
  printf("P6 %d %d 255\n", WIDTH, HEIGHT);
  fwrite(img, sizeof(img), 1, stdout);
}

pset(int x, int y, int r, int g, int b) {
  if(x >= 0 && x < WIDTH && y >= 0 && y < HEIGHT) {
    img[y][x].r = r; img[y][x].g = g; img[y][x].b = b;
  }
}

makeimage() {
  int x, y, i;
  for(x = 0; x < WIDTH; ++x)
    for(y = 0; y < HEIGHT; ++y) pset(x, y, 150, 200, 100);
  for(i = 0; i < 100; ++i) pset(i, i, 255, 0, 0);
}
```

定数 WIDTH と HEIGHT は画像の幅と高さを表しています．struct... の行は配列 img の宣言ですが，buf の 1 要素は r, g, b 各 1 バイトのフィールドからなるレコード型で，それが 200 × 300 並んだ 2 次元配列が img なわけです．main() では，makeimage() を読んで適当な画像をつくった後，配列全体を書き出します．PPM 形式の場合，ここにあるように「ヘッダ行」(画像形式と幅/ 高さの情報) を出力し，続いて img の内容をそのまま全部書くだけでよいのです．

次の関数 pset() は，単に渡された x と y の値が画像の範囲内に入っているかどうかチェックして，OK の時はその位置の img の要素に渡された RGB 値を設定するだけです．このような下請け関数を用意しておくだけで，プログラム本体がずっと見やすくなります．

最後の makeimage() が画像を用意する中心部分です．ここではまず，x を 0～WIDTH，y を 0～HEIGHT の範囲で変化させながら，つまり画像全体を (250, 200, 100) の色に塗

図 11.8　ビットマップ出力プログラムの結果

りつぶしています．次に i を変化させるループで，$(0,0),(1,1),\ldots(99,99)$ の点 (つまり斜めの線上の点) について，色を真っ赤に設定しています．

このプログラムが genimage.c に入っているとして，それを動かすには次のようにしてください：

```
% gcc genimage.c
% a.out >test.ppm
% display test.ppm
```

この様子を図 11.8 に示しました．なお，表示用プログラムは display 以外に xv など，PPM 形式を表示できるものなら何でも構いません．

このようなプログラムを動かしてみると，画像データというのは単に「RGB 値を山のように並べただけのもの」だというのが納得できると思うのですが，いかがでしょうか．

11.3.5　TeX と Web ページへの画像の掲載

せっかく画像がつくれるようになったので，これを TeX 文書と Web ページに入れる方法を説明しておくことにします．まず TeX 文書ですが，次のようにしてください：

1. TeX に取り込むためには，ファイル形式は PostScript(PS) でなければなりません．次のようにして PS ファイルに変換します：

    ```
    % convert test.ppm fig1.ps
    ```

    convert コマンドはファイル名の拡張子部分を見て適切な形式への変換を行ってくれます．

2. \documentclass と \begin{document} の間に次のような行を追加します：

```
\usepackage{graphics}
```

3. 本文中の図を入れたい場所に次のようなコマンドを入れます:

```
\begin{center}
\includegraphics[scale=0.5]{fig1.ps}
\end{center}
```

見てわかるとおり，「0.5」は縮小比率，「fig1.ps」は PS ファイル名です．

あとはこれまで通りに jlatex を使ってください．ただし，xdvi のバージョンによっては図の部分を表示てくれないものもあります．その場合は dvi2ps で PostScript に変換して PostScript 用のビューアで見てください．

次に，Web ページに入れる場合には次のようにします:

1. 画像形式は GIF，JPEG，PNG のいずれかである必要があります．これも convert を使えば変換できます:

```
% convert test.ppm fig1.gif
```

2. 画像ファイルは HTML ファイルを置くのと同じディレクトリに置き，誰でも読み込める保護設定にしておく必要があります．そして画像を入れたい場所に次のタグ (HTML の **img 要素**) を入れます:

```
<img src="fig1.gif" alt="テスト画像">
```

2'. または本文に入れるのではなく，任意の要素の背景画像にしても構いません．その場合は CSS で次のように指定します:

```
p { bacground-image: url(fig1.gif) }     ← p 要素の背景画像を設定
```

ただし，ブラウザによっては CSS サポートが不完全で，body 要素，div 要素，span 要素など特定の要素に対する指定しか有効でないことがあります．

11.4 機器独立なページ記述言語 PostScript

11.4.1 機器独立性

計算機科学の分野全般で重要な概念の1つに，**機器独立**という概念があります．これは具体的にいえば，「使用する装置が変わったとしてもプログラムやデータは変えな

いですむ」ことを意味します．たとえばUnixでは，標準入力からデータを読み込むプログラムは，読み込み先がファイルでも他のプログラムからの出力でも同じままで動きますし，CD-ROMをマウントして読み出す時は普段使っているハードディスクと同様にlsやcdなどのコマンドが使えます．これらはいずれも機器独立性の例になっています．

実は，上で挙げたデータの読み書きのような機能は機器独立にしやすいのに対し，この章で取り扱っている画像の画面への表示やプリンタへの印刷は機器独立が難しい分野です．なぜそうなのか，おわかりでしょうか．

たとえば，同じ画像ファイルを表示しているのに，ディスプレイ装置やプリンタ装置が違っているとまったく別の色あいに見えて驚いたことはないでしょうか．これは，装置によって使っている蛍光体や色フィルタ，光源，色素などが違う以上，避けられない事態なのです．まして，見え方のメカニズムが全く違うCRTと液晶ディスプレイ，印刷した紙とディスプレイ画面とでは，見える色が同じであることの方が稀だと考えた方がよいでしょう．

このような色の違いを克服するには，標準の色見本と比べて色が正しく出るように調節する作業を行い，ソフトもその調節に対応可能なものを用いますが，繁雑でコストもかかるため，印刷業界のような「プロユース」に限られているのが現状です．

色のほかにも，画像出力で機器による違いが大きいものがあります．それは…画像の大きさです．画像をピクセル単位で表現した場合，ピクセルの大きさは出力機器によりまちまちですから，ピクセルの小さい（〜解像度の高い）装置では小さく，ピクセルの大きい（〜解像度の低い）装置では大きく表示されてしまいます．たとえば，大きさが同じ15インチのディスプレイ装置でも，1,024×768ピクセルのものも，1,280×960ピクセルのものもあります．ここに1,024×768ピクセルの画像を表示したとすると，前者の装置では画面いっぱいに表示されますが，後者ではずっと小さく表示され，だいぶ空きができます．

プリンタも同様で，600dpi(ドット/インチ，1インチあたりのドット数)のプリンタと1,200dpiのプリンタで同じように画像を表示したら後者では前者の半分になってしまいます！ そういうわけですから，プリンタに何かを出力するときに「画像ファイルで送る」という方法はあまり望ましい方法ではありません．

このほか，プリンタでは紙送りなどの制御を行う特別なコードがメーカごと，機種ごとに違っていて，そのためにプリンタを新しく購入するごとにそこに印刷出力するためのプログラムを手作りしていた，という時代もありました．これも機種独立でな

い例であり，たいへん不便なものでした．

そこで，さまざまなメーカのさまざまな解像度のプリンタであっても，出力データの形式を統一することができ，その形式で用意したデータはどこでも同じように使えるようにしよう，という考えが現れました．これまでにも何回か出てきた**PostScript形式**は，まさにそのようなものです．それが具体的にどのようなものかを，以下で見ていくことにしましょう (機器独立なグラフィクスの例としても興味深いものがあります)．

11.4.2 PostScript の概観

PostScript のアイデアをひとことでいい表すと「画面表示やプリンタ出力を行うプログラムを機器独立にするために，標準の言語を規定して，出力の内容をその言語で記述する」ということになるでしょうか．このような言語を一般に**ページ記述言語**とよんでいますが，Adobe 社が開発した PostScript はその先駆者だといえます．細かい話はあとにして，まずはこれで四角を描いてみることにします (図 11.9):

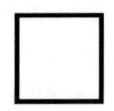

図 **11.9**　　sam1.ps の結果

```
%!PS-Adobe-3.0 EPSF-1.2      ← PostScript のバージョン
%%BoundingBox: 100 100 500 300  ←絵の領域を指定
newpath               ← 線画はじめ
250 150 moveto        ← 線を引かずに移動
0 72 rlineto          ← 相対移動しながら線を引く
72 0 rlineto          ←  〃
0 -72 rlineto         ←  〃
-72 0 rlineto         ←  〃
closepath             ← 図形を閉じる (最初の点に戻る)
4 setlinewidth        ← 太さを指定
stroke                ← 描く！
showpage              ← 1 画面おわり
```

ちょっと慣れるまで違和感があるかもしれませんが，PostScript は**後置記法**の言語であり，コマンドのパラメタはコマンドの前に指定します．

さて，この結果を画面で見るには PostScript ビューアが必要です．ここでは **ghostscript** とよばれるフリーの PostScript 処理系を使いやすいインタフェースから呼び出す **gv** とよばれるビューアを使います．使い方は簡単で，単位に PostScript ファイルを指定して起動するだけです：

    % gv sam1.ps &

これで図 11.9 のような感じのものが見えるはずです．また，プリンタに出す場合は **PostScript** プリンタつまり「PostScript 処理系を内蔵したプリンタ」であれば単にそのままファイルを打ち出すだけで印刷できます：

    % lpr -Pmyprinter sam1.ps

さて，PostScript の記述のどこが機器独立なのだろう，と思いましたか？ まず長さの単位に注目してください．PostScript の単位は標準では**ポイント**[9] なので，この記述を出力した場合はどの出力機器でも 1 辺が 1 インチくらいの大きさの正方形が見られるはずです (また，線の幅も 4 ポイントのはずです)．これは，どのプリンタで出しても，プリンタは自分の「1 ピクセルの大きさ」を把握しているので，なめらかさなどの違いはあるにせよ，大きさを指定通りにすることができるからです．gv などのビューアもおおむねそうなのですが，ただし画面のピクセルの正確な大きさは gv 側からはわからないので，こちらは「だいたいの見当」になります．

11.4.3　PostScript と手続き

ところで，前節の内容にも関連しますが，箱を描くのにそのつど上のような命令を使うのでは「箱」という論理的なものが表現できていないようで気持ちがよくありません．これを改良するには，「箱を描く」という動作に「box」という名前をつけて定義し，以後はその名前で利用すればよいはずです：

```
/box { 0 0 moveto 0 72 rlineto
       72 0 rlineto 0 -72 rlineto
       -72 0 rlineto closepath } def
```

---

[9] 1/72 インチ，1 インチは約 2.5 センチ．

このコードは「boxというのは{ … }であると定義する」と読んでください．これによって手続きが定義されます．

しかし，このままでは原点(0,0)を起点にして矩形を描いているので，常に紙のはじっこに描いてしまうような気がしますが…実は，PostScriptには「原点を移動する」という命令があるので，原点を紙の中程に移動してから box を呼ぶようにすればよいのです：

```
%!PS-Adobe-3.0 EPSF-1.2
%%BoundingBox: 100 100 500 300
/box { newpath 0 0 moveto 0 72 rlineto
       72 0 rlineto 0 -72 rlineto
       -72 0 rlineto closepath } def
150 150 translate box 4 setlinewidth stroke
50 20 translate box 1.0 0.5 0.5 setrgbcolor fill
50 20 translate box 0.3 0.9 0.5 sethsbcolor stroke
50 20 translate box 0.4 setgray fill
showpage
```

まず原点を(150,150)にしてから最初の箱を描き，あと3回，もう少しずつ移動してから(つまりずらして)描きます(図11.10)．

そして，stroke は「なぞる」でしたが，「fill」は「塗りつぶす」なので，どちらを使うかで描くことと塗ることが選べます．「箱」という「形」と，それをなぞるか塗りつぶすかは独立した話だからこれは正しい方向だと思えます．さらに，塗ったりなぞったりする前に色や灰色の度合いを自由に指定できます．

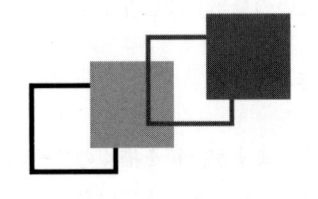

図 **11.10**　sam2.ps の結果

11.4.4　変数，制御構造

PostScriptには，「手続き」がある以上，「ループ」などの制御構造や「変数」もあります．実は先の box も単なる変数であり，そこに手続きという「値」を入れていたわ

けです．また，原点移動の類似品として，「縦横を S_y 倍，S_x 倍に拡大」「R 度回転」もあります (図 11.11):

```
%!PS-Adobe-3.0 EPSF-1.2
%%BoundingBox: 100 100 500 300
/box { newpath 0 0 moveto 0 72 rlineto
       72 0 rlineto 0 -72 rlineto
       -72 0 rlineto closepath } def
300 130 translate
/g 0.2 def           ← g = 0.2
5 { 20 rotate 1.1 1.1 scale box g setgray fill
    /g g 0.15 add def    ← g = g + 0.15
  } repeat           ← 5 回繰り返す
showpage
```

図 **11.11**　sam3.ps の結果

ここまで見ると，PostScript は「ファイルの形式」というよりは，りっぱな「言語」(プログラムが書ける，という意味での) だということがわかると思います．

11.4.5　PostScript とフォント

機器独立な表示のための別の課題として，フォントの問題があります．ピクセルグラフィクスを表示できるディスプレイが普及してからずいぶん長い間，文字のフォントは文字の大きさぶんのドット数の桝目に黒い点を (ペイントソフトのようなツールで) 配置することでデザインされていました．このようなフォントを**ビットマップフォント**といいます．

ビットマップフォントは当然，ある 1 通りの大きさでしか表示されません (ある程度自動的に拡大・縮小することも試みられましたが，その結果はあまり美しくなく，プレビュー程度にしか使えないような品質でした)．しかも，すでに述べたように，このようなフォントは解像度が変わると出力される大きさも変わってしまいます．

そこで考えられたのが**アウトラインフォント**とよばれるもので，これは文字のビットマップをデザインするのではなく，輪郭の曲線を(曲線を描くような数式のパラメタを用いて) デザインしてあります．数式ですから，どの大きさにするのも定数をかければ自由です．特定解像度の特定サイズの文字を表示するときには，それ用の大きさに数式上で拡大した後，その輪郭内側に相当する点はどれとどれかを計算して画面やプリンタのピクセルを制御することで文字を表示します．

説明を読むだけで計算が大変そうに思えますが，今日ではCPUがとても高速になったなため，多くのシステムがアウトラインフォントを使うようになっています．そして，PostScriptはアウトラインフォントを最初に採用したという点でも先駆者です．

では例を見てみましょう．PostScriptではフォントを使うには，まずフォント名を指定して findfont でアウトラインフォントをもってきて，次に scalefont で必要なポイント数のデータを作り出します．1文字打つたびにそれをやるのではさすがに大変なので，作り出した結果は適当な名前で保存しておきます：

```
%!PS-Adobe-3.0 EPSF-1.2
%%BoundingBox: 100 100 500 300
/hv24 /Helvetica findfont 24 scalefont def
/tr36 /Times-Roman findfont 36 scalefont def
/cb12 /Courier-Bold findfont 12 scalefont def
/mn18 /Ryumin-Light-EUC-H findfont 18 scalefont def
/gt20 /GothicBBB-Medium-EUC-H findfont 20 scalefont def

hv24 setfont 120 120 moveto (This is Helvetica 24pt.) show
tr36 setfont 120 160 moveto (Times-Roman 36pt.) show
cb12 setfont 120 200 moveto (This is Courier-Bold 12pt.) show
mn18 setfont 120 230 moveto (これは明朝体です．) show
gt20 setfont 120 260 moveto (これはゴシック体です．) show
showpage
```

なお，日本語文字についてはEUCコード用のものを指定しているので，このファイルはEUC文字コードで保存する必要があります．実際に文字を書くには，このフォントデータを setfont により指定して，文字列をオペランドとして show 命令を実行します．PostScriptでは文字列は「(」と「)」で囲むことで表し，文字列のなかにかっこをいれたければ\を前に置くこととしています．実行例を図11.12に示しました．

ところで，こうしてつくったPostScriptファイルはもちろんPostScriptだから先に説明した方法でそのままTeX文書に入れることができます．Webページに入れたい場合は

これはゴシック体です。
これは明朝体です。
This is Courier-Bold 12pt.
Times-Roman 36pt.
This is Helvetica 24pt.

図 11.12　sam4.ps の結果

```
% convert sam4.ps sam4.gif
```

のようにして画像ファイルに変換してやればよいでしょう．

11.4.6　PostScript の主要命令一覧

ここで PostScript のおもな命令 (今回学んだのに近いあたり) をまとめておきます．このほか，スタック操作や演算もありますが，長くなるので略しました．まず基本部分から：

```
/文字列    ←名前を用意する
(文字列)   ←文字列を用意する
{ ... }    ←ブロック (命令の並び) を用意する
名前 値 def ← 変数に値を設定
```

次にパス関係の命令を挙げます．パスは次々に線を加えて増やすことができ，塗ったりなぞったりすると消費されてなくなります：

```
newpath      ←パス開始
closepath    ←パスを閉じる
X Y moveto   ←絶対移動
X Y rmoveto  ←相対移動
X Y lineto   ←線を引きながら移動
X Y rlineto  ←線を引きながら相対移動
X Y R 角度 角度 arc   ←反時計回りに円弧を描く
X Y R 角度 角度 arcn  ←時計回りに円弧を描く
```

色設定，塗り，なぞるあたりは次のとおりです：

```
R G B setrgbcolor   ←RGB モデルで色を指定
H S B sethsbcolor   ←HSB モデルで色を指定
数値 setgray        ←灰色の明るさで色を指定
数値 setlinewidth   ←線の太さを指定
fill                ←パスを塗りつぶす
stroke              ←パスをなぞる
showpage            ←ページを出力
```

フォント関係は次のとおりです．scalefont で用意したものを setfont で指定してください:

```
文字列 findfont              ←フォントを探してくる
フォント ポイント数 scalefont フォント'  ←スケーリング
フォント' setfont            ←文字描画に使うフォントを指定
文字列 show                  ←文字列を描画
文字列 stringwidth 幅 高さ   ←幅と高さを計算
```

次は座標変換関係の命令です:

```
X Y translate   ←座標の原点を位置 (X,Y) に移動する
SX XY scale     ←X 方向，Y 方向に指定倍率拡大/縮小する
R rotate        ←原点を中心に R 度回転する
```

最後に制御文関係の命令も一応あげておきます:

```
論理値 ブロック if              ←if 文
論理値 ブロック ブロック ifelse  ←if-else 文
初期値 増分 上限 ブロック for    ←for 文
回数 ブロック repeat            ←N 回繰り返し
ブロック loop                   ←無限に繰り返し
exit                            ←繰り返しから脱出
```

ここまでで説明した PostScript の描画モデルは非常に柔軟性があり，**2 次元グラフィクス** (つまり平面的な画像を生成する機能) のためのモデルとしてはほぼ定番だといえます．たとえば Java 言語の標準ライブラリでも 2 次元グラフィクスの描画機能は PostScript の描画モデルにならったものになっています．

11.5 3次元グラフィクス

平面的な描画についてはここまでで終わりにして，立体的な描画，つまり**3次元グラフィクス**についても簡単に説明しておきましょう．3次元の画像を生成する主要なやり方としては，次の2つがあります：

- **ポリゴンレンダリング** — 3次元の物体の曲面を図11.13のように多面体で一担近似し，その各面ごとに「物体の色」「光源(太陽やランプなど)と面の角度に応じた反射」などを計算し，その面を画面上に投射した範囲を計算した色で塗る．ただしその後，各面のつながりをスムーズにするよう平均などを取って調整する．

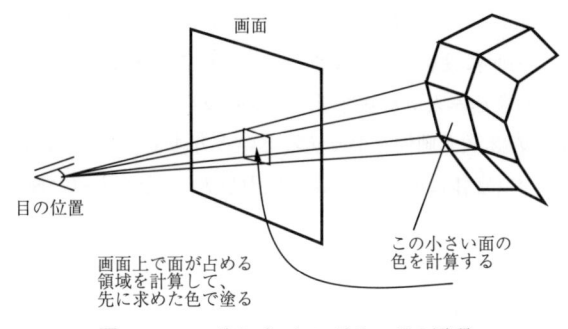

図 11.13 ポリゴンレンダリングの原理

- **視線追跡**(レイトレーシング，lay tracing) — 目の位置から画面上の各ピクセルを結んだ線を延長し，3次元モデルの物体にぶつかる位置を求める．その位置での物体の色合いを求め，さらに物体が「つるつる」なら線を「反射」させてその先へ進む．物体がレンズみたいに「(半)透明」なら反射光と屈折光の両方を処理する．その結果求めた「色」でそのピクセルを塗る．これを画面上の全ピクセルについて行う(図11.14)．

これらを比べると，視線追跡の方が(反射や屈折まで扱うから)ぐっとリアルな絵がつくれますが，計算量は膨大になります．一方，ポリゴンレンダリングは多面体近似の荒さによって計算の節約がコントロールできます．最近のグラフィクスワークステーションやゲームマシンでは，この計算を行うための専用ハードウェアを備えていて，これによって高速に3次元画像を生成しています．

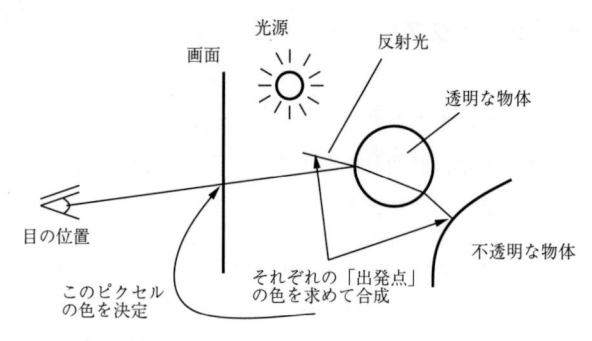

図 11.14 レイトレーシングの原理

　3次元グラフィクスのやり方が前節までで説明してきたものと大きく異なる点として，**モデルに基づく描画**であることが挙げられます．つまり，計算機の内部に「3次元的世界」や「3次元の形をもつ物体」などの情報 (モデル) を用意しておいて，それを計算処理によって平面に投影して画像をつくっていることをこうよぶわけです．

　これは，3次元的な込み入った画像をリアルにつくるには，(スキャナやデジタルカメラなどで実世界の3次元画像を取り込むという方法を別とすれば) こうする以外に方法がないからです (立体に影がついている程度のものならもっと簡単にできますが，込み入ったものは無理です)．

11.6　動画とアニメーション

　ここまではすべて，動かない1枚の画像について考えてきましたが，本章のしめくくりとして**動画** (ムービー) についても簡単に触れておきましょう．

　実は動画の原理は非常に簡単で，(すでに多くの人がご存じだと思いますが) 1秒間につき20個とか30個の画像を取り込み，それらを短い時間間隔で順次表示すれば，絵が動いて見えます (この動画を構成する1つ1つの画像のことを**フレーム**とよびます)．

　ここでおもな問題は，1つの画像ですらそれなりのデータ量になるのに，それを毎秒20も取り込むとデータ量が膨大になるという点にあります．このため，1つずつのフレームを圧縮して保管したり，連続したいくつかのフレームについて，前のフレームとの**差分** (違っている部分) だけを残すなどの方法で，データ量を圧縮します．その処理を行うのにも 1/20 秒間隔で処理しないと間に合わない (次のフレームがきてしまう) ので，ハードウェア的に処理を行うことが多くなっています．音と同様，動画に

ついても代表的なファイル形式は **MPEG**, **QuickTime**, **WindowsVideo**(WMV) など複数あります.

ここまでは画像を取り込んで動画ファイルにするという話でしたが，画像を生成して動画をつくり出す，つまり計算機による**アニメーション**生成も多く行われています(この手法で商業映画もつくられていますね)．これは上で説明したモデルに基づく描画の応用編で，計算機の内部にモデルを用意して，そのモデルを時間とともに変形させていき，それぞれの時点のモデルから画像を生成することで動画が生成できわけです．この場合，モデルが3次元なら3次元のアニメーション，2次元なら2次元のアニメーションといことになります．

アニメーションはさらに，実時間的/対話的なものとそうでないものがあります．たとえば，3次元モデルから高品質な画像を作り出すのはかなりな計算量が必要なので，3分間の動画を計算するのに数時間の計算を費す，ということもあり得ます．この場合，完成した動画は美しいかもしれませんが，映画のように「鑑賞」するだけで再生時に変化するような点はないわけです．

一方，計算が十分高速である場合(または計算が追いつく程度まで画像の品質を妥協した場合)，3分間の動画の計算が3分間より短くてすむことになります．そうなると，画像を「計算しながらその場で上映」でき(**実時間アニメーション**)，ユーザが何か操作をするとその操作に応じて動画を変化させる(**対話的グラフィクス**)ことができます．

もちろんこれは**テレビゲーム機**で行われていることであって，今や珍しいことでもなんともありませんが，その「計算を追いつかせる」ためにさまざまなハードウェア上/ソフトウェア上の工夫がなされています[10]．

なお，市販のゲームソフトをつくる場合は，3次元(ないし2次元)のモデルは**モデリングソフト**(お絵書きソフトのようなもの)を使って「絵ごころのある人」(ゲームの場合はキャラクタデザイナ)が作成し，それを動かしたり，衝突などのイベントで起こる動作などは(当然プログラミングが必要なので)プログラマがプログラミング言語を使って記述し，ゲーム全体のストーリー進行はゲームデザイナが(プログラマの用意してくれた)スクリプト言語処理系を使って組み立てていく，という形で分業されているようです．

---

[10] PlayStation(初代)が出るまでは対話的3次元グラフィクスはきわめて限られた人にしか体験できませんでした．コンシューマー技術恐るべし．

11.7 まとめと演習

この章ではアナログとデジタルの違いについて改めて考え，続いて私達の身の回りにある代表的なアナログ情報である音や画像のデジタル化や計算機内部での表現方法についてその原理を中心に見てきました．また，PostScript を題材として機器独立な2次元グラフィクスの例についても学びました．絵や音が計算機上でどのようにして扱われているのか感じがつかめたかと思います．

11-1. gensound.c をそのまま打ち込んで動かしてみなさい (音を出す部分のコマンド等については各自の環境に応じて工夫してみてください)．OK なら次の選択肢から1つ以上選んでやってみてください．

   a. 何か適当なメロディを奏でてみる．
   b. いくつかの和音 (コード) を出せるようにしてみる．
   c. 一定高さの音ではなく，連続的に高さが変化するような音を出してみる．
   d. 一定振幅 (大きさ) の音ではなく，最初大きく，次第に減衰するような音を出してみる．

11-2. 適当な画像ファイルをもってきて (例: Web から取り込む)，画像/表示加工プログラムで開き，一部だけ拡大してみて，画像が均一な色の点の多数の集まりであることを確認しなさい．また，どれか1ピクセルだけ別の色に変更してみて，元の画像でそれが見てとれるかどうか試してみなさい．

11-3. プログラム genimage.c を動かして生成した画像を表示プログラムで見てみなさい．OK ならプログラムを次のように手直しして再度その結果を見てみなさい．

   a. 直線ではなく，何か適当な曲線を引いてみる．できれば線の太さがある程度太いとかっこいい．
   b. 背景を全部均一な色に塗るのではなく，位置とともに連続的に色が変化していくようにする[11]．
   c. 背景の上に「長方形」「円」などの図形を塗り重ねて表示する．塗り重ねた時に前の (下の) 色が消されてしまうのではなく，ある程度透けて見えるようにしてみるとなおよい．

11-4. PostScript の例題をひととおり打ち込んで PostScript ビューアで見て確認し，

---

[11] ヒント: RGB 値を設定するときに x や y の値，またはそれらに適当な数をかけたり互いに足したり引いたりした値を入れるようにする．

また PostScript プリンタから印刷してみなさい．OK なら，次の課題から 1 つ以上選んで PostScript のコードを作成してみなさい．

a. 「家」「自動車」「花」などテーマを 1 つ決めて，その絵をつくる．
b. 何か適当な図形 (正方形，三角形などでもよいし，a でつくった図形でもよい) を紙いっぱい敷き詰める．
c. 自分の名刺 (英語でも日本語でも混合でもよい) をつくる．デザインは自由ですが，名刺として必要な情報は含まれていること．
d. 「ものさし」をつくる．インチ尺など，普通の文具店で売っていないものがよい．

12 データベース

前章までで,計算機の原理からはじめて OS/ネットワークやメディアの扱いなど,「普段自分のマシンで利用するような」各種機能とその原理について見てきました.しかし,企業などの情報システムでは,もっと純粋に「データを取り扱う」ことを目的とした計算機の利用が重要になります.この章では最後の章ということで,そのような側面,すなわちデータベースの原理と機能について見ていきましょう.

12.1 データベースの基礎概念

12.1.1 なぜデータベースか?

今日の Web が「便利」である背景には,その上で多くの用事がすんでしまうということが挙げられます.オンラインショップやオークションサイトではほとんどあらゆるものが購入できますし,銀行の振り込みも,送った荷物の確認も,すべてブラウザ経由で行えます.

では,こういうサービスの内実はどうなっているのでしょうか? Web が提供しているのはあくまでもサービスに対するアクセス機能であって,サービスの実態は Web サーバの裏側で働いている各種の業務システムによって支えられています.

たとえば,オンラインショップの場合で考えると,支払の情報や,現在の配達状況,商品の在庫など,さまざまなデータを管理しなければならないことがわかります.当然ながら,これらのデータはなくなってはいけませんし,データ間で矛盾があってもいけません.このように考えてくると,業務システムの中核には「データを確実に保管し出し入れする」機構,すなわちデータベースがあることがわかってきます (図 12.1)[1].

---

[1] もちろん,お金の計算処理などもバグがあっては困りますが,この手の計算は基本的には「普通の足し算引き算」ですから,計算そのものよりは,データをきちんと管理することの方がずっと大変なわけです.

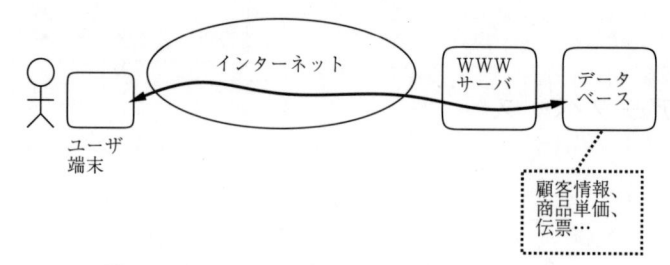

図 12.1　Web から利用できる業務システムの構造

　実際の Web サイトでは，多数のユーザから大量のアクセスがきた場合に備えて Web サーバやデータベースサーバを複数用意して**負荷分散**を行い，また一部にトラブルがあってもサービスが継続できるように**障害対策**の仕組みを準備するなどの工夫をしますが，この章ではそこまで立ち入ることはせず，基本的なデータベースの原理と機能について説明して行きます．

12.1.2　データベースとは?

データベースとは，ごく簡単にいえば

- 統合化された
- 共有可能な

データの格納場所だということになります．しかし，データを Unix のファイルに格納しておいたらファイルシステムという枠組の中に「統合されて」いるし，保護モードを調整すれば「複数のユーザで共有」もできるような気がしますが，それでは駄目なのでしょうか？

　もうすこし詳しく考えてみましょう．旧来のやり方，つまりプログラムがファイルを読み書きする，という形でデータを処理していると，各プログラムはその処理に必要な「データファイル (群)」と組み合わせて使う，ということになります．しかしこの方法にはいろいろな問題があります．

　たとえば，ある企業の給与計算プログラムがあったとすると，そのプログラムが扱うデータファイルには当然，社員の情報…社員番号とか，氏名とか，年齢とか，部署とかの情報が含まれています．さて，この企業が新たに人事管理のためのプログラムを開発するとしましょう．このプログラムも当然，社員の情報を必要とするでしょう．では，これらの情報をどのようにして取り込んだらいいでしょうか？

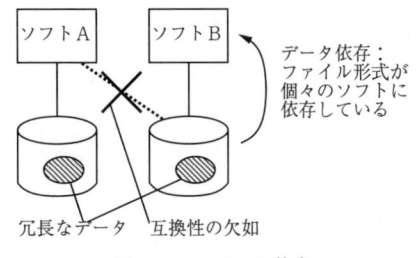

図 12.2 データ依存

　まず頭に浮かぶのは，給与計算プログラムで使っていたファイルを人事管理プログラムでも利用する，という方法でしょうか．しかし，このファイルには給与計算に必要なデータしか入っていなかったので，人事管理のためのデータを追加しなければなりません．すると，そのためにファイル内のデータ形式を変更することになり，それに対応して給与計算プログラムも（新しく追加された自分には不要なデータを無視するように）修正しなければなりません．このように，複数のプログラムが1つのファイルに関わることになると，どれか1つのプログラムの都合でファイルの形式を変更した時には，全部のプログラムを修正する必要があります．これでは，プログラムの数が少し多くなると，とてもやりきれません．

　このように，ファイルの形式が個々のプログラムに依存していることを**データ依存**とよびます（図 12.2）．データ依存が存在すると，次のような問題があるわけです：

- あるデータを複数のプログラムが共同利用するのが難しい
- プログラムの都合に応じてデータを手直ししたり，データの手直しに応じてプログラムを手直しすることが重荷となる

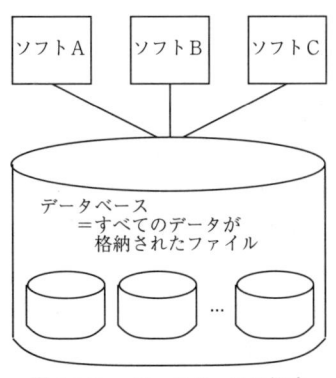

図 12.3 データベースの概念

12 データベース

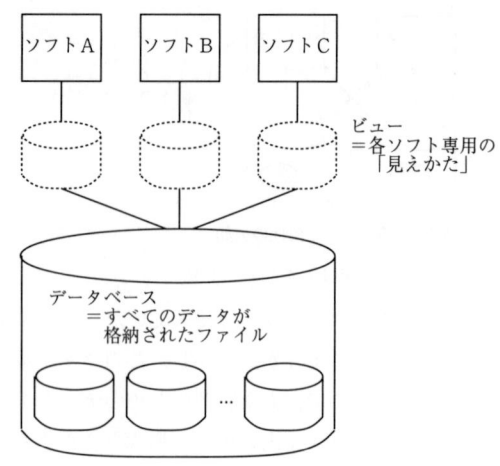

```
 ソフトA   ソフトB   ソフトC
    |        |        |
   (ビュー)            ビュー
                      =各ソフト専用の
                        「見えかた」
           |
       データベース
       =すべてのデータが
         格納されたファイル
```

図 12.4 データベースとビュー

では別の方法として，給与計算プログラムのデータをコピーしてきて，新しく人事管理プログラム用のファイルをそれ専用につくるのではどうでしょうか? 一見よさそうですが，今度は同じ情報 (社員番号と氏名や年齢の対応など) が複数のファイルに重複して保持されることになります．このような**冗長な**データには多くの問題があります．たとえば社員が退職したら，社員情報を使うすべてのプログラム (とても沢山あるでしょうね!) のファイルから，その社員のデータを削除して回らなければなりません．そしてある日突然，人事管理ファイルには登録されている社員がなぜか給与計算ファイルにはない，ということがわかったとしたらどうしたらよいでしょうね? つまり，冗長なデータというのは次のような問題点があるわけです:

- 更新の手間がひどくかかり，
- **データの矛盾**が発生し得る

それでは，データベースを使うとどうなるのでしょうか? データベースを使うということは，概念的にはすべてのプログラム群が必要とするデータを 1 つの巨大なファイル (文字通りデータの「基盤」) に入れてしまうことです (図 12.3)．これによって，社員番号と氏名等の対応は 1 箇所だけに格納され (冗長度がなくなり)，更新や矛盾の問題がなくなります．

では，データ依存の方はどうでしょうか? データベースでは，個々のプログラムはビューとよばれる自分専用のファイル形式の「まぼろし」を通じてデータにアクセスします (図 12.4)．そして，データ本体はデータベース内にこれらのビュー (ひいては

個々のプログラム) とは独立した「中立の」形で格納されています．つまり，プログラムとデータ本体とは互いに依存しない形で存在できるわけです．これをデータ依存と対比して，**データ独立**とよびます．

ビューは，この中立のデータから各プログラムの必要とする形式への「対応関係」を定めていて，プログラムの必要に応じて自由に修正したり追加できます．また逆に，新しいデータ要素を追加したり，管理の都合などでデータベース内部の構成を変更した場合でも，ビューをそれに合わせて修正すれば，プログラム群には手を加える必要がありません．

このようにして，データベースでは多数のプログラム (やユーザ) が必要とするデータを 1 箇所に「統合して」保管でき，「共有」させることができるのです．加えてデータベースでは，ただのファイルにはないような，次のような機能を追加して提供できます：

- **並行制御** — 複数のプログラムが並行してデータをアクセス/更新しても正しく処理されるように管理
- **排他制御** — あるプログラムがアクセスしているデータが他のプログラムによって変更されたり除き見されないように制御する
- **障害回復** — システムやアプリケーションに異常が起きた場合に，正しい状況に回復させるための手段を用意する
- **トランザクション** — 複数の操作をひとまとまりのものとして管理し，相互に干渉しないよう制御したり，エラーがあっても中途半端な状態がデータベースに残ったりしないようにする
- **整合性管理** — データ間の整合性を保つ条件を設定しておくと，それを自動的に適用したりチェックしてくれる
- **セキュリテイ** — どのデータを誰がアクセスできるかについて，細かく設定管理できる

これらの機能は互いに独立しているというわけではありません．たとえば，トランザクション機能は並行制御や障害回復の 1 手段として使われますし，並行制御のためには (内部的に) 排他制御機構が使われます．

12.2 データベースの構造と DBMS

機能や役割りはわかったとして，データベースはどのようにして実現されているのでしょうか？ プロセスやファイルシステムが裸の CPU やディスク上に OS というソフトウェアの働きによって実現されているのと同様，データベースはプロセスやファイルシステムの上で動く **DBMS** (DataBase Management System) とよばれるソフトウェア (群) によって実現されています (図 12.5)．先に挙げた各種の機能を実現するのも DBMS の役割です．DBMS はかつては大規模なソフトウェアであり，高価なソフトウェア製品としてしか入手できませんでしたが，今日ではフリーソフトとして配布されているものもあります．売りもののの DBMS としては Oracle，Sybase，MS SQLServer など，フリーソフトの DBMS としては **PostgreSQL**，**MySQL** などが代表的です．

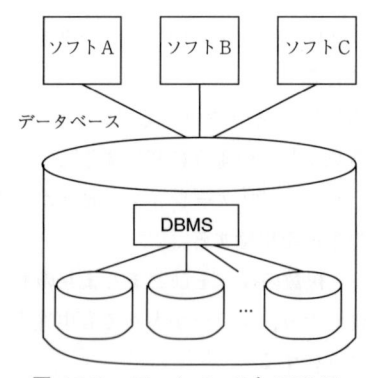

図 12.5 データベースと DBMS

データベースの中は，論理的には次の3つのレベルに分けることができます (図 12.6)：

- **内部レベル** — ディスク上でそれぞれのデータの格納形態を定めるレベル．物理レベルともよばれる．
- **概念レベル** — すべてのプログラム/ユーザが使用するデータの形態を統合した形で定めるレベル．このレベルによってデータ独立性が実現されている．
- **外部レベル** — 個々のプログラム/ユーザの必要に合わせて，概念レベルのデータをマッピングしたもの．前節でビューとよんでいたもの (「外部ビュー」とよぶ方が正確かもしれません)．

この分類は**データベースの3層モデル**として知られています．この考え方を使うと，

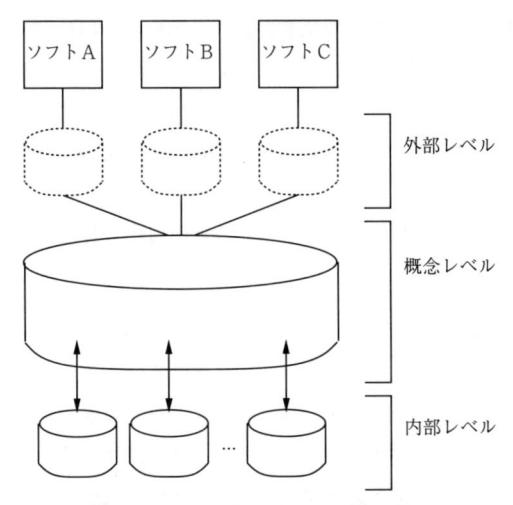

図 12.6 データベースの 3 層モデル

DBMS の機能や役割りがわかりやすく整理できます．

DBMS が概念レベルや外部レベルでデータをユーザに提示する枠組みのことを**データモデル**とよびます．データベース上のデータに対して施せる (DBMS が提供する) 操作も，データモデルによっておおよそ定まってきます．代表的なデータモデルとしては (歴史的に古い順で) 次のようなものがあります：

- 反転リスト — 高速に検索できる索引のついたファイルのようなモデル
- 階層モデル — データの種別を階層構造の形で定義し管理するモデル
- ネットワークモデル (CODASYL モデル) — データの親子関係をネットワーク状に定義できるモデル
- 関係モデル (Relational Database, RDB) — データを表の形で統一的に扱うモデル
- オブジェクト指向モデル (OODB) — オブジェクト指向言語が扱うオブジェクトをそのままデータベースに格納
- オブジェクト指向リレーショナルモデル (ORDB) — 関係データベースに継承やオブジェクトの格納など OODB の機能の一部を追加したもの

データベースの初期にはソフトウェア技術やハードウェア性能の制約から，比較的実装しやすく性能が出しやすい反転リスト，階層モデル，ネットワークモデルが使われていました．

しかし今日では，モデルに理論的基盤があり，抽象的な操作でデータが統一的に扱えるという利点のために，**関係モデル**に基づくデータベースが圧倒的に多くの DBMS で採用されています．この章でも以下ではそのようなデータベース (**関係データベース**，**RDB**) を中心に扱います．OODB と ORDB については，後の方で概要だけ説明します．

次に人間の方に目を転じると，データベースを使用する利用者は次の 3 クラスに分けられます：

- **データベース管理者** (DBA, DataBase Administrator) — データベースを管理し，どのようなデータをデータベースに格納するか決めたり，どのような外部ビューを用意するか決めたり，バックアップなどの保守を行う担当者．
- アプリケーションプログラマ — データベースはファイルの代わりになるものなので，アプリケーションを開発するプログラマはデータベースの諸機能を利用するようなプログラムを書くことになる．
- エンドユーザ — データベースを使ったアプリケーションを利用するユーザは間接的にデータベースを使っている．これに加えて，DBMS と交信して任意の問い合わせを行ったりデータの更新を行うような機構 (ソフトや言語) が用意されていて，それらを通じてプログラミングをしないエンドユーザが直接データベースにアクセスすることもできる．

問い合わせ機構としては，Web 上の検索のようにある程度形を決めて検索機能を提供してくれるものもありますが，**データ操作言語** (Data Manipulation Language, DML) とよばれる人工言語を利用すれば，検索や更新などデータベースに対するほとんどあらゆる操作を指定できます．RDB の場合は **SQL** とよばれるデータ操作言語が標準として確立されていて，アプリケーションプログラムや問い合わせツールなども内部的には SQL を介してデータベースにアクセスするのが普通です．本章でもあとで SQL を実際に扱ってみます．

多くの DBMS では，DBMS 本体はサーバプロセスとして動作し，アプリケーションや問い合わせ機構が通信機能経由で (クライアントプログラムとして) サーバに接続してデータにアクセスするという形を取ります (クライアントサーバシステム)．この場合，クライアントはサーバと同じマシンになくてもよいので，遠隔データベースアクセスも可能です (ただし，データ保護のためには通信路の安全性が問題となります)．

DBMS によっては，複数のマシン上で稼働している DBMS 群が相互に通信し合う

ことで，各マシンに保管されているデータ群を全体として1つのデータベースのように扱い，検索や更新が行えるようにするものもあります．これを**分散データベース**とよびます．

12.3 関係モデルとRDB

12.3.1 関係モデルの概念

ではいよいよ，関係モデルと関係データベースについて具体的に見ていくことにしましょう．関係モデルでは，データベース中のあらゆるデータを「表」のようなものとして表します (ちなみに，「関係」というのは，表のようなデータを数学的に定式化する際に使われる言葉です)．関係モデルのデータは次の3つの概念から組み立てられます:

- **関係** (relation) — 1つの「表」のこと．
- **属性** (attribute) — 表の各欄のこと．
- **組** (tuple) — 表中の1つの (値が横に並んだ) 列のこと．

たとえば，受注伝票のようなものを扱う簡単な関係データモデルを図12.7に示しました．

このように，「表」というのは日常多くの場面で接するものなので，関係データモデルはその点でなじみやすく理解しやすいという長所があります．またその一方で，関係データモデルには表どうしの「演算」が簡潔に定義でき，それを用いて多様なデータ処理/検索が自然に行える，という特徴ももっています．

他方，RDBの弱点には，理論的には関係演算により簡潔に記述できる処理でも，実際に実行させようとした場合に多量のデータ操作に対応するため，他のモデルに比べて性能が低い，というものがありました．しかし実装技術とハードウェア性能の向上のおかげで，この弱点は現在ではほぼ克服ずみです．RDBのもう一つの弱点は，データとして文字列，数値など基本的なデータ型しか扱わない点です．これについてはオブジェクト指向データベースによって扱われており，またRDBにそのような機能を追加する動きもあります (これらについては後述します)．とりあえず，今日の一般的なデータ処理ではRDBは十分有効に使われている，といえるでしょう．

ところで，関係モデルの「表」は，普通の表とは次の点が違っています:

関係（表）
属性

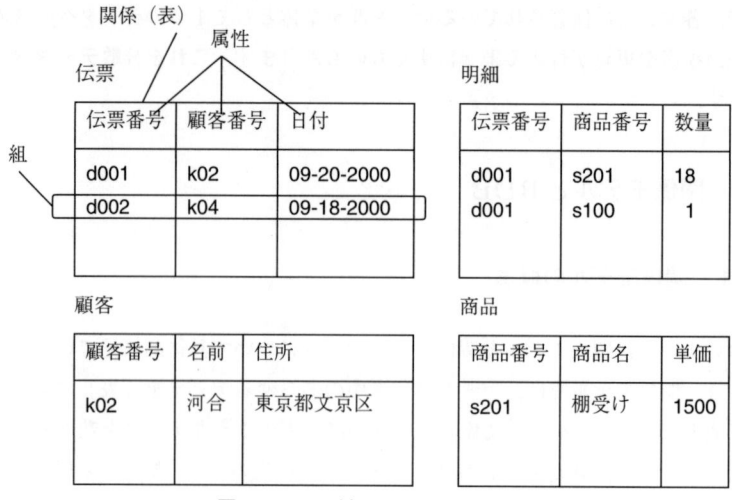

伝票

伝票番号	顧客番号	日付
d001	k02	09-20-2000
d002	k04	09-18-2000

組 ←

明細

伝票番号	商品番号	数量
d001	s201	18
d001	s100	1

顧客

顧客番号	名前	住所
k02	河合	東京都文京区

商品

商品番号	商品名	単価
s201	棚受け	1500

図 **12.7** 関係データベースの例

(1) 1つの表の中に全く同じ内容の組が2つ以上存在することはない．
(2) 表の中の組の順番というのは意味をもたない．

これらは，関係を組の集合として位置付けたためそうなっているのであり，あくまでもモデルとしての考え方の問題です．実際に DBMS を使って処理を進める時には，RDB でも重複した組が現れることがありますし，並べる時に「どんな順に並べろ」と指定することも可能になっています．

12.3.2 データベースの設計

ところで，図 12.7 の表は普通の伝票に比べてやけに細かく分かれているように見えます．たとえば，普通の伝票には顧客の名前や住所まで書いてあるものですが，図 12.7 では「伝票」の表には「顧客番号」だけ書かれていて，名前や住所は別の「顧客」の表を引かないとわかりません．これはで不便そうに見えますが…なぜこんなふうにしてあるのでしょうか？

その答はこういうことです．もしも「伝票」の表に顧客の名前や住所が書いてあったとすると，たとえばある顧客が 100 枚伝票を切ったとすれば，それに対応して 100 箇所に同じ名前や住所を入れておかなければなりません (記憶領域の無駄)．そしてもしその顧客が引っ越したら，全部の住所を新しいのに更新しなければなりませんし (更新の手間)，万一どれかを更新し忘れると伝票によって顧客の住所が異なるという事態

(データの矛盾) が生じます．さらに困ったことに，ある顧客とたまたま長い間取り引きがなく，データベースからその顧客が切った伝票が全部消えてしまうと…その顧客の名前も住所も，それどころか顧客番号の情報も，すべて忘れられてしまいます (情報の逸失)．

このように考えていくと，「伝票」の表に顧客番号が入っている以上，その顧客番号から決まるような情報 (つまり名前や住所) はその表に入れるべきでなく，別の表に分けるのが正しいことがわかります．このような，属性どうしの論理的な依存関係に基づいてそれぞれの関係に含めるべき/べきでない属性を決めて行くことを**関係の正規化**とよびます．

上の議論をもう少し厳密に整理してみましょう．そのためにはまず，**キー**について定義しておきます：

- ある関係の属性の集合で，その関係中の組を一意的に指定できるような最小のものを**候補キー** (candidate key) とよぶ．候補キーのうちからとくに1つを選んで**主キー** (primary key)，それ以外の候補キーを**代替キー** (alternate key) とよぶこともある．

多くの場合，候補キーは1種類しかなく，したがってこれが主キーとなります．たとえば関係「伝票」では，伝票番号が主キーでした．また，「明細」では伝票番号と商品番号を合わせたものが主キーでした (キーは属性の集合ですからこれでよいわけです．また，この2つを合わせることではじめて明細中の各項目が一意に指定できることも明らかです)．

そして，先に述べた「望ましい分け方」を表す指針の1つである，**第3正規形** (3rd normal form) は次のように定義されます：

- ある関係の主キー以外のすべての属性が主キーにのみ依存して決まる場合に，その関係は第3正規形である，という．

たとえば，伝票番号が主キーである「伝票」の関係に顧客の名前を入れてしまうと，顧客の名前は顧客番号に依存して決まるので上の条件を満たさないことになります．第3，というところからわかるように，データベースの理論ではほかにもいくつかの正規形が定義されていますが，第3正規形がとりあえず覚えておくべき設計指針だといえます．ただし，このような指針は常に絶対というわけではなく，サイトの都合によってはあえて正規形でない関係を用いることもあるかもしれません．

まとめると，データベースを使う時には，その上で行う操作，格納の必要がある情報の範囲，正規化，などを考慮して，どのような関係をつくり，それぞれにどのような属性をもたせるかを決定する必要があるわけです．この作業を**データベース設計**といいます．後から関係(表)を増やすくらいならまだしも，一度決めた構造を変更するとなると大量のデータを変換する必要があり，とても大変ですから，最初に十分将来を予見してデータベースを設計することが設計者の腕の見せどころなわけです．

12.4 データベースの実際

12.4.1 PostgreSQL とデータ操作言語 SQL

先に書いたように，データベースを対話的にかつある程度自由に操作するには，データ操作言語を使用します．昔はこの部分がデータベースによって非常にまちまちだったのですが，今日では(幸運なことに)関係データベースの世界では SQL が標準のデータ操作言語として確立しており，ほどんどすべてのデータベースがこの言語を用いて操作できます(SQL は JIS 規格にもなっています)．なお，SQL は元は Structured Query Languageつまり「構造化された問い合わせ言語」の略だったのですが，現在では問い合わせに限らず関係の作成や廃棄，データの追加や削除などの操作も SQL の命令で行えるようになっています．

では実際に SQL を使ってデータベースを作成し，データを投入してみましょう．以下では Unix 上で稼働するフリーの DBMS である PostgreSQL を前提に説明しますが，SQL 言語の部分については他の DBMS でも同じはずです (SQL に規定されていない表示機能などの部分は，DBMS ごとに違いがあります)．PostgreSQL では，Unix 上で各ユーザが自分のデータベースを作成し操作できますし，後でそれを他人に公開して共有操作することもできます(そうでなかったらデータベースの意味がありませんね!)．とりあえず，自分用に小さいデータベースを用意してその上でいろいろ試してみましょう．

まず，自分用のデータベースを作成するにはコマンド **createdb** を使用します:

```
% createdb
CREATE DATABASE
%
```

これで準備ができたので，次に PostgreSQL 付属の SQL インタフェースである **psql**

を起動します:

```
% psql
Welcome to psql, the PostgreSQL interactive terminal.

Type: \copyright for distribution terms
      \h for help with SQL commands
      \? for help on internal slash commands
      \g or terminate with semicolon to execute query
      \q to quit

kuno=>
```

ここで最後の「kuno=>」というところが psql のプロンプトで,ここに接続されているデータベース名が表示されます.つまり,createuser はとくに指定しなければその人のユーザ名と同じ名前のデータベースを作成し,psql はとくに指定しなければその人のユーザ名と同じ名前のデータベースに接続します.名前を指定する場合は次のようにコマンド createdb, psql, dropdb を使用してください.

- createdb データベース名 — データベースを作成する
- sql -d データベース名 — データベースに接続し SQL を使用開始
- dropdb データベース名 — データベースを消去する

練習程度であればデータベースを複数もつ必要はないでしょうから,データベース名は省略して自分のユーザ名と同じ名前のデータベース1つを使えばすむでしょう (もちろん,1つのデータベース内に関係はいくつでも入れられます).

psql に打ち込むコマンドは,「\」で始まるものとそうでないものがあります.「\」で始まるものは psql 固有のコマンドであり,たとえば「\q[RET]」で psql を終了することができます (その他は「\?」でヘルプを実行して見てください).「\」で始まらないものはすべて SQL の文であり,これによってデータベースをさまざまに操作できます.

12.4.2 SQL による関係の定義

ここまでで psql が起動され,SQL コマンドが投入できる状態になりました.次に,SQL で関係を作成するのには次の構文を使います:

    create table 関係名 (属性1 型1, 属性2 型2, ...) ;

最後の「;」は SQL の構文の一部ではないのですが,多くの SQL 処理形は「;」「/」など特定の文字がきたときに実際の操作を開始するようになっています (ですから,そ

の前に長いコマンドを何行にも分けて入れることができるわけです).

さっそく簡単な関係「年齢表」をつくってみましょう：

```
kuno=> create table 年齢表 (名前 char(8), 年齢 int);
CREATE
kuno=>
```

このように，型として文字列を指定する場合はその長さ (文字数[2]) を指定しないといけません．

では次に作成した関係にデータを挿入してみましょう．それには **insert into** 命令を使い，関係名と，そこに入れる組の値を values(...) の中に列挙したもの (属性の並び順は関係を定義したときの順) とを指定します[3]：

```
kuno=> insert into 年齢表 values('久野', 20);
INSERT .....
kuno=> insert into 年齢表 values('大木', 25);
INSERT .....
kuno=>
```

しかし，1つずつ insert into 命令で挿入していたのでは大変です．そこで，各欄が「,」字で区切られた

```
河合,30
大澤,18
寺野,33
西尾,22
```

のような形のテキストファイルを用意して

```
kuno=> \copy 年齢表 from ファイル名 using delimiters ','
```

によってまとめてデータを取り込むこともできます (区切り文字は適宜変えて構いません)．この命令は「\」で始まることからもわかるように SQL ではなく psql 固有のものであり，したがって「;」は不要です (その代わり1行で書く必要があります).

無事にデータが入ったかどうか見たければ，次のようにします (select については後で詳しく説明します):

---

[2] 幸いなことにバイト数ではなく文字数です．
[3] 以下で出てくる例題中の名前やデータはすべて架空のものであり，実在の人物や組織と無関係です．

```
kuno=> select * from 年齢表;
    名前   |  年齢
  ---------+------
    久野   |   20
    河合   |   30
    大澤   |   18
    寺野   |   33
    ...
```

また，create table や copy などのコマンド群をいちいち手で打ち込む代わりにファイルに入れておいて

```
kuno=> \i ファイル名
```

によって読み込ませ実行させることもできます．これも psql 固有の機能です．psql を終わりにするには

```
kuno=> \q
```

でしたね．ついでなので，不要になった関係を削除する方法も説明しておきます．それは SQL の drop 命令を使って

```
kuno=> drop table 年齢表 ;
```

などとします．またはすべてのデータを消してよければ，Unix のコマンドとして destroydb を使ってください．

12.4.3 関係データベースと問い合わせ

データベースにおいて重要な機能の 1 つに，自分が知りたい情報を指定してそれをデータベース中から取り出してくることが挙げられます．これを**問い合わせ** (query) とよびます．

では，関係データベースの場合に「自分が欲しい情報」というのはどうやったら指定できるかを考えてみましょう．基本的に，関係データベースの中の各関係はあくまでも「組の集合」だということに注意してください．まず，一番最初に思いつくのは多分次のものでしょう:

 1. 関係の中から，ある条件を満たす組だけを取り出す (**選択** — selection).

検索というからには「ある条件のものを探す」というのは自然ですね．ところで，あ

る関係が属性をたくさん含んでいる場合，当面いらない属性は捨てて表示したいこともあるはずです：

  2. 関係の中から，指定した属性の部分だけを取り出す (**射影** — projection)．

選択と射影はそれぞれ，表の横の列，縦の列をいくつかずつ取り出す操作だと考えればよいでしょう．

ところで，図 12.7 のデータベースでは，関係「伝票」には顧客番号しか記録がなく，その氏名は関係「顧客」から同じ顧客番号の組をもってくると始めてわかるようになっていました．そこで次の操作がとても重要になります：

  3. 関係 A の属性 X と関係 B の属性 Y を比べて，互いに値が同じものだけをそれぞれ取り出してくっつけ，幅の広い表にする (**結合** — join) [4]．

これに加えて普通の集合の演算である**和** (union)，**差** (difference)，**積** (product) を使うと，普通データベースにわれわれが問い合わせたいと思うような事柄は大体指定できます．このような演算体系を**関係代数** (relational algebra) とよびます．

関係データベース上での問い合わせを定式化するもう 1 つの方法として，**関係論理** (relational calculus) があります．これも，問い合わせの結果がまた表 (関係) の形をしている，という点では関係代数と同じですが，記法としてはだいぶ異なっていて，「どの表とどの表と… から組をもってきて，この属性とこの属性と… の集まりからなる表をつくれ，ただしそれぞれの属性は〜の条件を満たすようなものであること」という書き方をします．つまり，論理式を使って条件を指定するから「関係論理」とよぶわけです．実は SQL は関係論理に基づく問い合わせを基本にしています．

もう少し具体的に考えてみましょう．たとえば，関係代数の演算の中に「特定の属性だけを取り出す」射影という演算がありました．関係論理でこれを行いたければ，SQL の記法を借りると次のように書きます：

    select 属性1, 属性2, ... from 関係 ;

つまり，取り出したい属性だけを指定した **select** 文を使えば，結果として射影が行えるのです．なお，関係がもっているすべての属性を指定した場合には，元の関係と同じものが得られますが，属性名をいちいち書くのは面倒ですから，代わりに「*」と書けばすむようになっています (前節末で関係の内容を表示させた時には，ちょうどこの機能を使っていたわけです)．

---

[4] 厳密には大小関係などに基づく結合も定義できるが，等しいことに基づく結合が最も多く使われる．

一方,「特定の組だけを取り出す」選択演算は

 select * from 関係 where 条件 ;

のようにして,選択したい条件を指定します.条件としては,たとえば「この属性の値がいくつ以上のもの」などと指定するわけです.

 では,結合演算はどうでしょう？ 実はこれは複数の関係を同時に指定し,条件として2つの関係の属性が等しいことを指定すればよいのです:

 select 関係1.属性1,.. 関係2.属性N from 関係1, 関係2
   where 関係1.属性x = 関係2.属性y ;

 残りの集合演算についても,where 句で適切な条件を指定することで実現できます (たとえば,和集合はそれぞれの集合に対応する where 条件の or を取ればできます).実は,関係論理と関係代数の問い合わせ記述能力は互いに等しい (つまり,一方で書ける問い合わせは他方でも書ける) ことがわかっています.

12.4.4 SQL によるさまざまな問い合わせ

 さて,以下では SQL の実例を使って実際に問い合わせをしてみましょう.例題としては図 12.7 の構造のデータベースを用いて,適当なデータを生成するための SQL 命令群を図 12.8 のように用意しました (begin と commit が何を意味するかは後の方で説明します).この内容をファイルに格納しておいて前に説明した「\i ファイル名」の機能を使って読み込めば準備完了です.

 ではまず単純な問い合わせから試してみましょう:

```
kuno=> select 顧客番号, 名前, 住所 from 顧客;
 顧客番号 |   名前   |      住所
----------+----------+-------------------
 k02      | 河合     | 東京都文京区
 k03      | 久野     | 東京都目黒区
 k04      | 大木     | 埼玉県和光市
 k01      | 牧本     | 神奈川県川崎市
(4 rows)
```

関係「顧客」にある属性はこの3つで全部なので,先に述べたように属性名を全部列挙する代わりに「*」と指定しても構いません.特定の属性だけ取り出す (つまり射影) 場合は,取り出す属性名を列挙することになります.複数の関係に同じ属性名がある

```
begin;
create table 伝票 (伝票番号 char(4), 顧客番号 char(4), 日付 date);
insert into 伝票 values('d001', 'k02', '09-20-2000');
insert into 伝票 values('d002', 'k04', '09-18-2000');
insert into 伝票 values('d004', 'k02', '10-01-2000');
insert into 伝票 values('d005', 'k03', '10-01-2000');
insert into 伝票 values('d006', 'k03', '10-02-2000');
insert into 伝票 values('d008', 'k01', '10-10-2000');
create table 明細 (伝票番号 char(4), 商品番号 char(4), 数量 int);
insert into 明細 values('d001', 's201', 18);
insert into 明細 values('d001', 's100', 1);
insert into 明細 values('d001', 's200', 3);
insert into 明細 values('d002', 's203', 1);
insert into 明細 values('d002', 's201', 4);
insert into 明細 values('d004', 's100', 1);
insert into 明細 values('d004', 's201', 5);
insert into 明細 values('d004', 's200', 1);
insert into 明細 values('d005', 's201', 3);
insert into 明細 values('d006', 's100', 2);
insert into 明細 values('d006', 's203', 18);
insert into 明細 values('d006', 's200', 6);
create table 顧客 (顧客番号 char(4), 名前 char(8), 住所 char(16));
insert into 顧客 values('k02', '河合', '東京都文京区');
insert into 顧客 values('k03', '久野', '東京都目黒区');
insert into 顧客 values('k04', '大木', '埼玉県和光市');
insert into 顧客 values('k01', '牧本', '神奈川県川崎市');
create table 商品 (商品番号 char(4), 商品名 char(16), 単価 int);
insert into 商品 values('s201', '棚受け', 1500);
insert into 商品 values('s200', 'スタンド', 3500);
insert into 商品 values('s202', 'ブックエンド', 800);
insert into 商品 values('s203', 'サイドデスク', 27000);
insert into 商品 values('s100', 'ワークデスク', 37000);
commit;
```

図 **12.8** 練習用のデータ

などして，どの属性かが一意に決まらないような場合には，「関係名.属性名」のように前に関係名をつけることで，どの関係の属性かを明示してください．

次に，where 句で条件を指定してみましょう．条件としては次のようなものが書けます[5]：

 式 比較演算子 式

---

[5] もっと込み入ったものも書けますがここでは省略しています．

```
    条件  and  条件
    条件  or   条件
```

「式」は属性名，定数，およびそれらの四則演算 (+, -, *, /) と丸かっこによる組み合わせです (文字列定数は ' で囲みます)．比較演算子は =, <>, >, >=, <, <= などです．条件の結合順序は () で指定します．簡単な例を示しましょう：

```
kuno=> select * from 商品 where (単価>2000) and (単価<30000);
 商品番号  |    商品名       |  単価
----------+-----------------+-------
 s200     | スタンド        |  3500
 s203     | サイドデスク    | 27000
(2 rows)
```

次にいよいよ結合を使ってみましょう．この場合は当然 from で複数の関係を指定することになります：

```
kuno=> select 伝票番号，名前，日付 from 伝票，顧客
kuno->   where (伝票.顧客番号 = 顧客.顧客番号) and
kuno->         (伝票.日付 > '10-1-2000');
 伝票番号 |  名前   |    日付
----------+---------+------------
 d008     | 牧本    | 2000-10-10
 d006     | 久野    | 2000-10-02
(2 rows)
```

以上の操作をまとめた様子を，図 12.9 に示しました．

このようにして，関係「伝票」には顧客名は入っていないにもかかわらずちゃんと入っているかのような表ができるわけです．ところで，組の順番は前にも述べたように「でたらめ」ですが，見る人にとってはそれは不便です．このため，必要なら「どの項目の昇順/降順で」と指定することで好みの順に並べて表示させられます．そのためには次のような **order by** 句を一番最後に追加してください：

  ... order by 式 asc ←その式の「昇順」に並べる

  ... order by 式 desc ←その式の「降順」に並べる

さて，ここまでくるとかなり複雑な問い合わせが書けるようになりましたが，個別の値を求めるだけではなく，「平均」や「合計」などの集計も行いたいですね？ 実は，select の次にくる並びには属性以外に一般の式も書くことができ，しかもこの場所に限り，式の中に次のような **統計関数** とよばれるものが使えます：

320   12 データベース

伝票

伝票番号	顧客番号	日付
d002	k04	09-18-2000
d004	k02	10-01-2000
d005	k03	10-01-2000
d006	k03	10-02-2000
d008	k01	10-10-2000

顧客

顧客番号	名前	住所
k02	河合	東京都文京区
k03	久野	東京都目黒区
k04	大木	埼玉県和光市
k01	牧本	神奈川県川崎市

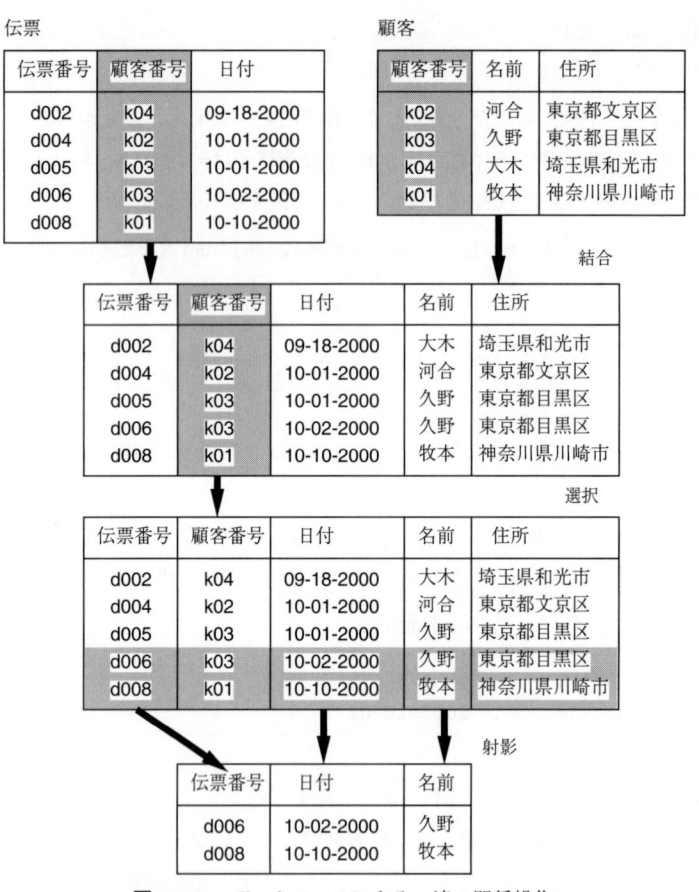

結合

伝票番号	顧客番号	日付	名前	住所
d002	k04	09-18-2000	大木	埼玉県和光市
d004	k02	10-01-2000	河合	東京都文京区
d005	k03	10-01-2000	久野	東京都目黒区
d006	k03	10-02-2000	久野	東京都目黒区
d008	k01	10-10-2000	牧本	神奈川県川崎市

選択

伝票番号	顧客番号	日付	名前	住所
d002	k04	09-18-2000	大木	埼玉県和光市
d004	k02	10-01-2000	河合	東京都文京区
d005	k03	10-01-2000	久野	東京都目黒区
d006	k03	10-02-2000	久野	東京都目黒区
d008	k01	10-10-2000	牧本	神奈川県川崎市

射影

伝票番号	日付	名前
d006	10-02-2000	久野
d008	10-10-2000	牧本

図 12.9　データベースによる一連の関係操作

- count(*) — データの件数
- sum(式) — 式の値の合計
- avg(式) — 式の値の平均
- max(式) — 式の値の最大値
- min(式) — 式の値の最小値

これを使った例を挙げておきましょう:

```
kuno=> select count(*), avg(単価),
kuno->    max(単価)-min(単価) from 商品;
 count |        avg         | ?column?
-------+--------------------+----------
```

```
     5 | 13960.0000000000 |      36200
(1 row)
```

ところで，集計をする場合には「全データの合計がいくつ」という情報よりは，「品目ごとの」合計とか「顧客ごとの」合計，といったものが欲しいのが普通です．そこで，`where` 句が終ったあとに

　　`group by 属性名,...`

という指定をしておくと，その属性値 (の組) が同じものどうしをグループとしてまとめた後，それぞれについて統計関数を使ってくれます：

```
kuno=> select 伝票番号, count(*), sum(数量)
kuno->    from 明細 group by 伝票番号;
 伝票番号 | count | sum
----------+-------+-----
 d001     |     3 |  22
 d002     |     2 |   5
 d004     |     3 |   7
 d005     |     1 |   3
 d006     |     3 |  26
(5 rows)
```

このように，関係論理に統計関数と `group by` を組み合わせたことで，かなり複雑なデータ処理まで SQL だけで記述できてしまうのです．なお，処理結果を 1 回表示してそれで終わってしまうのでなく，その結果についてさらに検索を行いたい場合は，結果を新しいテーブルとして保存します．そのためには，

　　`select 式,… 条件…`

と書いていたところを

　　`select 式,… into 関係名 条件…`
　　`select 式,… into temp 関係名 条件…`

のように変更することで，指定した名前をもつ関係が新しく生成され，そこに結果が格納されます．`temp` をつけた場合はその関係は「作業用」とされ，`psql` を終了すると消去されます．これらを使えば，「データの電卓」みたいに次々と項目を絞って調べたりできるのです．

　とはいっても，SQL の役割は基本的には大量のデータから興味ある部分を「検索してくる」ことであって，そのさらに分析するのは別のツールの役割です．そのために

結果をファイルに保存したい場合は，前に述べたのとは逆の方向に「\copy」を使います：

\copy 関係名 to ファイル名 using delimiters ','

12.4.5 ビューの定義

ところで，上の例では関係の正規化のため「明細」に商品の値段が入っていなくて，とても不便です．また，「伝票」にも合計金額が入っていて欲しいですね．このような情報は select を使って毎回計算することができますが(だからこそ関係には格納してないわけです)，よく使う場合にはそれを含んだ新しいビューを定義しておくと便利です．ビューは次のコマンドで定義します：

create view ビュー名 as 問い合わせ指定 ;

これからわかるように，ビューとは実は select コマンドに名前をつけたものだと考えることができます．ビューをつくらなくても select into で新しい表をつくればいいと思いましたか？ 別の表をつくってしまうと，データの重複の問題が発生することを思い出してください．そして，元データを修正するたびに表をつくり直さないと合計が古いままになってしまいます．これに対し，ビューであれば参照された瞬間に計算が行われるので古くなることはないわけです．

では実際に，金額の入った明細をつくってみましょう：

```
kuno=> create view 詳細明細 as
kuno->    select 伝票番号，明細.商品番号，単価，数量，
kuno->           数量*単価 as 合計価格
kuno-> from 明細，商品
kuno->    where 明細.商品番号 = 商品.商品番号 ;
CREATE
kuno=> select * from 詳細明細;
 伝票番号 | 商品番号 | 単価  | 数量 | 合計価格
----------+----------+-------+------+----------
 d001     | s100     | 37000 |    1 |    37000
 d004     | s100     | 37000 |    1 |    37000
 d006     | s100     | 37000 |    2 |    74000
 d001     | s200     |  3500 |    3 |    10500
 d004     | s200     |  3500 |    1 |     3500
 d006     | s200     |  3500 |    6 |    21000
 d001     | s201     |  1500 |   18 |    27000
 d002     | s201     |  1500 |    4 |     6000
```

```
d004     | s201     | 1500   | 5  |   7500
d005     | s201     | 1500   | 3  |   4500
d002     | s203     | 27000  | 1  |  27000
d006     | s203     | 27000  | 18 | 486000
(12 rows)
```

なお「数量*単価 as 合計価格」というのは見てわかるとおり，式の値を計算した結果に単一の名前をつけるのに使います (こうしないとその欄を名前で指定できないため). このように，ビューも見ためは普通の関係と変わりがない，という点は，関係モデルの強力な特徴の1つです[6][7].

ビューは，このように情報を組み合わせて参照するのに使うだけでなく，ユーザやプログラムごとに専用のデータの「見えかた」を提供するのにも使われることは前に述べたとおりです．

たとえば1企業の全データを一括してデータベースに保管するとすれば，その「従業員」という関係は多数の属性をもった巨大なものになるでしょう．そして，ある部所でちょっと従業員番号から氏名を引いたりするのに，属性が100近くもある巨大な表をいつも使うのは煩わしいですし，他の部所の社員まで見えるのは管理上まずいかもしれません．そのような場合にビューを使えば「ある部所の人だけ入った，誰でも見ていい属性だけ含む関係」をビューとして定義して，それをその部所の人間に限り公開する等の管理が行えます．

また，あるプログラムが扱っている関係に属性が増えたとしても，増えた属性を取り除いたビューを用意してプログラムからはそちらを見るようにしておけば，プログラム自体は変更しないですみます．このように，データを仮想化することで汎用性とデータ独立性を得られることが，データベースを利用することの大きな利点なのです．

12.4.6　データの更新と削除

前節まででさまざまなデータの「取り出し方」について学びましたが，まだデータの更新方法を説明していませんでした．ただし，関係に組を追加する方法はすでに取り上げました:

```
insert into 関係名 values(データ,...) ;
```

---

[6] ただし，現在の SQL では計算式に基づく欄の使用やビューに対する更新操作などに制約が設けられていて，必ずしも思ったようにできない場合があります．

[7] つくったビューが不要になった場合は「`drop view ビュー名 ;`」によって消去してください．

一方，組を削除する時は「これこれの条件を満足する組を削除しろ」といえばいいわけなので，次のように delete 命令を使います：

 delete from 関係名 where 条件… ;

では特定のデータを更新 (書き換え) したい時は? 削除と挿入を組み合わせれば理論的には更新になるはずですが，使いにくいし効率も悪そうなので，次のような update 命令が用意されています：

 update 関係名 set 属性1 = 式，属性2 = 式，...
  from ... where ... ;

ここで from 以下は select と同様であり，省略も可能です．これを用いれば特定の属性だけを変更できます．たとえば「全部の年齢を2割増しにする」には次のように指定すればよいのです：

 update 年齢表 set 年齢 = 年齢*1.2 ;

また，「1回の取引で合計価格が3万を超えた商品について，単価を2割引く」という操作は次のようになります：

 update 商品 set 単価 = 商品.単価*0.8 from 詳細明細
 where (詳細明細.商品番号 = 商品.商品番号) and
   (詳細明細.合計価格 > 30000);

この例はさっきつくったビュー「詳細明細」をうまく活用していることにも注目してください．

12.4.7　整合性管理

ここまでは関係を定義する時に各属性のデータ型しか指定してきませんでしたが，最初に述べたように，データベースでは「このような性質が保たれること」という条件を指定しておくことで，プログラムが間違っても「悪い」データが入れられてしまうことを (あくまでもある程度ですが) 水際で阻止できるようになっています．代表的な条件としては次のようなものがあります：

- 一意的 (unique) ── 「この属性は重複した値をもたない」という性質．
- 非空 (not null) ── 「この属性は無効値をもたない」という性質．データは「欠落している」ことも現実によくあるので，データベースでは「無効値」を扱え

るようになっていることが普通．属性によっては，これを許さないという指定もしたいわけです．
- 主キー (primary key) ── 一意的かつ非空，つまりキーとして使えるという意味．
- 外部キー (foreign key) ──「他の関係の指定した属性値に現れる値のみが値として許される」という指定．たとえば関係「伝票」で属性「商品番号」として正しいものは，関係「商品」に「商品番号」として現れるものに限られるわけです．
- 条件式 ──「常識的に見て単価は百万円以下」など，普通の条件式を使ったチェックもできます．条件として他の関係のデータを参照することもできます．

ただし，すべての「おかしな」データを条件のみで排除できるわけではないので，データベースに「ごみが入って腐る」のを防ぐのは結構難しい問題ではあります．

12.4.8　データベースの共有制御

さて，ここまでではデータベースを一人でいじってきましたが，複数の人から共有できることがデータベースの本領です．そのために，**grant** 命令で自分のデータベースを他人にも使えるように保護設定を変更できます：

　　grant 権限,... on 関係名,... to ユーザ名

ここで権限は `select`(検索できる)，`insert`(組を挿入できる)，`delte`(組を削除できる)，`update`(更新できる)，`rule`(規則を設定できる)，`all`(すべてできる) の組み合わせで指定します．また，ユーザ名の代わりに `public` と指定すると「誰でも」指定した権限をもつようになります．また，`grant` で指定した権限を取り除くには **revoke** 命令を使います：

　　revoke 権限,... on 関係名,... from ユーザ名

そのパラメタの意味は `grant` と同じです．

12.4.9　トランザクション

データベースのデータが共有されるようになったとして，それで何も考えずに複数の人 (やプログラム) によるデータ操作がうまくいくというわけにはいきません．たとえば，B さんの講座に 1 万円入っていて，A さんから B さんへの 1000 円の送金処理と B さんの 2000 円のクレジット引き落とし処理が「同時に」実行されたとしましょう：

```
      送金処理                    引き落とし処理
  Bさんの残高を読む→1万円    Bさんの残高を読む→1万円
  「残高は十分にある」          「残高は十分にある」
  Aさんに1000円送金            Bさんの残高を8000円に更新
  Bさんの残高を9000円に更新
```

1万円から3000円を引き落としたはずなのに残高が9000円になってしまいました．このように，データを「同時に更新」することは正しくない結果をもたらす可能性があります．

また，別の事柄として，マシンの故障などに対する耐性の問題も挙げられます．たとえば，「Aさんに1000円送金」した直後にマシンがダウンして処理が止まってしまったらどうなるでしょうか？ Aさんの残高は1000円増えているはずですが，Bさんの残高が更新され損なって1万円のままだと，どこかでお金が足りなくなるはずです．

これらの問題に対処するため，DBMSは**トランザクション**とよばれる機能を提供しています．トランザクションを扱うSQL文は次の3つがあります：

- `begin` — トランザクションを開始する
- `commit` — トランザクションを正常完了する
- `abort` — トランザクションを中止する

つまり，上記の引き落としのようなまとまった処理をするときは

```
begin ;
データベース操作
...
commit ;  ←またはどこかでうまく行かなければabort
```

のような形でデータベースを利用することで，その範囲が1つのトランザクションとして処理されます．そうするとどういう「いいこと」があるのでしょうか？ トランザクションは一般に次のような性質をもちます (これらの頭文字を取って**ACID属性**とよびます)：

- Atomicity (原子性) — トランザクションは「全体として起こる」(commitが成功した場合) か「何も起こらない」(前記以外の場合) かどちらかであり，「途中まで起こる」ということはない．
- Consistency (一貫性) — トランザクションではデータベースを操作している中間的な状態は外から見えず，開始前の (一貫性のある) 状態から，完了後の (一貫性のある) 状態に一瞬で遷移する．たとえば，「Bさんの残高を読み，Aさん

に送金し，Bさんの残高を更新する」場合，最後の残高更新が完了するまでその状態は見られることがない．
- Isolation (独立性) — 複数のトランザクション T1, T2 が同時並行的に実行されているとしても，その結果は T1 と T2 が独立に実行された場合 (つまりまず T1 が実行，次に T2 が実行か，あるいはその逆か) と同等の結果をもたらす．
- Durability (耐久性) — commit が成功したらそれ以後は何があっても，そのトランザクションの結果がデータベースに反映されていることを保証する．

これらの性質を実現するため，DBMS はトランザクション内の操作すべてについて「こういう操作をしている」という情報を**安定記憶** (stable storage, システムダウンしてもデータが失われない場所 — だいたいはディスク装置) に書きながら，他のトランザクションとの競合をチェックしていきます．そして commit した瞬間に「commit した」という記録を書いて，それからデータ本体を本来あるべき形に更新します．途中でシステムダウンした場合は，安定記憶の内容に基づいて操作を再度やり直せばあるべき状態になります．また，競合や abort 文により中止した場合や，システムダウン時に「commit した」がまだ書かれていなかった場合は，単にそこまでの操作を捨てれば何もなかったことになります．

PostgreSQL では個々の SQL 文の操作に対しても 1 つずつトランザクションを作成し，完了したら commit しています．ただし，トランザクションにはオーバヘッドがあるため，実用的にはある程度まとまった操作をすべて begin-commit で囲んでトランザクションにすることが (一貫性のためだけでなく性能のためにも) 望ましいでしょう．図 12.8 のコマンド群も確かにそのようにしてありました．

12.5 OODB と ORDB

12.5.1 オブジェクト指向データベース (OODB)

この章の最初で述べたように，関係データベースは現在実用に使われているデータベースシステムの主流ですが，それに対する批判もなくはありません．その代表的なものは,「関係データベースに格納されるデータは数値や文字列などの基本的なものに限られており，より高度なデータ構造を直接格納することができない」というものです．この批判は，近年プログラミング言語の分野で広く受け入れられるようになった**オ**

ブジェクト指向の考え方を念頭に置いたものだといえます．オブジェクト指向の考え方とは，おおざっぱにいえば次のようなものです：

- 世の中に実在する「もの」(人間，机，伝票など) をそのまま対応するかたちで計算機内部に表現する (これを**オブジェクト**とよんでいる)．オブジェクトにはさまざまな属性が備わっている (人間であれば名前や性別などの属性をもつことが考えられる)．
- オブジェクトを操作するときは，オブジェクトに元来備わっている操作手段であるメソッドを呼び出して行う (たとえば人間は「歩く」「話し書ける」といったメソッドをもつし，机は「ものを載せる」「引出しから取り出す」などのメソッドをもつことが考えられる)．
- オブジェクトの間には一般化/特殊化の関係 (**継承関係**) がある (たとえば教師や学生は人間の特殊な場合であり，大学院生は学生のさらに特殊な場合である)．継承関係を使うと，属性などの扱いを統一的に行える (たとえば学生は人間の特殊な場合なので，名前や性別などの属性は自動的にもたせることが考えられる)．

こうして見ると，オブジェクト指向はデータベースにとっても魅力的な性質を多くもっていることがわかります．これは，そもそもデータベースもオブジェクト指向もともに「現実世界にあるもの」の情報を計算機上で扱うためのものなので，ある意味では当然だといえます．

それでは，オブジェクト指向の考え方を活かしたデータベース，つまり**オブジェクト指向データベース (OODB)** とはどのようなものになるでしょうか？ その1つの答えが，オブジェクト指向言語の機能 (オブジェクトの定義や操作など) はそのまま活用し，オブジェクト指向言語に欠けている部分だけをうまく補ってデータベースとして使う，というものです．このような，プログラミング言語との親和性の高さもオブジェクト指向データベースの特徴です．

では，欠けている機能とは具体的には何でしょう？ それは，ふつうのプログラムでは，その中で使用しているデータはプログラムが動いている間だけ存在し，プログラムが終了するとなくなってしまう，ということです．このようなデータを**揮発性**のデータとよびます．データベースとして使う場合にはそれでは困るので，一度作り出したデータオブジェクトは明示的に削除操作を実行しない限りずっと (プログラムが動いていない間はディスク上などに保存されて) 残っているようにします．このようなデータを**永続性**のデータとよびます．

では，SQLでやったような問い合わせはオブジェクト指向データベースではどのようにして実行されるのでしょうか? それにはおおまかに2つの方法があります:

- オブジェクトの種類と検索条件を指定して，条件に合ったオブジェクトをDBMSに探してきてもらう．
- オブジェクトに関連するオブジェクトを指す**ポインタ**が属性として格納されていて，そのポインタをたどることによって関連するオブジェクトを取り出してくる．

後者の方法はプログラミング言語でポインタ機能を使ってデータ構造をたどるのとまったく同様であり，この点でもプログラミング言語との親和性が高いといえます．また，ポインタによるアクセスは条件による検索などと比べて高速に処理できるという特徴もあります．

これらをまとめると，オブジェクト指向データベースには以下のような利点があるといえます:

- オブジェクトという意味のあるまとまりを扱うことができる．
- プログラミング言語(オブジェクト指向言語)との親和性が高い．
- ポインタによるアクセスが高速に行える．

しかしその半面，関係データベースよりも次の点で劣っているという批判もあります:

- 関係モデルのような理論的基盤がない．
- 関係のような集合操作がなく，プログラマがオブジェクトを1つずつ処理していかなければならない(低レベルである)．
- ポインタ操作などは繁雑であり誤りの原因となりやすい．
- 関係データベースがもっていた，検索対象と検索の結果が同じ構造をしている(具体的にはともに関係である)という望ましい性質が失われている．

12.5.2 オブジェクト指向リレーショナルデータベース (ORDB)

オブジェクト指向言語とOODBの利用は魅力的なパラダイムですが，実用的にはRDBのような操作言語によるデータベース利用も捨てがたいといえます．このため，RDBを改良して，その一部にオブジェクト指向の考え方が活かせるようにしたものが**オブジェクト指向リレーショナルデータベース (ORDB)** です．たとえば，PostgreSQL

はもともとデータベースの研究のため開発されたことに源を発しているため,「新しい試み」を多く搭載していて,その中に ORDB 機能も含まれています.

具体的に説明し始めると大変すぎるので,ここでは PostgreSQL に見られる ORDB 的な機能について簡単に挙げるだけにします (これらの機能のいくつかは他の RDB でも提供しています).

- ラージオブジェクト (LO) — RDB では「数値」「文字列」などの基本的なデータしか格納できませんでしたが,画像や音声などのマルチメディアデータもデータベースに格納したいという要求があります.これに応えて,「内容は知らないがとにかく大きなデータを格納してくれる」機能がラージオブジェクトです.単にデータの種類が増えただけともいえます (ただし検索などには役立たない).
- ユーザ定義型 — ラージオブジェクトのように単なるデータではなく,ユーザ定義のデータを格納した後,それに対する操作もつけられるようにしたもの.つまりオブジェクト指向言語でいえば「メソッド」を追加できるデータを意味します.具体的には各種の言語で書かれたコードを DBMS に動的に結合して,「この種別のデータのこういう操作はこのコードを呼ぶ」という形で定義します.
- テーブルの継承 — オブジェクト指向言語では,ある型を「拡張した」型がつくれますが,RDB もある表がもつ属性に対して「追加の属性をもつ」ような表を考えると,後者は前者を「拡張した」ものだと見ることもできます.そして,前者の表を検索するときに,「拡張部分である」後者の表まで一緒に検索できるものとするのが PostgreSQL の継承機能ででず.

ラージオブジェクトはマルチメディアデータのために確かに役立ちそうですが,他の 2 つはどうでしょうか? ORDB がどれくらい嬉しいか,というのもまだあまり決着はついていない問題だともいえるようです.

12.6 データベースと連携する Web アプリケーション

12.6.1 データベースと Web アプリケーション

この章の締めくくりとして,ここまでに学んだことを Web に適用し図 12.1 のような Web サイトを構築する技術について見てみましょう.もともと,Web アプリケーション (ブラウザから利用できるようなアプリケーション) では,次のような理由から,

データを DBMS に保管するのが自然です:

- Web アプリケーションではユーザの認証なども結構面倒な処理となるが, DBMS があればその情報も DBMS に頼ることができる.
- 複数のユーザが同時に接続してきて利用するため, 個別のファイルでは並行制御がやりにくい (全部ロックしてしまうとその間は他のユーザが待たされてしまう). DBMS ならトランザクションを利用すればすべておまかせですむ.
- もともとデータ中心的なアプリケーションが多いので, 単独でつくったとしてもデータベースは利用した方がよいような処理内容である.

ここで注意すべきなのは, データベースはあくまでサーバ側に存在するものなので, 上記のような処理もすべてサーバ上で (DBMS と Web サーバから呼び出される何らかのソフトが連携して) 実現する, ということです.

たとえば, すでに何回か見てきた Perl による CGI はこのような目的に利用できます. ただし, Perl による CGI はあくまで単独のプログラムなので, Web アプリケーションに使う場合は次のような弱点があります:

- CGI が呼ばれるたびに Perl 処理系を立ち上げるのでオーバヘッドが大きい (Web サーバに Perl 処理系モジュールを組み込むことでこの弱点は改良可能です).
- Perl はあくまで汎用の言語なので, 自前でサーバやブラウザとやりとりしたりデータベースとやりとりする部分をこなすのがやや煩わしい.
- とくに HTML を大量に生成しなければならない Web アプリケーションでは, print だらけになって読みやすくない可能性がある.

12.6.2 ページ埋め込みスクリプト言語 PHP

上記の問題に対する解決策の 1 つが, **ページ埋め込みスクリプト言語**を使うことです. 本節では **PHP** とよばれる言語をその具体例として見て行きます. ページ埋め込みスクリプトとは, 具体的には次のようなものです:

- サーバにスクリプト言語処理系を埋め込み, その言語のページを自動的に処理させる. PHP では「.php」で終わるファイル名に対してこれが行われる.
- ページ内容は HTML の中に「部分的にプログラムが埋め込まれた」形をしている. PHP では HTML 中に「<?php ... ?>という形の部分があると, その内側がが PHP のコードとして処理される.

- ブラウザとのやりとりやデータベースとのやりとりに必要な機能が最初から標準サブルーチンとして備わっていて，すぐに利用できる．PHP ではフォームデータの受け取りや PostgreSQL の呼び出しなどがすべて簡単に行える．

では具体的に見ていきましょう．次の例題は，先に出てきたデータベースの中の関係「商品」から特定の商品名のものを検索するものです[8]：

```
<!DOCTYPE HTML PUBLIC "-//W3C//DTD HTML 4.01//EN">
<html>
<head>
<title>PHP Demo</title>
</head>
<body>
<h1>簡単な検索</h1>
<form method="post">
<p>商品名: <input type="text" name="item">
<input type="submit" value="検索"></p></form>
<?php
  $conn = pg_connect("dbname=kuno");  // データベースに接続
  if(!$conn) {
    echo "<p>cannot connect...</p>\n"; exit;
  }
  $item = $HTTP_POST_VARS["item"];    // 入力欄の取得
  if($item == "")                     // いずれかの select を実行
    $result = pg_exec($conn, "select * from 商品");
  else
    $result = pg_exec($conn, "select * from 商品 where 商品.商品名='$item'");
  $num = pg_numrows($result);         // 結果の行数を取得
  echo "<table border=2>\n";
  echo "<tr><th>商品番号</th><th>商品名</th><th>単価</th></tr>\n";
  for($i = 0; $i < $num; ++$i) {
    $r = pg_fetch_row($result, $i);   // 各行のデータを取得し表示
    echo "<tr><td>$r[0]</td><td>$r[1]</td><td>$r[2]</td></tr>\n";
  }
  echo "</table>\n";
  pg_close($conn);
?>
</body>
</html>
```

---

[8] 筆者らのサイトでは Web サーバはユーザ nobody で PHP を実行するため，本文の例題を実行するために，psql であらかじめ「grant all on 伝票, 明細, 顧客, 商品 to nobody;」を実行してデータベースアクセス権限を付与しています．

12.6 データベースと連携する Web アプリケーション　　333

図 12.10　例題の PHP ページの実行結果

　見てのとおり，まず最初に検索用の入力欄があり，その後<?php ... ?>で囲んだ内側に PHP プログラムが入っています．この中では，まず pg_connect() で PostgreSQL に接続し，次に入力欄の値をチェックします ($HTTP_POST_VARS[' 名前'] で指定した名前の入力欄の値が取り込めます)．もし何も入力されていないときは全商品を検索しますが，入力があるときは特定の商品だけを検索します (そのような SQL の文をpg_exec() に指定するだけです)．そして，得られた組の数を取り出し，その数だけループしながら HTML の表の列を繰り返し出力します．ループの中では，検索結果から$i 番目の組を取り出し，その各項目を表の１つの列として出力してます．これを動かしたようすを図 12.10 と図 12.11 に示します．

　このように，ページ埋め込みスクリプトとデータベースを組み合わせることで，データベースからデータを出し入れすることを中心とした Web アプリケーションを比較的楽に構成することができます．もちろん，本物のネットショップではデータベースの構成やページ群の構成もずっと複雑になりますし，実装技術も JSP など，よりメンテナンスのしやすい言語と処理系が選ばれることが多いでしょうが，原理についてはこのようなものだと考えていただいてよいでしょう．

図 12.11　商品を指定して検索したところ

12.7　まとめと演習

　この章では世の中の業務アプリケーションの中核となるデータベースについて，その基本概念からはじめて，具体的な SQL によるデータ操作，さらに Web アプリケーションとの連携方法まで見てきました．本書全体を通じて振り返ってみると，半導体というごく基本的な素子からはじめて，膨大で緻密な構造の積み上げが今日の情報システムを支えていることが実感して頂けるのではないかと思います．

12-1. psql を立ち上げ，「年齢表」データベースを打ち込んでつくってみなさい．
「select * from 年齢表;」で検索できることを確認すること．またファイルからデータが追加できること，特定のデータ (組) の削除，特定の人の年齢の更新 (たとえば 1 増やす) もやってみなさい．

12-2. psql を立ち上げ，まず図 12.7 のファイルを「\i」で読み込ませてデータベースを用意します (「\z」で関係一覧を表示し確認しなさい)．続いて，これらの関係群に対して本文に載っている検索例を順次実行してみなさい．

12-3. 上と同じデータベースについて，次のようなデータ検索を実行してみなさい．
　　a. 商品の中で，単価が 10000 円を越えるもの．
　　b. 商品の中で，単価が平均を越えるもの．
　　c. 明細と同様だが，ただし商品番号の他に商品名も記した表．
　　d. 加えて，その注文の顧客番号も記した表．

e. 同様だが，ただし顧客番号でなく顧客名を記した表．
  f. 顧客ごとの注文金額合計の表．
  g. 部品ごとの受注金額合計の表．

12-4. とある大学院の講義科目について，次の情報をデータベースに格納したいとします．

  a. 各科目ごとに科目番号，科目名，担当教官番号，教官の氏名，教官の所属学科，教室番号，教室の収容人数，曜日，時限の各情報が付属している．
  b. 教官番号は各教官ごとに異なるように，また教室番号はすべての教室で異なるようにつけられている．
  c. 教官ごとにその教官の性別，年齢のデータもある．

これらの情報を格納するデータベースを設計してみなさい (関係や属性の名前は適当につけてよい)．可能なら，上で設計したデータベースを SQL で作成してみなさい (データは適当に架空のものを用意してください)．そのデータベースについて，次の情報を取り出してみなさい．

  a. 学科ごとの開講科目数
  b. もっとも開講科目数の多い曜日
  c. 収容人数が 50 人以上である科目を担当している教官の平均年齢
  d. 全科目の延べ収容人数

12-5. 友人に「psql -d 自分のデータベース名」でデータベースに接続してみてもらい，「select * from 関係名 ;」で検索しようとしても拒否されることを確認しなさい．「grant all on 関係名 to 相手ユーザ ID ;」を実行し，今度は大丈夫なことを確認しなさい．OK になったら，自分が「begin ;」を実行してからいくつか項目を挿入し，相手には挿入したものが見えないこと，「commit ;」を実行するととたんに見えるようになること，逆に「abort;」を実行するとすべて「なかったこと」になることを確認しなさい．最後に，2 人とも「begin ;」を実行してからデータベースを操作し，「commit ;」するものとして，どのような操作は OK でどのような操作は失敗するか検討しなさい[9]．

12-6. PHP を使ってデータベースから情報を取り出す例題をどれでもいいから打ち込んで動かしてみなさい．うまく動いたら，それをコピーして手直しし，新たな

---

[9] トランザクションの部分は，手近に友人がいなければ自分で窓を 2 つ開いてそれぞれで psql を実行して試すこともできます．

データを追加するページもつくってみなさい．あるページで追加したデータがすぐ別のページから検索できることを確認しなさい．

参 考 文 献

本書の目的は計算機システムに関係する各種の概念についてひととおり理解していただくことにあるので、それぞれの項目についてはさほど詳しくは説明していません。ここでは、より詳しく知りたくなった方のために、内容別に整理して参考文献を挙げておきます[1]。また、本書では取り上げられなかったけれども重要な分野である、ソフトウェア工学と人工知能についても、手がかりとなる文献を挙げました。

1 計算機システム全般

計算機システムに関する入門書にはさまざまなスタイルがあります。本書もその1つの試みのつもりですが、本書とは違う切り口の本を読んでみるのも面白いと思います。

 A1 Alan W. Biermann 著, 和田英一 監訳, やさしいコンピュータ科学, アスキー, 1993. ISBN: 4756101585.
 A2 所真理雄, 計算システム入門, 岩波書店, 1988. ISBN: 4000103415.
 A3 L. Goldschlager, Andrew Lister 著, 武市正人, 角田博保, 小川貴英 訳, 計算機科学入門 第2版, 近代科学社, 2000. ISBN: 4764902842.

いずれも、計算機の原理について、ハードウェアとプログラミングの両面から取り上げている良書です。A1は広く浅く親しみやすく、A2はハードウェア/ソフトウェアの両面についてより深い洞察をもたらしてくれそう、A3はプログラマ的視点のつよいもの、という特徴があります。

また、計算機システムの方式設計について理論的/系統的にアプローチしているすばらしい教科書として次を挙げておきます。どちらも同一の共著者によるものです。

---

[1] これらのうちには、購入しようとしても入手できないものもあるかもしれません。それらのものも、増刷や新版の可能性もありますし、図書館などで借りられるかもしれません。機会があれば手に取ってみて頂きたいと考え、掲載しました。

A4 John L. Hennessy, David A. Patterson 著, 成田光彰 訳, コンピュータの構成と設計 — ハードウェアとソフトウェアのインタフェース 第2版 (上・下), 日経BP社, 1999. ISBN: 482228056X, 4822280578.

A5 John L. Hennessy, David A. Patterson, A Quantitative Approach: Computer Architecture (3rd ed.), Morgan Kaufmann Pub., 2002. ISBN: 1558605967, 1558607242(PB).

A5 の方がより高度な内容になっています (この本以前には, コンピュータアーキテクチャを定量的に捉えながら設計するという考え方はほとんどありませんでした. そういう意味でも画期的な本だといえます). もうすこしソフトウェアよりの面までカバーした, 読みやすいテキストとしては A6 をお勧めします. また VLSI の設計について より深く知りたい読者には A7 をお勧めします.

A6 Andrew S. Tanenbaum 著, 長尾高弘, ロングテール 訳, 構造化コンピュータ構成 第4版 — デジタルロジックからアセンブリ言語まで, ピアソンエデュケーション, 2000. ISBN: 4894712245.

A7 Neil H. E. Weste, Kamran Eshraghian 著, 富沢孝 訳, CMOS VLSI の設計の原理—システムの視点から, 丸善, 1988. ISBN: 4621041398.

コンピュータシステムの歴史について興味を持たれた方には, 写真の豊富な A8 とコンピュータ開発競争時代の熱気が伝わってくる A9 がおすすめです.

A8 The office of Charles and Ray Eames 著, 山本敦子 訳, 和田英一 監訳, A COMPUTER PERSPECTIVE —計算機創造の軌跡, アスキー, 1994. ISBN: 4756101755.

A9 星野力, 誰がどうやってコンピュータを創ったのか?, 共立出版, 1995. ISBN: 4320027426.

最後に, ちょっと反則かも知れませんが次の本を挙げておきます.

A10 石田晴久, 青山幹雄 編, 安達淳, 塩田紳二, 山田伸一郎 著, コンピュータの名著・古典100冊, インプレス, 2003. ISBN: 4844318284.

これは見ての通り計算機関係の名著と呼べる本を100冊選んで紹介するもので, ここでは取り上げられなかった分野にまでわたって, 読む価値のある本がぎっしり紹介されています.

2 プログラミングと言語処理系

　本書にはC言語をはじめ，いくつかの言語による例題が出てきますが，プログラミングそのものについては解説していません．C言語については，Cの設計者の手になるB1が代表的です．プログラミングの入門書としてもそれなりに適しています．しかし初歩からの入門書としてはB2などの方がよいという人もいるかもしれません（ただし言語はCではなくJavaです）．

- B1 B. W. Kernighan, D. M. Ritchie 著, 石田晴久 訳, プログラミング言語C ANSI規格準拠 第2版, 共立出版, 1989. ISBN: 4320026926.
- B2 久野禎子, 久野靖, Javaによるプログラミング入門, 共立出版, 2001. ISBN: 4320029682.

プログラミングを入門した後で，その「考え方」「スタイル」を身につけるのに有益な本も挙げておきます．B3は，ソフトウェアを設計し組み立てる課程を具体的かつ詳細に教えてくれます．B4は，よいプログラム，悪いプログラムとはどういうことかを教えてくれます．B5は，もう少し広い範囲までに渡ってプログラミングの諸側面を考察させてくれます．そして，B6はプログラミングと人間の深い関わりについて多くの側面を教えてくれます．

- B3 B. W. Kernighan, P. J. Plauger 著, 木村泉 訳, ソフトウェア作法, 共立出版, 1981. ISBN: 4320021428.
- B4 B. W. Kernighan, P. J. Plauger 著, 木村泉 訳, プログラム書法 第2版, 共立出版, 1982. ISBN: 4320020855.
- B5 Brian W. Kernighan, Rob Pike 著, 福崎俊博 訳, プログラミング作法, アスキー, 2000. ISBN: 4756136494.
- B6 Gerald M. Weinberg 著, 木村泉, 角田博保, 久野靖, 白濱律雄 訳, プログラミングの心理学 — または, ハイテクノロジーの人間学, 技術評論社, 1994. ISBN: 4774100773.

プログラミング言語の処理系については，本書ではあまり詳しく取り上げていませんが，参考になる本が多数あります．

- B7 正田輝雄, 石畑清, コンパイラの理論と実現, 共立出版, 1988. ISBN: 432002382X.
- B8 佐々政孝, プログラミング言語処理系, 岩波書店, 1989. ISBN: 4000103458.

B9 久野靖, 言語プロセッサ, 丸善, 1993. ISBN: 462103877X.

B7 は，とてもコンパクトでありながらひととおりの話題をうまくカバーしている良書です．B8 は，かなりページ数がありますが，その分各種の話題について詳しく書かれています．B9 は，Lisp 言語を使ってコンパイラ内部の処理や動作を具体的に説明しています．

3 オペレーティングシステム

オペレーティングシステムについて一般的な事項を記している本としては，C1 が内容に定評のある良書です．C2 は分散システムについての同一著者によるもので，C1 の続編として読むのによいでしょう．和書では C3 が詳しく，しかしわかりやすい良書だと思います．

- C1 Andrew S. Tanenbaum 著, 引地信之, 引地美恵子 訳, OS の基礎と応用 — 設計から実装, DOS から分散 OS Amoeba まで, ピアソンエデュケーション, 2000. ISBN: 4894712067.
- C2 Andrew S. Tanenbaum, Maarten van Steen 著, 水野忠則, 鈴木健二, 宮西洋太郎, 佐藤文明, 西山智, 東野輝夫 訳, 分散システム — 原理とパラダイム, ピアソンエデュケーション, 2003. ISBN: 4894715562.
- C3 前川守, オペレーティングシステム, 岩波書店, 1988. ISBN: 4000103466.

次に，Unix に絞った本も挙げておきましょう．自分の PC に Unix を載せて動かすなら C4 をおすすめします．自分で OS を動かせば，OS の各部分の働きや各種のシステム管理についても理解できるはずです．C5，C6 はそれぞれ BSD 版，System V 版の Unix についてその内部構造を解説しています．

- C4 衛藤敏寿, のだまさひで, 細川達己, 内川喜章, 天川修平, 三田吉郎, ゆっぴぃ, 改定版 FreeBSD 徹底入門, 翔泳社, 2002. ISBN: 4798101710.
- C5 Maurice J. Bach 著, 坂本文, 多田好克, 村井純 訳, UNIX カーネルの設計, 共立出版, 1991. ISBN: 4320025512.
- C6 Berny M. Goodheart, James H. Cox 著, 櫻川貴司 訳, UNIX カーネルの魔法 — System V リリース 4 のアーキテクチャ, ピアソンエデュケーション, 2000. ISBN: 4894712156.

C7 は Unix ではなく，MINIX と呼ばれるオペレーティングシステム (もとは教材用) について記したものです．MINIX は Unix ほど巨大ではないため，動く OS の見本としてソースコードから熟読するのに適しています．C8 は本物の Unix のソースコードとその解説です (Unix Version 6 だから古いものですが，その分簡潔で小さいので読むのには手頃です)．

- C7 Andrew S. Tanenbaum, Albert S. Woodhull 著, 千輝順子, 今泉貴史 訳, オペレーティングシステム — 設計と理論および MINIX による実装 第 2 版, プレンティスホール出版, 1998. ISBN: 4894710471.
- C8 John Lions, Lions'Commentary on UNIX: With source code. 6th Edition, Peer to Peer Communications, 1996. ISBN: 1573980137.

4 Unix/シェル/システムコール

Unix の使い方や各種コマンドについて解説した本は多数ありますが，D1 はその丁寧さ，詳細さで定評があります．D2 は Unix の歴史や各種機能についてコンパクトに解説しています．D3 は Unix を自分が使いやすいように設定することをテーマとした本で，Unix が一応使えるようになった時読むのにお勧めします．D4 は読み物ふうなスタイルで Unix を学べるという意味で楽しい本です．D5 はこの手の本の元祖かつ名著であり，今でもちっとも古くなっていないのはさすがです．

- D1 山口和紀, 古瀬一隆, 新 The UNIX Super Text 上・下 改訂増補版, 技術評論社 2003. ISBN: 4774116823, 4774116831.
- D2 久野靖, UNIX の基礎概念, アスキー, 1995. ISBN: 4756103162.
- D3 久野禎子, 久野靖, UNIX の環境設定, アスキー, 1993. ISBN: 4756102840.
- D4 坂本文, たのしい UNIX − UNIX への招待, アスキー, 1990. ISBN: 4756107850. 坂本文, 続・たのしい UNIX −シェルへの招待, アスキー, 1993. ISBN: 4756107893.
- D5 Brian W. Kernighan, Rob Pike 著, 石田晴久 訳, UNIX プログラミング環境, アスキー, 1985. ISBN: 4871483517.

Unix を使いこなす上で重要なシェルに絞った本として，D6 が挙げられます．D7, D8 は C 言語からシステムコールを通じて Unix の各種機能を呼び出すやり方について教えてくれます．

参 考 文 献

D6 Cameron Newham, Bill Rosenblatt 著, 遠藤美代子 訳, 入門 bash, オライリー・ジャパン, 1998. ISBN: 4900900788.

D7 Marc J. Rochkind 著, 福崎俊博 訳, UNIX システムコール・プログラミング, アスキー, 1987. ISBN: 487148260X.

D8 W. Richard Stevens 著, 大木敦雄 訳, 詳解 UNIX プログラミング, ピアソンエデュケーション, 2000. ISBN: 4894713195.

5 ユーザインタフェースと X

ユーザインタフェースというと，まず「使いやすさとは何か」を考えていただきたいところですが，E1 はこの方面での定番かつ名著で，とても面白い本です．また，計算機ゆえに使いにくいものが沢山できてしまう，という考えさせられる読み物として E2 を挙げておきます．E3 は，計算機のユーザインタフェースについて多くの話題をカバーしたテキストです．

E1 D. A. Norman 著, 野島久雄 訳, 誰のためのデザイン？ — 認知科学者のデザイン原論, 新曜社, 1990. ISBN: 478850362X.

E2 Alan Cooper 著, 山形浩生 訳, コンピュータは，むずかしすぎて使えない!, 翔泳社, 2000. ISBN: 488135826X.

E3 Ben Shneiderman 著, 東基衛, 井関治 訳, ユーザーインタフェースの設計 やさしい対話型システムの指針 第 2 版, 日経 BP 社, 1995. ISBN: 482227165X.

X Window System の概要や使い方については E4 が読みやすいでしょう．E5 は Xlib レベルのプログラミングについての解説書です．

E4 松田晃一, 暦本純一, 入門 X Window, アスキー, 1993. ISBN: 4756101666.

E5 Adrian Nye 著, 坂下秀, 西垣内昌喜, 荒井美千子, 藤井裕史 訳, Xlib プログラミング・マニュアル, ソフトバンク, 1993. ISBN: 4890523987.

現在では X で本格的なプログラムを書く場合は C++ を用いて Gtk, Qt などのライブラリを呼び出すのが普通でしょう．これらの関係の本も挙げておきます．

E6 たなかひろゆき, GTK+入門 — 基礎からはじめる X プログラミング 第 2 版, ソフトバンクパブリッシング, 2002. ISBN: 479731902X.

E7 Matthias Kalle Dalheimer 著, 高木淳司, 杵渕聡 訳, Qt プログラミング入門, オ

ライリー・ジャパン, 1999. ISBN: 4873110076.

6 スクリプティング

本書では，7章でスクリプトの考えを導入した後，他の章も含めていくつかのスクリプト言語が登場します．シェルスクリプトについては前記の Unix 関係の本のうち D1(全般)，D4(C シェル)，D6(Bash) を参照するのがよいでしょう．Perl については F1, F2 を，Tcl/tk については F3, F4 をお勧めしておきます．

- F1 Randal L. Schwartz, Tom Phoenix 著, 近藤嘉雪 訳, 初めての Perl 第3版, オライリー・ジャパン, 2003. ISBN: 4873111269.
- F2 Randal L. Schwartz, Tom Phoenix 著, ドキュメントシステム 訳, 続・初めての Perl — Perl オブジェクト, リファレンス, モジュール, オライリー・ジャパン, 2003. ISBN: 4873111676.
- F3 久野靖, 入門 tcl/tk, アスキー, 1997. ISBN: 4756112935.
- F4 Brent B. Welch 著, 西中芳幸, 石曽根信 訳, Tcl/Tk 入門 第2版, プレンティスホール出版, 1999. ISBN: 4894710854.

本書では触れる紙面がありませんでしたが，HTML と組み合わせて活用できるスクリプト言語である JavaScript の本と，また最後にほんの少し登場しただけでしたが，サーバ側スクリプト言語として広く使われている PHP の本も，1冊ずつ挙げておきます．

- F5 久野靖, 入門 JavaScript, アスキー, 2001. ISBN: 4756138713.
- F6 Jesus Castagnetto, Sascha Schumann, Deepak Veliath, Harish Rawat, Chris Scollo 著, 武藤健志 訳, プロフェッショナル PHP プログラミング, インプレス, 2001. ISBN: 4844314831.

7 ネットワーク

コンピュータネットワークの定番の教科書としてはやはりタネンバウム先生の G1 を薦めさせて頂きます．G2 は先に挙げた C3 の続編とも言える本であって，ネットワークの理論的基盤に関する部分をわかりやすく解説しています (なんでこのような題名

をつけたのでしょうね?).

- G1 Andrew S. Tanenbaum 著, 水野忠則 訳, コンピュータネットワーク 第 3 版, プレンティスホール出版, 1999. ISBN: 4894711133.
- G2 前川守, ソフトウェア実行・開発環境, 岩波書店, 1992. ISBN: 4000103474.

TCP/IP に関する本としては G3(概論) と G4(プログラミングモデル) が代表的でしょう. また IPv6 については G5 が読みやすいでしょう.

- G3 Douglas E. Comer 著, 村井純, 楠本博之 訳, TCP/IP によるネットワーク構築 第 4 版 Vol. 1 原理・プロトコル・アーキテクチャ, 共立出版, 2002. ISBN: 432012054X.
- G4 Douglas E. Comer, David L. Stevens 著, 村井純, 楠本博之 訳, TCP/IP によるネットワーク構築 Vol. 3 クライアント - サーバプログラミングとアプリケーション, 共立出版, 1996. ISBN: 4320028007.
- G5 Christian Huitema 著, 松島栄樹 訳, IPv6 — 次世代インターネット・プロトコル, プレンティスホール出版, 1996. ISBN: 4887350104.

G6 はネットワークプログラミングに関する定番の本です. 一方, G7 はだいぶ毛色が違う本ですが, 日本のネットワークニュースの老舗である fj について, その背景や雰囲気をうかがわせてくれます.

- G6 W. Richard Stevens 著, 篠田陽一 訳, UNIX ネットワークプログラミング 第 2 版 Vol. 1 ネットワーク API: ソケットと XTI, ピアソンエデュケーション, 2000. ISBN: 4894712059. トッパン, 1992.
- G7 fj の歩き方－インターネットニュースグループの世界, fj の歩き方編集委員会編, オーム社, 1995. ISBN: 4274061086.

8 WWW, HTML, TeX

WWW および Web ページ記述言語 HTML については, H1 と H2 が広い範囲をカバーしています. もっとコンパクトにまとめられた本としては H3 があります.

- H1 Laura Lemay, Arman Danesh 著, 武舎広幸, 久野靖, 久野禎子 訳, HTML 入門 第 2 版 — WWW ページの作成と公開, プレンティスホール出版, 1998. ISBN: 4894710188.
- H2 Laura Lemay, Arman Danesh 著, 武舎広幸, 久野靖, 久野禎子 訳, 続・HTML

入門 第 2 版 — 新機能, CGI, Web の進化, プレンティスホール, 1998.
ISBN: 4894710668.

H3 久野靖, 入門 WWW — UNIX での情報発信技術, アスキー, 2000.
ISBN: 4756136524.

Web サイトの構築にあたっては, その「使いやすさ」をきちんと考えてつくることが重要です. H4 はこの方面での古典ですが, 今でも考えさせるものがたくさんあり, 一読を勧めます.

H4 Jakob Nielsen 著, グエル 訳, 篠原稔和 監修, ウェブ・ユーザビリティ — 顧客を逃がさないサイトづくりの秘訣, エムディエヌコーポレーション, 2000. ISBN: 4844355627.

LaTeX については, その土台である TeX について, 開発者である Knuth 博士が書いた本が H5 がまず基本といえます. LaTeX の開発者 Lamport による LaTeX の解説本が H6 です. もっと読みやすくコンパクトな本としては H7, 細かい技まで書かれていて読みやすい本としては H8 をお勧めします.

H5 Donald E. Knuth 著, 鷺谷好輝 訳, TEX ブック—コンピュータによる組版システム 改訂新版, アスキー, 1992. ISBN: 4756101208.

H6 Leslie Lamport 著, 阿瀬はる美 訳, 文書処理システム LATEX2ε, ピアソンエデュケーション, 1999. ISBN: 4894711397.

H7 野寺隆志, 楽々LATEX 第 2 版, 共立出版, 1994. ISBN: 4320027035.

H8 阿瀬はる美, てくてく TEX 上・下, アスキー, 1994. ISBN 4756102220, 4756102239.

ただし, いくつかの本は代が古いので現行バージョンの LaTeX2ε ではなく, 1 つ前の 2.0 に対応しています. もっとも, 現行の処理系はどちらの整形コマンドでも受け付けますからあまり問題はないと思います.

9 グラフィクスとサウンド

プログラムを書いてサウンドを扱うことに関する本はグラフィクス関係に比べるとあまり多くないようです. 残念ながら Unix ではなく Windows と銘うっていますが, I1 はサンプル形式 (WAV) と MIDI の両方をプログラムによって扱うという点で原理を知るにはよいと思います.

I1 田辺義和, Windows サウンドプログラミング―音の知識×プログラミングの知識, 翔泳社, 2001. ISBN: 4798100188.

グラフィクスに関する教科書としては，たとえば I2 があげられます．PostScript については，I3 が参照マニュアルなのですが，ぶ厚いので通常は I4 と I5 が読みやすいです (PostScript のバージョンが古いですが簡単なものを試すのには問題ないでしょう)．I6 はレイトレーシングを実際にプログラミングしてみよう，という人には参考になります．

I2 David F. Rogers, J. Alan Adams 著, 川合慧, 凸版印刷総合研究所画像情報センター 訳, コンピュータグラフィックス 第 2 版, 日刊工業新聞, 1993. ISBN: 4526032883.

I3 Adobe Systems 著, 桑沢清志 訳, PostScript リファレンスマニュアル 第 3 版, アスキー, 2001. ISBN: 4756138225.

I4 Adobe Systems 著, 野中浩一 訳, PostScript チュートリアル＆クックブック, アスキー, 1989. ISBN: 4756100058.

I5 Adobe Systems 著, 松村邦仁 訳, PostScript プログラム・デザイン, アスキー, 1990. ISBN: 4756100473.

I6 千葉則茂, 村岡一信, C による CG レイトレーシング, サイエンス社, 1992. ISBN: 4781906176.

10　データベース

データベースについては，J1 が代表的な教科書であり，これ 1 冊でひととおりのことがカバーされます．ただしこの著者はオブジェクト指向データベースには懐疑的なので，その方面をカバーするには J2 をすすめます．

J1 C. J. Date 著, 藤原譲 監訳, データベースシステム概論, 丸善, 1997. ISBN: 4621042769.

J2 石塚圭樹, オブジェクト指向データベース, アスキー, 1996. ISBN: 4756119093.

本書で利用しているフリーの DBMS である PostgreSQL に関する解説本もあげておきます (PHP との連携についても説明があります)．

J3 石井達夫, PC UNIX ユーザのための PostgreSQL 完全攻略ガイド 改訂第 3 版,

技術評論社, 2001. ISBN: 4774112267.

11 ソフトウェア工学

ソフトウェア工学 (Software Engineering, SE) とは，いかにして系統的/効果的にソフトウェアを設計/開発するかを研究/実践する技術分野です．本書では大規模な/お仕事としてのソフトウェア開発についは説明しませんでしたが，プログラミングについてある程度学んだらこの方面についても知識を仕入れておくのがよいでしょう．

　SE1 はやや古いけれど，コンパクトでよくまとまった本です．一方，SE2 は新しい内容が豊富に盛り込まれた標準的なテキストです．SE3 は読み物ですがこの分野の古典名著で，今日でもいろいろなことを考えさせてくれます．

SE1 有沢誠, ソフトウェア工学, 岩波書店, 1988. ISBN: 4000076930.

SE2 Shari Lawrence Pfleeger 著, 堀内泰輔 訳, ソフトウェア工学 — 理論と実践, ピアソンエデュケーション, 2001. ISBN: 4894713683.

SE3 Frederick Phillips, Jr. Brooks, 滝沢徹, 富沢昇, 牧野祐子 訳, 人月の神話 — 狼人間を撃つ銀の弾はない 新装版, ピアソンエデュケーション, 2002. ISBN: 4894716658.

今日のソフトウェア工学の具体的手法は，オブジェクト指向以前と以後に大別されます (今日でも従来手法はそれなりに使われています)．SE4 は構造化分析手法，SE5 はオブジェクト思考分析手法のテキストです．

SE4 Tom DeMarco 著, 高梨智弘, 黒田順一郎 訳, 構造化分析とシステム仕様 — 目指すシステムを明確にするモデル化技法, 日経 BP 出版センター, 1994. ISBN: 4822710041.

SE5 Perdita Stevens, Rob Pooley 著, 児玉公信 訳, オブジェクト指向とコンポーネントによるソフトウェア工学 — UML を使って, ピアソンエデュケーション, 2000. ISBN: 4894712636.

12 人工知能

人工知能 (Artifical Intelligence, AI) とは，ひどく切り詰めていえば，計算機システ

ム上で知的なふるまいの機構を実装することを通じて,知的とはどういうことか,またその構造はどうなっているかを解明していくような技術や研究の総称だといえます(もちろん,その成果として役に立つソフトウェアを作り出すことも含まれますが).

AI1 と AI2 はいずれもコンパクトにまとまっていて読みやすい人工知能の入門テキストです.AI1 の方がいくらか平易で,AI2 の方が述語論理,推論,機械学習などの理論的定式化に基づく部分までカバーしています.

AI1 溝口理一郎, 石田亨 編, 人工知能, オーム社, 2000. ISBN: 4274132005.

AI2 新田克己, 人工知能概論, 培風館, 2001. ISBN: 4563033545.

AI3 は詳細な内容までカバーした人工知能のテキストです.エージェントをうたっていますが,それぞれのテーマへのアプローチをエージェント的視点で統一するということで,内容としては人工知能全般をカバーしています.

AI3. Stuart Russell, Peter Norvig 著, 古川康一 訳, エージェントアプローチ — 人工知能, 共立出版, 1997. ISBN: 4320028783.

AI4 はさまざまなシステムを対象として,それらを科学する多様なアプローチとその意味について紹介した良書です.

AI4. Herbert A. Simon 著, 稲葉元吉, 吉原英樹 訳, システムの科学 第3版, パーソナルメディア, 1999. ISBN: 489362167X.

索　引

欧　文

a 要素　257
ACID 属性　326
AD 変換　272
AFP　220
Alto　120
ALU　26
and 演算　6, 17
Apache　232
ASCII　5
AWK　165

base64 符号化　226
bash　91
.bashrc　99
BinHEX 形式　226
blackbox　138
body 要素　253
Bourne シェル　91
br 要素　255

C 言語　45
C シェル　91
CAP　220
case 文　159
cat　107
cd　75

center 環境　248
CERN　229
CGI　234
CGI オブジェクト　267
chgrp　62
chmod　63
class 属性　263
CMOS　20
CPU　28
createdb　313
CSMA/CD　196
CSS　260
CUPS　237

DA 変換　272
DBMS　306
dd 要素　255
delete 命令　324
description 環境　246
/dev/null　71
df　77
DIMM　24
div 要素　263
dl 要素　255
DNS　204, 237
DOCTYPE 宣言　253

DRAM   23
dropdb   313
dt 要素   255
du   80
DVI 形式ファイル   249
dvi2ps   250
dvips   250

egrep   110
emacs   41
enumerate 環境   246
EUC   82
expand   116
export   99
expr   158

fetch   218
fgrep   110
find   80
fold   117
for 文   158
form 要素   266
FTP   216
ftp   216
FTP URL   231
fvwm95   139

gcc   45
ghostscript   289
gimp   280
GNOME   135
grant 命令   325
grep   110

groups   62
gTLD   205
GUI   120
gv   289

h1 要素   253
hd   50
head   117
head 要素   253
history   100
hr 要素   255
HTML   232, 252
html 要素   253
HTTP   231
HTTP 応答ヘッダ   234
HTTP URL   231
HTTPS   231

i-番号   64
i-node   66
IA-32   47
IANA   200
ICQ   236
ID 属性   262
IEEE 802.3   195
if 文   160
ifconfig   198
ImageMagick   280
IMAP   223
img 要素   286
input 要素   266
insert into 命令   314
inted   212

索引　351

Internet Explorer　230
IP　195
IPv4　194
IRC　236
ISO　82
itemize 環境　246

JIS X0208　82
jLaTeX　243
jlatex　249
JPNIC　200
JUNET　221

KDE　135
kdraw　282
kill　42
kterm　41

LAN　184
LaTeX　243
LDAP　237
li 要素　255
link 要素　260
lpd　237

MAC アドレス　195
mailto URL　231
MathML　265
MIDI 形式　276
MIME　226
MIME タイプ　234
mkdir　73
Mosaic　230

mount　77, 221
MP3　275
MPEG　297
MS Word　241
multipart/mixed　227
MySQL　306

n 型　20
name 属性　266
nand 演算　18
Napster　219
NAT　201
NCSA　230
NetMeeting　237
Netscape　230
netstat　198
NFS　220
NIS　237
nkf　83
NNTP　224
nslookup　205
NV　237

od　50, 59
ol 要素　255
OODB　328
or 演算　17
ORDB　329
order by 句　319
OS　33
OSI 参照モデル　192

p 型　20

p 要素　254
PATH　98
PC　29
PCM　274
Perl　166
PHP　331
PID　42
platex　249
POP　223
PostgreSQL　306
PostScript　250, 288
PostScript プリンタ　289
PPID　42
PPM 形式　283
PPP　197
pre 要素　254
printenv　99
ps　38
psql　312, 313
pwd　75
Python　166

QuickTime　275, 297
quoted-printable 符号化　226

rcp　216
RDB　308
read　163
RealSystem　237
revoke 命令　325
RGB 値　280
rlogin　213
rm　65

rmdir　73
rsh　216
Ruby　166

Samba　220
scp　216
sed　113
select 文　316
SGML　252
shift　160
SIMM　24
slogin　213
SMB　220
SMTP　222
sort　114
source　100
span 要素　263
SPARC　47
SPECint　53
SQL　308
SRAM　23
SSH　214
ssh　216
startx　134
style 属性　260
style 要素　260
SVG　265

table 要素　256
tabular 環境　248
tail　117
tcl/tk　173
TCP　195, 206

索引　　353

TCP/IP　194
td 要素　256
telnet　213
test　162
TeX　241
textarea 要素　266
tgif　282
th 要素　256
title 要素　253
TLD　204
tr　108
tr 要素　256
troff　241
true　165
twm　141

UDP　195, 206
ul 要素　255
uniq　115
update 命令　324
URI　230
URL　231
URN　231
USENET　221
UUENCODE 形式　226

verbatim 環境　245
VLSI　19

WAN　184
WAV　275
Web ブラウザ　228
wget　218

where 句　317
while 文　163
WIMP　89
WindowsMedia　237
WindowsVideo　297
WinMX　219
Winny　219
WWW　228
WWW コンソーシアム　230
WYSIWYG　89, 241

X Window　121
xclock　41
xdvi　250
xev　144
Xfce　141
xfd　130
xfm　135
xfontsel　130
xftree　137
xfwm　140
xhost　126
XHTML　265
xinit　134
xlsfonts　130
XML　265
xpaint　280
xrdb　132
xset　134
xsetroot　134
xv　280
xwd　129

xwininfo　128
xwud　129

あ行

アイコン　122
アウトラインフォント　292
アセンブリ言語　44
アドレス　187, 230
アドレス線　24
アナログ　3
アニメーション　297
アプリケーションソフト　33
安定記憶　327

イーサネット　195
イベント　144
イベントドリブン　145
インターネットプロトコル群　194
インタフェース　189
インタプリタ指定　156

ウィジェット　149
ウィンドウ　122
ウィンドウサーバ　124
ウィンドウシステム　120
ウィンドウマネージャ　137
打ち込みソフト　276

永続性　328
エスケープ　103
エラー制御　192
遠隔ファイルアクセス　220
遠隔ログイン　213

エンベロープ From　225
音　274
オブジェクト　328
オブジェクトコード　46
オブジェクト指向　149, 166, 328
オブジェクト指向データベース　328
オブジェクト指向リレーショナルデータベース　329
オペレーティングシステム　33

か行

改行文字　59
回線交換　186
階層　192
階層構造　201
概念レベル　306
外部レベル　306
拡散　20
楽譜　276
画像　279
仮想回線　187
仮想的　57
仮想ネットワーク　198
仮想プライベートネットワーク　198
環境　245
環境変数　99
関係　309
関係代数　316
関係データベース　308
関係の正規化　311
関係モデル　308
関係論理　316

キー　311
機械語　44
機器独立　69, 286
揮発性　328
基本ソフト　33
脚注　247

クォート　103
区画　76
組　309
クライアント　126
クライアントサーバ方式　211
グラフィカルユーザインタフェース　120
クロスプラットフォーム　229
クロック　26
グローバルIPアドレス　200

計算機　1
継承関係　328
経路制御　192, 201
経路制御プロトコル　203
経路表　202
結合　316
ゲート　19
ゲートアレイ　26
言語処理系　34
現在位置　72

公開鍵暗号　215
高水準言語　45
後置記法　289
公知ポート番号　208
候補キー　311

コード系　5, 81
コマンドインタプリタ　43, 87
コマンド行インタフェース　87
コマンド窓　41
コマンド置換　104
コメント　45
コントローラ　30
コンパイラ　45
コンパイラドライバ　46
コンプリーション　104

さ　行

差　316
再配置可能　46
サウンド　274
サウンドカード　274
サーバ方式のウィンドウシステム　124
サブディレクトリ　73
差分　296
3次元グラフィクス　295
サンプリング　273
サンプリング周波数　274
サンプリングレート　274
サンプル　273
サンプル形式　274

シェル　87
シェルスクリプト　154
磁気ディスク装置　55
資源　36
シーケンサ　26
視線追跡　295
実行形式　45

実時間アニメーション　297
シフトJISコード　82
射影　316
ジャンプ命令　12, 29
集約　202
16進　4
主キー　311
主記憶　10
10進数　3
出力装置　8
障害回復　305
障害対策　302
条件ジャンプ命令　12
状態遷移図　14
冗長なデータ　304
ジョブ　95
所要時間　52
シリコン　19
シンセサイザー　276
シンボリックリンク　79

スイッチ　196
数式　247
スキーム　230
スキャナ　279
スクリプト　153
スクリプト言語　166
スクリーン　121
ストリーミング　236
スピーカ　274

正規表現　168
制御文字　81

制御ロジック　29
整形系　241
整合性管理　305
積　316
セキュリティ　305
セクタ　56
絶対URI　258
選択　315

相対URI　258
属性　257, 309
ソースプログラム　45
ソフトウェア　12
ソフトウェアシンセサイザー　276

た　行

第3正規形　311
代替スタイルシート　264
タイマー　37
対話　14
対話的グラフィックス　297
ダウンロード用コマンド　218
タグ　252
打鍵レベルモデル　177
端末エミュレータ　127
端末デバイス　69
端末番号　41

チャット　236
注釈　45
著作権　219, 275

ツイストペア　184

索　引　357

通信衛星　184
通信媒体　184

低水準言語　44
ディスプレイ　279
テキストエディタ　80
テキストファイル　60
デジタル　3
デジタルカメラ　279
デスクトップ　121
デスクトップ環境　135
データ依存　303
データグラム　206
データ操作言語　308
データ独立　305
データの矛盾　304
データベース　301
データベース設計　312
データベースの3層モデル　306
データモデル　307
デバイスファイル　69
デーモン　212
テレビ会議　237
テレビゲーム機　297
電界効果トランジスタ　20
電子計算機　19
電子メール　221
添付ファイル　227

問い合わせ　315
動画　296
統計関数　319
同軸ケーブル　184

動的ドキュメント　266
ドキュメントルート　233
匿名FTP　217
トポロジ　184
ドメインアドレス　204
トラック　55
トランザクション　305, 326
ドローソフト　282
トンネル　198

な 行

内部レベル　306
7層モデル　192

2次記憶装置　55
2次元グラフィクス　294
24ビットカラー　280
2進数　3
2進法　3
入力装置　8
ニュースサーバ　222
ニュースリーダ　222

ネットニュース　221
ネットマスク　199
ネットワークインタフェース　198
ネットワーク仮想端末　213
ネットワーク透過性　125
ネームサービス　237

は 行

排他制御　305
バイナリファイル　60

ハイパーカード 228
ハイパーテキスト 228
ハイパーメディア 229
パイプライン 106
配列 170
パケット交換 186
バス 29
パス名 74
8ビットカタカナ 82
バッククォート 103
バックグラウンド 95
ハッシュ 171
バッファ 84
ハードウェア 12
ハブ 196
番地 10
汎用レジスタ 29

ピアツーピア方式 212
光ファイバー 184
ピクセル 279
ピクセルグラフィクス 280
ページ記述言語 288
ヒストリ 100
ビット 3
ビットマップフォント 291
ビット列 3
ビュー 304, 322

ファイル 57
ファイル共有 220
ファイル交換ソフト 219
ファイルシステム 56

ファイルディスクリプタ 67
ファイル転送 216
ファイルの名前 57
ファイルマネージャ 135
フィルタ 106
フォアグラウンド 95
フォトレタッチソフト 280
フォーム 266
フォント 130
フォントファミリ 130
負荷分散 302
符号化 5, 81, 226
浮動小数点 5
ブラウザ 228
フリップフロップ 21
プリプロセサ 46
プリンタ 279
プリントサービス 237
プレビューア 241
フレーム 296
フレームバッファ 123
プログラミング言語 44
プログラム 10
プログラムカウンタ 29
プログラム内蔵方式 11
プロセス 38
プロセスID 42
ブロードキャスト 196
プロトコル 194
プロトコル群 194
分散データベース 309
分散透明 71

文書　239
文書フォーマッタ　241

並行制御　305
ペイントソフト　280
ベクターグラフィクス　282
ページ　228
ページ埋め込みスクリプト　331
ヘルプ　228
変数　96

ポインタ　329
ポインティングデバイス　120
ポイント　289
ホウ素　20
補完　104
ホスト　184
ポート　187
ポート転送　215
ポート番号　187, 208
ホームディレクトリ　73
ポリゴンレンダリング　295
翻訳　45

ま　行

マイクロフォン　274
マウスポインタ　122
マウント　76
マークアップ方式　242
マザーボード　30
窓 ID　128
マルチタスク　34
マルチプロセサ　38

マルチメディア　229, 272
無線 LAN　196
ムービー　296

命令　10
メソッド　328
メッセージ ID　223
メッセージヘッダ　224
メモリ　10
メモリセル　23
メモリチップ　23
メールサーバ　222
メールリーダ　222
文字エントリ　254
モデリングソフト　297
モデルに基づく描画　296
モード　62
モノクロ　279

や　行

ユーザインタフェース　88
ユティリティ　34, 105

要素　252

ら　行

ライブラリ　51
ラッチ　22
ラッチ線　22

リクエスト　143
リスト　169
リダイレクション　68

リフレッシュ　23
量子化誤差　273
リレー　18
リン　20
リンカ　46
リンク　228

ルータ　201
ルートウィンドウ　128
ルートディレクトリ　73
ループバック　197

レイトレーシング　295
レイヤ　192, 281
レイヤ3スイッチ　201
レジスタ　10
連想配列　171

ローカルアドレス　200

わ行

和　316

著者略歴
久野　靖
1984 年　東京工業大学理工学研究科情報科学専攻博士課程単位取得退学
同　　年　東京工業大学理学部情報科学科助手
1989 年　筑波大学大学院経営システム科学専攻講師
1990 年　同助教授
2000 年　同教授．現在に至る．
　　　　理学博士

改訂 2 版　UNIX による計算機科学入門

平成 16 年 3 月 25 日　発　　　行

著作者　久　野　　　靖

発行者　村　田　誠　四　郎

発行所　丸　善　株　式　会　社
出版事業部
〒 103-8245　東京都中央区日本橋二丁目 3 番 10 号
編集・電話 (03) 3272-7263／FAX (03) 3272-0527
営業・電話 (03) 3272-0521／FAX (03) 3272-0693
http://pub.maruzen.co.jp/
郵便振替口座　　00170-5-5

ⓒ Yasushi Kuno, 2004

組版印刷・三美印刷株式会社／製本・富士美術印刷株式会社

ISBN 4-621-07385-0 C3055　　　　　　Printed in Japan

http:// pub.maruzen.co.jp/

丸善㈱出版事業部の情報Webサイト

Book & Magazine 書籍 雑誌
丸善発行書(理工学分野の便覧類・教科書・読み物・雑誌)、学協会発行の発売図書情報を掲載。
★新刊書籍の内容をご紹介。目次や序文、内容の一部をご覧いただけるPub-View。
★物理の雑誌『パリティ』の各号の目次紹介、今月のキーワード、執筆者プロフィールなど充実した内容。

Videosoft ビデオソフト
医学、人文社会、心理学分野のオリジナル映像作品をはじめ、放送大学、BBC等の教材ビデオのご紹介。

CD-ROM
理工学分野のデータ、ツール、PDF版ハンドブックから各種エンターテインメントまで豊富なLine-Up。

Model 模型
学生から研究者まで実際に組立て理解する分子構造模型の詳細を掲載、化合物、結晶、DNAなど最適教材ツール。

e-book
新しいメディアに挑む電子書籍、PC、PDA、携帯電話などで活用できるe-bookコンテンツをpickup。

取扱商品はインターネット経由で日本国内発送可能

決済は代金引換・丸善発行書はクレジットカードやコンビニ、ネットバンク決済も可、さらに一部商品は法人決済にも対応
■BookShop：丸善発行書のすべてとCD-ROM商品、分子模型、主要学協会発売図書を購入可能
■VideoShop：放送大学映像教材、心理学や人文・理工系教材、サッカー等個人向けビデオの販売
◎送料（代引手数料）は国内一律380円、購入金額に応じて無料となります。
（詳細はご利用ガイドページをご覧ください。）

放送大学 ビデオ教材 メディア教材
BBC LEARNING
★放送大学教育振興会発行のビデオ・メディア教材のご案内。一般講義、特別講義、大学院など充実したプログラムを取り揃えています。
★BBC教育市場向け映像ライブラリーを紹介、キーワード検索やサンプルムービー試聴も可能。

sipec 工学専門書ショップ
エス・ティー・エス
★丸善がプロデュースする理工系分野研究者・技術者専門サイト。各種技術書から最先端セミナー情報まで豊富なLine-Upをご紹介。＊ご注文は原則として企業、学校等機関決済でのお申込みとなります。

◆丸善のショッピングサイトにもお立ち寄りください。http://www.maruzen.co.jp/
丸善の書店サイトでは、丸善発行書をはじめとする和書、洋書のほか、随時Webフェアを開催、またカバン・傘・ネクタイ・文具等厳選されたオリジナル限定商品をお求めいただける会員制ショップ（登録無料）です。

MARUZEN Internet Shopping

丸善〔出版事業部〕
〒103-8245 東京都中央区日本橋 2-3-10
TEL(03)3272-0521 FAX(03)3272-0693　http://pub.maruzen.co.jp/